普通高等教育"十一五"国家级规划教材
普通高等学校计算机教育"十二五"规划教材

Visual Basic 6.0 程序设计教程

（第 4 版）

A PRACTICAL COURSEBOOK ON VISUAL BASIC 6.0 PROGRAMMING (4th edition)

罗朝盛 ◆ 主编

余文芳 余平 ◆ 副主编

U0213010

人民邮电出版社
北京

图书在版编目（ＣＩＰ）数据

Visual Basic 6.0程序设计教程 / 罗朝盛主编. --
4版. -- 北京 : 人民邮电出版社, 2013.2（2022.1重印）
普通高等学校计算机教育"十二五"规划教材
ISBN 978-7-115-29966-6

Ⅰ. ①Ⅴ… Ⅱ. ①罗… Ⅲ. ①
BASIC语言－程序设计－高等学校－教材 Ⅳ. ①TP312

中国版本图书馆CIP数据核字(2013)第013297号

内 容 提 要

本书着重介绍 Visual Basic 编程的基础知识和基本方法,同时加强了结构化程序设计和常用算法的训练,并深入浅出地介绍了面向对象的程序设计方法。全书共分 11 章,主要内容有 Visual Basic 6.0 程序设计概述、Visual Basic 语言基础、控制结构的程序设计、数组及应用、过程与函数、常用控件与系统对象、图形及应用、文件及应用、对话框与菜单程序设计、多文档界面与工具栏设计、数据库编程基础等。

本书中列举了大量的例题,每一章后精选了多种类型的习题和实验,有助于读者复习巩固所学知识,培养实际编程能力。

为方便教师教学和学生学习使用,本书配有一套任务驱动的"Visual Basic 程序设计实验 CAI 系统"和 PPT 电子课件。对于选用本书作教材的学校,我们可提供实验 CAI 系统的网络版,详细介绍请参阅前言和附录 C。

本书可作为各类高等院校计算机专业和非计算机专业学生学习 Visual Basic 程序设计的教材,也可供相关工程技术人员和计算机爱好者学习计算机程序设计使用。

◆ 主　　编　罗朝盛

副 主 编　余文芳　余　平

责任编辑　邹文波

◆ 人民邮电出版社出版发行　　北京市丰台区成寿寺路 11 号
邮编　100164　　电子邮件　315@ptpress.com.cn
网址　http://www.ptpress.com.cn
三河市祥达印刷包装有限公司 印刷

◆ 开本：787×1092　　1/16
印张：20　　　　　　　　2013 年 2 月第 4 版
字数：526 千字　　　　　2022 年 1 月河北第15次印刷

ISBN 978-7-115-29966-6
定价：39.80 元
读者服务热线：(010)81055256　印装质量热线：(010)81055316
反盗版热线：(010)81055315

第 4 版前言

本书 2007 年入选普通高等教育"十一五"国家级规划教材，2009 年按照规划教材的要求修订出版了第 3 版，3 年多来，先后重印 10 多次，受到广大读者的欢迎，被全国 50 多所各类高等学校选为教材，与教材配套的实验 CAI 系统也推广到很多高校，得到了不少专家、教师和学生的好评。同时也有不少教师和学生提出了一些很好的意见和建议，结合近几年的教学实践以及广大读者和教师提出的意见和建议，我们对本教材进行了修订，推出第 4 版。本次修订保持了前 3 版的写作风格和特色，优化调整了部分章节内容，对部分章节内容进行了删减、充实。

本书第 4 版与第 3 版相比，主要做了以下几方面的调整。

（1）将第 3 版的 12 章调整为 11 章，将原第 1、2 章内容合并形成新的第 1 章，将第 4 章 3 种基本结构的程序设计，修改为控制结构程序设计，将第 8 章与第 9 章顺序交换。调整后各章顺序是：Visual Basic 6.0 程序设计概述、Visual Basic 语言基础、控制结构程序设计、数组及应用、过程与函数、常用控件与系统对象、图形及应用、文件及应用、对话框与菜单程序设计、多文档界面与工具栏设计、数据库编程基础。这些调整使得本书更适合教学实际。

（2）根据教学实际，删减、充实了部分章节。各章内容和文字均细致地进行了修改，使读者更容易理解与掌握。

（3）精选和充实教材的例题。例题是为帮助读者理解、掌握教学内容而设计的程序范例，此次修订更换了部分例题，对原有例题的程序代码进行优化，使读者更容易阅读理解。对大部分例题都给出了编程分析；在例题最后，针对一些要求学生掌握并容易出错的问题提出了"思考与讨论"，使读者通过阅读这些例题，能够做到举一反三，加深对所学内容的理解和掌握，提高编程能力。

（4）注重应用与适用，充实了习题与实验。更换了一些与教学内容关联性不大的习题，在习题中增加了一些与界面设计关系不大，且方便书写在作业本上的编程题，以方便教师布置作业。对第 3 版教材的实验内容进行了较大的修改，使之更具有可操作性和实践性，以培养学生程序调试的能力。

（5）构建"多元化"、"立体化"教材体系。修改、完善了与本书配套的"任务驱动"的实验 CAI 系统，修改了教学使用的电子课件。与教材有关的教学辅导资料放在作者自己的个人教学网站（http://www.csluo.com）和人民邮电出版社教学服务与资源网（http://www.ptpedu.com.cn）上，方便读者浏览与下载。

我们相信，此次修订后的教材，更适合教师的教学和读者的学习。

本次修订由罗朝盛提出修改思路和修订方案，并最后修改定稿。参与本书编写工作的有魏英、余文芳、余平等。在本书的修改过程中，中国地质大学长城学院计算机教研室冀松老师提出不少有益的建议，浙江大学俞瑞钊教授、杭州电子科技大学胡维华教授，浙江工业大学陈庆章教授、胡同森教授，杭州师范大学詹国华教授，温州医学院白宝钢教授，广东工业大学郑玲利副教授，河南广播电视大学裘佩珍副教授等专家及浙江科技学院信息学院计算机基础教学部全体教师的帮助和支持，在此一并表示衷心的感谢。

　　本书可作为各类高等院校计算机专业及非计算机专业学习 Visual Basic 程序设计的教材，也可供相关工程技术人员和计算机爱好者参考。

　　本书虽经反复修改，但限于编者水平，不当之处仍在所难免，谨请广大读者指正。

编　者

2013 年 1 月

目 录

第1章
Visual Basic 6.0 程序设计概述

本章介绍 Visual Basic 6.0 及开发集成环境，Visual Basic 的基本概念，窗体对象的常用属性、事件和方法，并通过一个简单例子说明 Visual Basic 应用程序设计的一般过程。

本章主要任务：

（1）了解 Visual Basic 6.0 的功能及其特点，理解面向对象程序设计的方法；

（2）掌握 Visual Basic 6.0 开发集成环境主要组成部分及其使用；

（3）掌握窗体对象的常用属性、事件和方法及其使用；

（4）掌握文本框、标签和命令按钮控件的常用属性、事件和方法及其使用；

（5）掌握 Visual Basic 应用程序的组成及开发 Visual Basic 应用程序的一般步骤。

1.1　中文 Visual Basic 6.0 简介

Visual Basic 6.0 是 Microsoft 公司推出的基于 Windows 环境的计算机程序设计语言，它继承了 BASIC 语言简单易学的优点，同时增加了许多新的功能。由于 Visual Basic 采用面向对象的程序设计技术，摆脱了面向过程语言的许多细节，而将主要精力集中在解决实际问题和设计友好界面上，使开发 Windows 应用程序更迅速、简捷。

什么是 Visual Basic？"Visual"指的是开发图形用户界面（GUI）的方法。在图形用户界面下，不需要编写大量代码去描述界面元素的外观和位置，而只要把预先建立的对象加到屏幕上的适当位置，再进行简单的设置即可。"Basic"指的是 BASIC（Beginners All-Purpose Symbol Instruction Code，初学者通用的符号指令代码）语言，是一种应用十分广泛的计算机语言。Visual Basic 在原有 BASIC 语言的基础上进一步发展，至今包含了数百条语句、函数及关键词，其中很多和 Windows GUI 有直接关系。专业人员可以用 Visual Basic 实现其他任何 Windows 编程语言的功能，而初学者只要掌握几个关键词就可以建立简单的应用程序。

1.1.1　Visual Basic 的发展

1991 年，Microsoft 公司推出 Visual Basic 1.0 版，它虽然存在一些缺陷，但仍受到了广大程序员的青睐。随后，Microsoft 公司又分别在 1992 年、1993 年、1995 年和 1997 年相继推出了 Visual Basic 2.0、3.0、4.0、5.0 等多个版本。目前常用的版本 Visual Basic 6.0 是 1998 年下半年推出的。Visual Basic 6.0 版较以前版本，其功能和性能都大大增强了，它还提供了新的、灵巧的数据库和 Web 开发工具。

Visual Basic 6.0 有 3 种版本，分别为学习版、专业版和企业版。

- 学习版：它是最基本的版本，允许编写许多类型的程序，与其他版本相比，所带工具较少。
- 专业版：为专业人员而设计，它不仅包含了学习版的全部内容，还包含了许多其他功能，如具有创建 ActiveX 控件和 ActiveX 文档的能力；提供 Internet 开发功能，具有更多使用数据库的工具。
- 企业版：这是 Visual Basic 6.0 最完善的版本，该版本主要用于开发企业级分布式应用程序，它包含了许多附加工具，提供了完全集成 SQL Server 的所有工具。

这 3 个版本是在相同的基础上建立起来的，以满足不同层次用户的需要。对大多数用户来说，专业版就可以满足要求。本书使用的是 Visual Basic 6.0 的企业版（中文），书中介绍的内容尽量做到与版本无关。

1.1.2　Visual Basic 的特点

Visual Basic 有以下几个主要的特点。

1. 提供了面向对象的可视化编程工具

Visual Basic 采用的是面向对象的程序设计（OOP）方法，它把程序和数据封装在一起，视作一个对象。设计程序时只需从现有的工具箱中"拖"出所需的对象，如按钮、滚动条等，并为每一个对象设置属性，就可以在屏幕上"画"出所需的用户界面来，因而程序设计的效率可大大地提高。

2. 事件驱动的编程方式

传统的程序设计是一种面向过程的方式，程序总是按事先设计好的流程运行，而不能将后面的程序放在前面运行，即用户不能随意改变、控制程序的流向，这不符合人类的思维习惯。在 Visual Basic 中，用户的动作——事件控制着程序的流向，每个事件都能驱动一段程序的运行。程序员只需编写响应用户动作的代码，而各个动作之间不一定有联系，这样的应用程序代码一般比较短，所以程序易于编写与维护。

3. 结构化的程序设计

尽管 Visual Basic 是面向对象的程序设计语言，但是在具体的事件或过程编程中，仍是要采用结构化的程序设计。Visual Basic 具有丰富的数据类型和结构化程序结构，而且简单易学。此外，作为一种程序设计语言，Visual Basic 还有以下独到之处：

（1）增强了数值和字符串处理功能，和传统的 BASIC 语言相比有许多改进；

（2）提供了丰富的图形及动画指令，可方便地绘制各种图形；

（3）提供了定长和动态（变长）数组，有利于简化内存管理；

（4）增加了递归过程调用，使程序更为简练；

（5）提供了一个可供应用程序调用的包含多种类型的图标库；

（6）具有完善的调试、运行出错处理。

4. 提供了易学易用的应用程序集成开发环境

在 Visual Basic 的集成开发环境中，用户可设计界面、编写代码、调试程序，直至将应用程序编译成可执行文件在 Windows 上运行，使用户在友好的开发环境中工作。

5. 支持多种数据库系统的访问

数据访问特性允许对包括 Microsoft SQL Server 和其他企业数据库在内的大部分数据库格式建立数据库和前端应用程序，以及可调整的服务器端部件。利用数据控件可访问 Microsoft Access、Dbase、Microsoft FoxPro、Paradox 等，也可以访问 Microsoft Excel、Lotusl1-2-3 等多种电子表格。

6. 支持动态数据交换（DDE）、动态链接库（DLL）和对象的链接与嵌入（OLE）

动态数据交换是 Microsoft Windows 除了剪贴板和动态链接函数库以外，在 Windows 内部交换数据的第三种方式。利用这项技术可使 Visual Basic 开发的应用程序与其他 Windows 应用程序之间建立数据通信。

动态链接库中存放了所有 Windows 应用程序可以共享的代码和资源，这些代码或函数可以用多种语言写成。Visual Basic 利用这项技术可以调用任何语言产生的 DLL，也可以调用 Windows 应用程序接口（API）函数，以实现 SDK 所能实现的功能。

对象的链接与嵌入是 Visual Basic 访问所有对象的一种方法。利用 OLE 技术，Visual Basic 将其他应用软件作为一个对象嵌入应用程序中进行各种操作，也可以将各种基于 Windows 的应用程序嵌入 Visual Basic 应用程序中，实现声音、图像、动画等多媒体的功能。

7. 完备的联机帮助功能

与 Windows 环境下的其他软件一样，在 Visual Basic 中，利用帮助菜单和 F1 功能键，用户可随时方便地得到所需的帮助信息。Visual Basic 帮助窗口中显示了有关的示例代码，通过复制、粘贴操作可获得大量的示例代码，为用户的学习和使用提供了极大的方便。

另外，Visual Basic 6.0 与以前的版本不同，它是 Visual Studio 家族的一个组件，保留了 Visual Basic 5.0 的优点，如在开发环境上的改进，增加了工作组，在代码编辑器中提供了控件属性/方法的自动提示，能编译生成本机代码，大大提高程序的执行速度等。同时，Visual Basic 6.0 在数据技术、Internet 技术及智能化向导方面都有了许多新的特性。读者可通过阅读 Visual Basic 6.0 的帮助系统来了解新特性。

1.2　Visual Basic 6.0 的集成开发环境

Visual Basic 集成开发环境（IDE），为用户提供了整套工具，方便用户开发应用程序。它在一个公共环境里集成了许多不同的功能，如设计、编辑、编译和调试。下面介绍 Visual Basic 6.0 的集成开发环境。

1.2.1　主窗口

当启动 Visual Basic 6.0 时，可以见到如图 1-1 所示的"新建工程"窗口，窗口中列出了可建立的工程类型。其中会提示选择要建立的工程类型。使用 Visual Basic 6.0 可以生成 13 种类型的应用程序（图中仅看到 10 种，通过拖动滚动条可看到另外 3 种）。

在图 1-1 的窗口中有以下 3 个选项卡。

（1）新建：这个选项卡中列出了可生成的工程类型，"新建"选项卡中的工程是用户从头开始创建的。

（2）现存：这个选项卡中列出了可以选择和打开的现有工程。

（3）最新：这个选项卡中列出了最近使用过的工程，用户可以选择和打开一个需要的工程。

选择"新建"选项卡中的"标准 EXE"图标并单

图 1-1　Visual Basic 6.0 中可以建立的工程类型

击"打开"按钮，可以打开如图 1-2 所示的 Visual Basic 6.0 集成开发环境窗口。

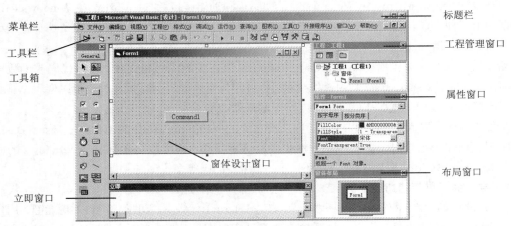

图 1-2　Visual Basic 6.0 集成开发环境

需要说明的是，一般启动时，可能见不到如图 1-2 中的"立即窗口"。在 Visual Basic 集成环境中的其他窗口，都可以通过"视图"菜单中的相应命令来打开和关闭这个窗口。

1．标题栏

标题栏位于主窗口最上面的一行，如图 1-3 所示。标题栏显示窗口标题及工作模式，启动时显示为"工程 1-Microsoft Visual Basic[设计]"，表示 Visual Basic 处于程序设计模式。Visual Basic 有 3 种工作模式：设计（Design）模式、运行（Run）模式和中断（Break）模式。

图 1-3　Visual Basic 6.0 集成开发环境的标题栏、菜单栏和工具栏

（1）设计模式：可进行用户界面的设计和代码的编制，以完成应用程序的开发。

（2）运行模式：运行应用程序，这时不可编辑代码，也不可编辑界面。处于这种模式时，标题栏中的标题为"工程 1-Microsoft Visual Basic [运行]"。

（3）中断模式：应用程序运行暂时中断，这时可以编辑代码，但不可编辑界面。此时，标题栏中的标题为"工程 1 Microsoft Visual Basic [中断]"。按 F5 键或单击工具栏的继续按钮，程序继续运行；单击结束按钮，程序停止运行。在此模式下会弹出"立即"窗口，在"立即"窗口内可输入简短的命令，并立即执行。

2．菜单栏

Visual Basic 集成开发环境的菜单栏中包含使用 Visual Basic 所需要的命令。它除了提供标准"文件"、"编辑"、"视图"、"窗口"和"帮助"菜单之外，还提供了编程专用的功能菜单，如"工程"、"格式"、"调试"、"外接程序"等 13 个菜单，如图 1-3 所示。

Visual Basic 6.0 集成开发环境中的基本菜单如下。

（1）文件：包含打开和保存工程以及生成可执行文件的命令。

（2）编辑：包含编辑命令和其他一些格式化、编辑代码的命令，以及其他编辑功能命令。

（3）视图：包含显示和隐藏 IDE 元素的命令。

（4）工程：包含在工程中添加构件、引用 Windows 对象和工具箱新工具的命令。

（5）格式：包含对齐窗体控件的命令。

（6）调试：包含一些通用的调试命令。

（7）运行：包含启动、设置断点和终止当前应用程序运行的命令。

（8）查询：包含操作数据库表时的查询命令以及其他数据访问命令。

（9）图表：包含操作 Visual Basic 工程时的图表处理命令。

（10）工具：包含建立 ActiveX 控件时需要的工具命令，并可以启动菜单编辑器以及配置环境选项。

（11）外接程序：包含可以随意增删的外接程序。缺省时这个菜单中只有"可视化数据管理器"选项。通过"外接程序管理器"命令可以增删外接程序。

（12）窗口：包含屏幕窗口布局命令。

（13）帮助：提供相关帮助信息。

3. 工具栏

工具栏在编程环境下提供对于常用命令的快速访问。单击工具栏上的按钮，即可执行该按钮所代表的操作。按照默认规定，启动 Visual Basic 之后将显示"标准"工具栏。其他工具栏，如"编辑"、"窗体设计"和"调试"工具栏可以通过"视图"菜单中的"工具栏"命令移进或移出。工具栏能紧贴在菜单栏下方，或以垂直条状紧贴在左边框上。如果用鼠标将它从某栏下面移开，则它能"悬"在窗口中。一般工具栏在菜单栏的正下方，如图 1-3 所示。

1.2.2　窗体设计窗口

"窗体设计窗口"也称为对象窗口。Windows 的应用程序运行后都会打开一个窗口，窗体设计窗口是应用程序最终面向用户的窗口，是屏幕中央的主窗口。通过在窗体中添加控件并设置相应的属性来完成应用程序界面的设计。每个窗口必须有一个窗体名称，系统启动后就会自动创建一个窗体（默认名为 Form1）。用户可通过"工程/添加窗体"来创建新窗体或将已有的窗体添加到工程中。程序每个窗体保存后都有一个窗体文件名（扩展名为.frm）。注意窗体名即窗体的"Name"属性和窗体文件名的区别。

1.2.3　工具箱

系统启动后默认的 General 工具箱就会出现在屏幕左边，其中每个图标表示一种控件，常用的有 20 个，如图 1-4 所示。

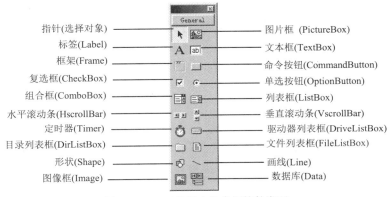

图 1-4　VB 工具箱中的常用控件类型

　　用户可以将不在工具箱中的其他 ActiveX 控件放到工具箱中。通过"工程"菜单中的"部件"命令或从"工具箱"快捷菜单中选定"部件"选项卡，就会显示系统安装的所有 ActiveX 控件清单。要将某控件加入到当前选项卡中，单击要选定控件前面的方框，然后单击"确定"按钮即可，如图 1-5 所示。

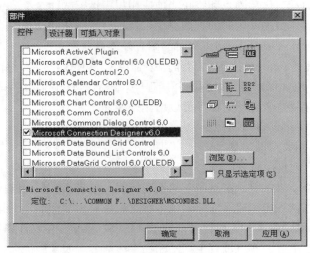

图 1-5　　"部件"对话框

1.2.4　工程资源管理器

　　工程是指用于创建一个应用程序的文件的集合。工程资源管理器列出了当前工程中的窗体和模块，如图 1-6 所示。

　　在"工程资源管理器"窗口中有 3 个按钮，分别表示"查看代码"、"查看对象"和"切换文件夹"。

　　单击"查看代码"按钮，可打开"代码编辑器"查看代码。

　　单击"查看对象"按钮，可打开"窗体设计器"查看正在设计的窗体。

　　单击"切换文件夹"按钮，则可以隐藏或显示包含在对象文件夹中个别项目列表。

图 1-6　工程资源管理器

1.2.5　属性窗口

　　属性是指对象的特征，如大小、标题或颜色等。在 Visual Basic 6.0 设计模式中，属性窗口列出了当前选定窗体或控件的属性及其值，用户可以对这些属性值进行设置。例如，要设置 Command1 命令按钮上显示的字符串，可以找到属性窗口的"Caption"属性，输入"开始"之类的字符串，如图 1-7 所示。

图 1-7　属性设置窗口

1.2.6　窗体布局窗口

　　窗体布局窗口显示在屏幕右下角。用户可使用表示屏幕的小图像来布置应用程序中各窗体的位置。这个窗口在多窗体应用程序中很有用，因为通过它可以指定每个窗体相对于主窗体的位置。图 1-8 所示为桌面上两个窗体及其相对位置。鼠标右键单击小屏幕，弹出快捷菜单，可通过该快捷菜单设计窗体启动位置，如要设计窗体 Form1 启动位置居于屏幕中心，其操作如图 1-9 所示。

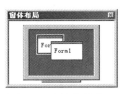

图 1-8　窗体布局窗口　　　　　　　　图 1-9　设计窗体启动位置

1.2.7　代码编辑器窗口

在设计模式中，通过双击窗体或窗体上的任何对象或单击"工程资源管理器"窗口中的"查看代码"按钮都可打开代码编辑器窗口。代码编辑器是输入应用程序代码的编辑器，如图 1-10 所示。应用程序的每个窗体或标准模块都有一个单独的代码编辑器窗口。

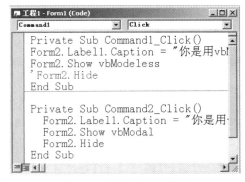

图 1-10　代码编辑器窗口

1.2.8　立即窗口

在 Visual Basic 集成开发环境（IDE）中，运行"视图/立即窗口"命令或使用快捷键 Ctrl+G，即可打开如图 1-11 所示的立即窗口。

立即窗口是 Visual Basic 所提供的一个系统对象，也称为 Debug 对象，供调试程序使用。它只有方法，不具备任何事件和属性，通常使用的是 Print 方法。

在设计状态下，可以在立即窗口中进行一些简单的命令操作，如给变量赋值，用"？"或 Print（两者等价）输出一些表达式的值。

例如，在立即窗口中使用赋值符给变量赋值，即输入

```
X = 3.14:Y = 2:Z = 30:P = True: K = False
```

使用"？表达式"或"Print 表达式"输出其表达式的值。操作如下：

```
? X+Y
 5.14                        '输出结果
Print Int(X)+Y/2
4                           '输出结果
? Not P Or K And P Or Y>Z
False                       '输出结果
```

操作结果如图 1-12 所示。

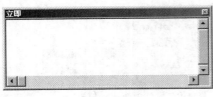

图 1-11　立即窗口

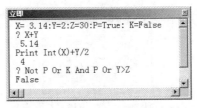

图 1-12　在立即窗口中操作实例

此外，Visual Basic 6.0 中还有两个非常有用的附加窗口：本地窗口和监视窗口。它们都是为调试应用程序提供的，它们只在运行工作模式下才有效。

1.3　Visual Basic 中的一些基本概念

在用 Visual Basic 进行程序设计之前，首先要正确理解 Visual Basic 的对象、属性、事件、方法等几个重要概念。正确理解这些概念是设计 Visual Basic 应用程序的基础。

1.3.1　对象与类

对象（Object）是代码和数据的集合。现实生活中的一个实体就是一个对象，如一支钢笔、一辆汽车、一台计算机都是一个对象。一台计算机可以拆分为主板、CPU、内存、外设等部件，这些部件又都分别是对象，因此计算机对象可以说是由多个"子"对象组成的，它可以称为是一个对象容器（Container）。

在 Visual Basic 6.0 中，对象可以由系统设置好，直接供用户使用，也可以由程序员自己设计。Visual Basic 设计好的对象有窗体、各种控件、菜单、显示器、剪贴板等。用户使用最多的是窗体和控件。

类是同种对象的集合与抽象，是一个整体概念，也是创建对象实例的模板，而对象则是类的实例化。类与对象是面向对象程序设计语言的基础。

下面以"汽车"为例，说明类与对象的关系。

汽车是一个笼统的名称，是整体概念，我们把汽车看成一个"类"，一辆辆具体的汽车（如你的汽车、我的汽车）是这个类的实例，是属于这个类的对象。

严格地说，工具箱的各种控件并不是对象，而是代表了各个不同的类。通过类的实例化，可以得到真正的对象。当在窗体上放置一个控件时，就将类转换为对象，即创建了一个控件对象，简称为控件。

例如，图 1-13 为左边工具箱上凸起的矩形块即命令按钮，代表 CommandButton 类，它确定了 CommandButton 的属性、方法和事件。窗体上显示的是两个 CommandButton 对象，是类的实例化，它们继承了 CommandButton 类的特征，也可以根据需要修改各自的属性，如字体、颜色、大小等。

图 1-13　Visual Basic 中的类与对象

1.3.2　属性

对象中的数据保存在属性中。属性是用来描述和反映对象特征的参数。例如，"控件名称"（Name）、"颜色"（Color）及"是否可见"（Visible）等属性决定了对象展现给用户的界面具有什么样的外观及功能。不同的对象具有不同的属性，如命令按钮有"Caption"属性而无"Text"属性，文本框无"Caption"属性而有"Text"属性。

在设计应用程序时，通过改变对象的属性值来改变对象的外观和行为。对象属性的设置可以通过以下两种方法来实现。

（1）在设计阶段，选中某对象，利用属性窗口直接设置对象的属性。

（2）在程序代码中通过赋值实现，其格式为

对象.属性=属性值

例如，给一个对象名为"Lable1"的标签的"Caption"属性赋值为字符串"请输入字符"，在程序代码中的书写格式为

Lable1.Caption="请输入字符"

1.3.3　事件及事件过程

1．事件

事件即对象响应的动作，是 Visual Basic 预先定义的对象能识别的动作。每个对象都有一系列预先定义好的对象事件，如鼠标单击（Click）、双击（DblClick），对象失去焦点（LostFocus）、获取焦点（GetFocus）等。对象与对象之间、对象与系统之间及对象与程序之间的通信都是通过事件来进行的。例如，窗体上有一个名为"CmdHide"的命令按钮对象，当鼠标指针在该对象上单击时，系统跟踪到指针所指的对象上，并给该对象发送一个 Click 事件，系统则执行这个代码所描述的过程。执行结束后，控制权交还给系统，并等待下一个事件。

2．事件过程

事件过程是指附在该对象上的程序代码，是事件的处理程序，用来完成事件发生后所要做的动作。

对于窗体对象，其事件过程的形式如下：

Private Sub Form_事件过程名[（参数列表）]
　…（事件过程代码）
End Sub

例如，对于窗体的单击事件编写了如下代码，当程序运行后，单击窗体，即在窗体中打印输出两个数据之和。

```
Private Sub Form_Click()
    Dim X As Integer, Y As Integer, Z As Integer    '定义变量
    X = 20: Y = 30
    Z = X + Y
    Print "Z=": Z                                    '打印输出
End Sub
```

对于除窗体以外的对象，其事件过程的形式如下：

```
Private Sub 对象名_事件过程名［（参数列表）］
    …（事件过程代码）
End Sub
```

例如，单击名为 "cmdHide" 的命令按钮，使命令按钮变为不可见，则对应的事件过程如下：

```
Private Sub cmdHide_Click()
    CmdHide.Visible=False
End Sub
```

Visual Basic 具有可视化的编程机制，在程序设计时，可按要求"画"出各种对象来设计图形用户界面，程序员只需编写各对象要完成相应功能的程序。实际上，在图形用户界面的应用程序中，是由用户的动作即事件控制着程序运行的流向，每个事件都能驱动一段程序的运行。程序员只需编写响应用户动作的代码，而各个动作之间不一定有联系。这样的应用程序代码一般较短，程序既易于编写又易于维护。这种事件驱动的编程机制是非常适合图形用户界面的编程方式，是 Visual Basic 的一个突出特点。

1.3.4　方法

方法是面向对象程序设计语言为编程者提供的用来完成特定操作的过程和函数。在 Visual Basic 中已将一些通用的过程和函数编写好并封装起来，作为方法供用户直接调用，这给用户的编程带来了极大的方便。因为方法是面向对象的，所以在调用时一定要指明对象。对象方法的调用格式为

［对象.]方法[参数名表]

其中，若省略了对象，表示是当前对象，一般指窗体。

例如，在窗体 Form1 上打印输出 "VB 程序设计"，可使用窗体的 Print 方法：

```
Form1.Print  " VB 程序设计"
```

若当前窗体是 Form1，则可写为

```
Print  " VB 程序设计"
```

在 Visual Basic 中，窗体和控件是具有自己的属性、方法和事件的对象。可以把属性看做对象的性质，把方法看做对象的动作，而把事件看做对象的响应。

举个日常生活中简单的例子有助于理解这些抽象的概念。例如，你对同伴说："请把那辆蓝色的别克 2000 型轿车开过来"，其实这句话里就包含了 Visual Basic 的对象、属性和方法，其中对象就是那辆"轿车"，也就是这件事情中的目标物；"蓝色"、"别克 2000 型"是用来描述轿车特征的，它就是轿车的属性；"开过来"就是对轿车实施的处理，即方法。

1.4　窗体的常用属性、方法和事件

窗体（Form）也就是平时所说的窗口，它是 Visual Basic 编程中最常见的对象，也是程序设计的基础。窗体是所有控件的容器，各种控件对象必须建立在窗体上，一个窗体对应一个窗体模块。

1.4.1　属性

窗体属性决定了窗体的外观与操作。同 Windows 环境下的应用程序窗口一样，Visual Basic 中的窗体在默认设置下具有控制菜单、最大化/还原按钮、最小化按钮、关闭按钮、边框等，如图

1-14 所示。

　　窗体的许多属性既可以通过属性窗口设置，也可以在程序中设置。有些属性（如 MaxButton、BorderStyle 等会影响窗体外观的属性）只能在设计状态设置。有些属性（如 CurrentX、CurrentY 等属性）只能在运行期间设置。

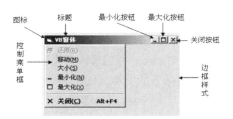

图 1-14　窗体外观

1. 窗体的基本属性

　　窗体的基本属性有 Name、Left、Top、Height、Width、Visible、Enabled、Font、ForeColor、Backcolor 等。在 Visual Basic 中的大多数控件基本上都有这些属性。

　　（1）Name 属性。Visual Basic 中任何对象都有 Name 属性，在程序代码中就是通过该属性来引用、操作具体对象的。

　　首次在工程中添加窗体时，该窗体的名称被默认为 Form1；添加第 2 个窗体，其名称被默认为 Form2，依此类推。最好给 Name 属性设置一个有实际意义的名称，如给一个程序的主控窗体命名为"MainFrm"。这样在程序代码中的意义就很清楚，也会增强程序的可读性。

　　（2）Left、Top 属性。窗体运行在屏幕中，屏幕是窗体的容器，因此窗体的 Left、Top 属性值是相对屏幕左上角的坐标值。对于控件，Left、Top 属性值则是相对"容器"左上角的坐标值，其默认单位是 twip。

$$1twip=1/20 \text{ 点}=1/1440 \text{ 英寸}=1/567 \text{ 厘米}$$

　　（3）Height、Width 属性。返回或设置对象的高度和宽度。对于窗体，指的是窗口的高度和宽度，包括边框和标题栏。对于控件，这些属性使用控件所在"容器"的度量单位。

　　屏幕（Screen）、窗体（Form1）和命令按钮（OK）的 Left、Top、Height、Width 属性表示如图 1-15 所示，读者要注意，Left、Top 属性值是相对"容器"左上角的坐标值。在 Visual Basic 中除了屏幕、窗体可作为"容器"外，还有框架和图片框对象可作为"容器"。

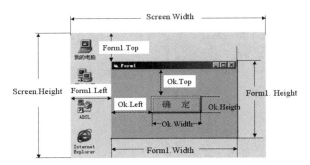

图 1-15　对象的 Left、Top、Height、Width 属性

　　例 1.1　在窗体 Form1 被加载时，将其大小设置为屏幕大小的 75%，并居中显示。通过窗体的 Load 事件来实现的程序代码如下：

```
Private Sub Form_Load ()
    Form1.Width = Screen.Width * .75        '设置窗体的宽度
    Form1.Height = Screen.Height * .75      '设置窗体的高度
    ' 在水平方向上居中显示
    Form1.Left = (Screen.Width - Form1.Width) / 2
```

```
          '在垂直方向上居中显示
          Form1.Top = (Screen.Height - Form1.Height) / 2
      End Sub
```

（4）Caption 标题属性。决定出现在窗体的标题栏上的文本内容，也是当窗体被最小化后出现在窗体图标下的文本。图 1-14 中窗体的 Caption 属性值是 "VB 窗体"。

（5）字体 Font 属性组。

FontName 属性是字符型，决定对象上正文的字体（默认为宋体）。

FontSize 属性是整型，决定对象上正文的字体大小。

FontBold 属性是逻辑型，决定对象上正文是否是粗体。

FontItalic 属性是逻辑型，决定对象上正文是否是斜体。

FontStrikeThru 属性是逻辑型，决定对象上正文是否加删除线。

FontUnderLine 属性是逻辑型，决定对象上正文是否带下划线。

● FontName 属性。返回或设置对象中显示文本所用的字体。该属性的默认值取决于系统，Visual Basic 中可用的字体取决于系统的配置、显示设备和打印设备。与字体相关的属性只能设置为真正存在的字体的值。

● FontSize 属性。返回或设置对象中显示文本所用的字体的大小。Visual Basic 中以磅为单位指定字体尺寸。

● FontBold、FontItalic、FontStrikethru、FontUnderline 属性。按下述格式返回或设置字体样式：**Bold**、*Italic*、~~Strikethru~~ 和 <u>Underline</u>。对于图片框控件、窗体和打印机（Printer）对象，设置这些属性不会影响在控件或对象上已经绘出的图片和文本；对于其他控件，改变字体将会在屏幕上立刻生效。

（6）Enabled 属性。用于确定一个窗体或控件是否能够对用户产生的事件作出反应。通过在运行时把 Enabled 属性设置为 True 或 False 来使窗体和控件成为有效或无效。

如果使窗体或其他"容器"对象无效，即 Enabled 属性设为 False，则在其中的所有控件也将自动无效。

例 1.2 下面的程序当文本框 Text1 不包含任何文本时使命令 Command 按钮无效。

```
Private Sub Text1_Change ()
    If  Text1.Text = "" Then            '查看文本框是否为空
        Command1.Enabled = False        '使按钮无效
    Else
        Command1.Enabled = True         '使按钮有效
    End If
End Sub
```

（7）Visible 属性。用于确定一个窗体或控件为可见或隐藏。要在启动时隐藏一个对象，可在设计时将 Visible 属性设置为 False，也可在代码中设置该属性使控件在运行时隐藏，然后又重新显示以响应某一特别事件。

（8）BackColor 属性和 ForeColor 属性。BackColor 属性用于返回或设置对象的背景颜色，ForeColor 属性用于返回或设置在对象里显示图片和文本的前景颜色。它们是十六进制长整型数据，在 Visual Basic 中通常用 Windows 运行环境的红—绿—蓝（RGB）颜色方案，使用调色板或在代码中使用 RGB 或 QBColor 函数指定标准 RGB 颜色。

例如，将窗体 Form1 的背景色设置为红色，则可使用：

```
Form1.BackColor = RGB(255, 0, 0)
```

也可用十六进制长整型数据或 Visual Basic 系统内部常量给 BackColor 属性赋值。例如：

```
Form1.BackColor = &HFF&
```

它等价于：

```
Form1.BackColor = vbRed
```

2. 窗体的其他常用属性

（1）MaxButton 最大化按钮和 MinButton 最小化按钮。当值为 True 时，有最大或最小化按钮；值为 False 则无此按钮。

（2）Icon 控制图标属性。返回或设置窗体左上角显示的图标或最小化时显示的图标。它必须在 ControlBox 属性设置为 True 才有效。默认设置的图标是 ▣ ，单击属性窗口中 Icon 属性值后面的按钮，打开"加载图标"对话框，允许打开一个图标文件（*.Ico 和*.Cur）作为这个属性的值，如图 1-16 所示。

图 1-16　加载图标

（3）ControlBox 控制菜单框属性。如设置值为 True，则有控制菜单；如设置为 False，则无控件菜单，同时即使 MaxButton 属性和 MinButton 属性设置为 True，窗体也无最大化按钮和最小化按钮。

（4）Picture 图片属性。设置窗体中要显示的图片。加载图片的操作同加载 Icon 控制图标的操作。

（5）BorderStyle 边框风格属性。通过改变 BorderStyle 属性，可以控制窗体如何调整大小，它可取 6 种值，如表 1-1 所示。

表 1-1　　　　　　　　　　　窗体对象 BorderStyle 属性的取值及意义

属 性 值		意　义
数　值	系统常量	
0	VbBSNone	无（没有边框或与边框相关的元素）
1	VbFixedSingle	固定单边框。可以包含控制菜单框、标题栏、最大化按钮和最小化按钮。只有使用最大化按钮和最小化按钮才能改变窗体大小
2	VbSizable	（默认值）可调整大小的边框
3	VbFixedDoubleialog	固定对话框。可以包含控制菜单框和标题栏，不包含最大化按钮和最小化按钮，不能改变窗体尺寸
4	VbFixedToolWindow	固定工具窗口。不能改变窗体尺寸，显示关闭按钮并用缩小的字体显示标题栏，窗体不在任务栏中显示
5	VbSizableToolWindow	可变尺寸工具窗口。可以改变窗体大小，显示关闭按钮并用缩小的字体显示标题栏，窗体不在任务栏中显示

（6）WindowsState 属性。设置窗体运行的状态，它可取 3 个值，对应于 3 个状态，如表 1-2 所示。

表 1-2 WindowsState 属性的取值

属 性 值		说　　明
数　值	系 统 常 量	
0	VbNormal	正常窗口状态，有窗口边界
1	vbMinimized	最小化状态，以图标方式运行
2	vbMaximized	最大化状态，无边框，充满整个屏幕

（7）AutoRedraw 属性。该属性决定窗体被隐藏或被另一窗口覆盖之后重新显示时，是否重新还原该窗体被隐藏或覆盖以前的画面，即是否重画如 Circle、Line、Pset、Print 等方法的输出。当为 True 时，重新还原该窗体以前的画面；当为 False 时，则不重画。

注意　　在窗体 Load 事件中如果要使用 Print 方法在窗体上打印输出，就必须先将窗体的 AutoRedraw 属性设置为 True，否则窗体启动后将没有输出结果。这是因为窗体是在 Load 事件执行完后才显示的。有关窗体的装载与卸载过程参见 5.7.2 小节。

读者一下子要记住这些属性是有一定困难的，要熟悉并应用这些窗体属性，最好的办法是上机实践，在"属性"窗口中更改窗体的一些属性，然后运行该应用程序并观察修改的效果。如果想得到关于每个属性的详细信息，可以选择该属性并按 F1 键查看联机帮助。

1.4.2　事件

窗体事件是窗体识别的动作。与窗体有关的事件较多，Visual Basic 6.0 中有 30 多个，但平时在编程序时并不需要对所有事件都编写代码，读者只需掌握一些常用事件，了解这些事件的触发机制即可。下面介绍几个常用的窗体事件。

1. Click 事件

在程序运行时单击窗体内的某个位置，Visual Basic 将调用窗体的 Form_Click 事件。如果单击的是窗体内的控件，则只能调用相应控件的 Click 事件。

2. DblClick 事件

程序运行时双击窗体内的某个位置，就触发了两个事件：第 1 次按动鼠标时，触发 Click 事件；第 2 次按动鼠标时，产生 DblClick 事件。

3. Load 事件

程序运行时，窗体被装入工作区，将触发它的 Load 事件，所以该事件通常用来在启动应用程序时对属性和变量初始化。

4. Unload 事件

卸载窗体时触发该事件。

5. Resize 事件

无论是用户交互，还是通过代码调整窗体的大小，都会触发一个 Resize 事件。

例如，可在窗体的 Resize 事件中编写如下代码，使窗体在调整大小时，始终位于窗体的正中：

```
Private Sub Form_Resize()
    Form1.Left = Screen.Width / 2 - Form1.Width / 2
    Form1.Top = Screen.Height / 2 - Form1.Height / 2
End Sub
```

上面程序中 Screen 是系统屏幕对象。关于 Screen 对象，读者可参见 6.8.3 小节。

1.4.3　方法

窗体常用的方法有 Print（打印输出）、Cls（清除）、Move（移动）、Show（显示）、Hide（隐藏）等。

1. Print 方法

Print 方法以当前所设置的前景色和字体在窗体上输出文本字符串。Print 方法的调用格式为

窗体名.Print　[｛Spc(n)｜Tab(n)｝　表达式列表]

窗体名：是由窗体的 Name 属性所定义的窗体名称标识。

Spc(n)：内部函数，用于在输出表达式前插入 *n* 个空格，允许重复使用。

Tab(n)：内部函数，用于将指定表达式的值从窗体第 *n* 列开始输出，允许重复的使用。

表达式列表：是由一个或多个数值或字符类型的表达式组成的，如果在 Print 方法后面不出现表达式列表，则只在当前位置输出一个空行。当表达式列表由多个表达式组成时，表达式之间必须用空格、分号或逗号隔开，空格和分号等价。分号和逗号用来决定下一个表达式在窗体上显示的光标位置，分号表示光标定位在上一个显示字符之后；逗号表示光标定位在下一个打印区的开始位置，每隔 14 列为一个打印区的开始位置。

例 1.3　在窗体 Form1 的单击事件中写入如下代码：

```
Private Sub Form_Click()
    a = 10: b = 3.14
    Print "a="; a, "b="; b
    Print "a="; a, "b="; b
    Print "a="; a, "b="; b
    Print                           '空一行
    Print "a="; a, "b="; b
    Print "a="; a, Tab(18); "b="; b '从第 18 列开始打印输出 b=
    Print "a="; a, Spc(18); "b="; b '输出 a 值后，插入 18 个空后，输出 b=
    Print                           '空一行
    Print "a="; a, "b="; b
    Print Tab(18); "a="; a, "b="; b '从第 18 列开始打印输出
    Print Spc(18); "a="; a, "b="; b '空 18 列，即从第 19 列开始打印输出
End Sub
```

程序的运行结果如图 1-17 所示。

2. Cls（清除）方法

Cls 方法用来清除运行时在窗体上显示的文本或图形。它的调用格式为

窗体名.Cls

Cls 只能清除运行时在窗体上显示的文本或图形，而不能清除窗体设计时的文本或图形，当使用 Cls 方法后，窗体的当前坐标属性 CurrentX 和 CurrentY 被设置为 0。

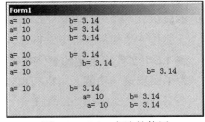

图 1-17　Print 方法的使用

3. Move（移动）方法

Move 方法用来在屏幕上移动窗体。它的调用格式如下：

窗体名.Move　Left[,Top[,Width[,Height]]]

其中，Left、Top、Width、Height 均为单精度数值型数据，分别用来表示窗体相对于屏幕左边缘的水平坐标、相对于屏幕顶部的垂直坐标、窗体的新宽度和新高度。

Move 方法至少需要一个 Left 参数值，其余均可省略。如果要指定其余参数值，则必须按顺序依次给定前面的参数值，不能只指定 Width 值，而不指定 Left 和 Top 值，但允许只指定前面部分的参数，而省略后面部分。例如，允许只指定 Left 和 Top 值，而省略 Width 和 Height 值，此时窗体的宽度和高度在移动后保持不变。

例 1.4 使用 Move 方法移动一个窗体。双击窗体，窗体移动并定位在屏幕的左上角，同时窗体的长宽也缩小一半。

为了实现这一功能，可以在窗体 Form1 的"代码"窗口中输入下列代码：

```
Private Sub Form_DblClick()
    Form1.Move 0, 0, Form1.Width / 2, Form1.Height / 2
End Sub
```

4．Show（显示）方法

Show 方法用于在屏幕上显示一个窗体，使指定的窗体在屏幕上可见。调用 Show 方法与设置窗体 Visible 属性为 True 具有相同的效果。

其调用格式如下：

窗体名.Show [vbModal | vbModeless]

说明如下。

（1）该方法有一个可选参数，它有两种可能的值：0（系统常量 VbModeless）或 1（系统常量 VbModal）。若未指定参数，则默认为 VbModeless。Show 方法的可选参数表示从当前窗口或对话框切换到其他窗口或对话框之前用户必须采取的动作。当参数为 VbModal 时，要求用户必须先关闭显示的窗口或对话框，才能在本应用程序中做其他操作；当参数为 VbModeless 时，用户可以不对显示的窗口或对话框进行操作，就可以在本应用程序中做其他操作。

（2）如果要显示的窗体事先未装入，该方法会自动装入该窗体再显示。

5．Hide（隐藏）方法

Hide 方法用于隐藏指定的窗体，但不从内存中删除窗体。其调用格式为

窗体名.Hide

当一个窗体从屏幕上隐去时，其 Visible 属性被设置成 False，并且该窗体上的控件也变得不可访问，但对运行程序间的数据引用无影响。若要隐去的窗体没有装入，则 Hide 方法会装入该窗体但不显示。

下面是一个使用 Hide 和 Show 方法的例子。

例 1.5 实现将指定的窗体在屏幕上进行显示或隐藏的切换。

为了实现这一功能，可以在窗体 Form1 的"代码"窗口中输入下列代码：

```
Private Sub Form_Click()
    Form1.Hide                              '隐藏窗体
    MsgBox "单击确定按钮，使窗体重现屏幕"      '显示信息
    Form1.Show                              '重现窗体
End Sub
```

窗体还有 Line、Pset、Circle、Refresh 等方法。这些方法将在第 7 章图形操作中详细讨论。

1.5　命令按钮、标签、文本框

1.5.1　命令按钮

在 Visual Basic 应用程序中，命令按钮（CommandButton）是使用最多的控件对象之一。常常用它来接收用户的操作信息，激发某些事件，实现一个命令的启动、中断、结束等操作。

命令按钮接收用户输入的命令可以有 3 种方式：

- 鼠标单击；
- 按 Tab 键焦点跳转到该按钮，再按 Enter 键；
- 使用快捷键（Alt+有下画线的字母）。

1. 基本属性

Name、Height、Width、Top、Left、Enabled、Visible、Font 等属性与在窗体中的使用相同。

2. 常用属性

在窗体上添加了命令按钮后，就可对它进行属性设置。命令按钮和窗体类似也有其自身的属性。在程序设计中，常用属性主要有以下几种。

（1）Caption 属性。该属性用于设置命令按钮上显示的文本。它既可以在属性窗口中设置，也可以在程序运行时设置。在运行时设置 Caption 属性将动态更新按钮文本。Caption 属性最多包含 255 个字符。若标题超过了命令按钮的宽度，文本将会折到下一行。如果内容超过 255 个字符，则超出部分被截去。

可通过 Caption 属性创建命令按钮的访问键快捷方式，其方法是在作为快捷访问键的字母前添加一个连字符（&）。例如，为标题为"Print"的命令按钮创建快捷访问键"Alt+P"，则该命令按钮的 Caption 属性应设为"&Print"。运行时，字母 P 将带下画线，按 Alt+P 组合键就可选定命令按钮。

（2）Default 和 Cancel 属性。当窗体上命令按钮数目较多时，通过键盘操作选择按钮就比较复杂。通常，在一组按钮中，对于"确定"和"取消"操作的按钮，Windows 应用程序使用 Enter 键和 Esc 键来进行选择。Visual Basic 通过对命令按钮这两种属性的设置来实现这一功能。

指定一个默认命令按钮，应将其 Default 属性设置为 True。这时不管窗体上的哪一个非命令按钮控件有焦点，只要用户按 Enter 键，就相当于单击此默认命令按钮。同样，通过 Cancel 属性可以指定默认的取消按钮。在把命令按钮的 Cancel 属性设置为 True 后，不管窗体当前哪个非命令按钮控件有焦点，按 Esc 键，就相当于单击此默认按钮。

　　　　　一个窗体只能有一个命令按钮的 Default 属性设置为 True，也只能有一个命令按钮的 Cancel 属性设置为 True。

（3）Value 属性。在程序代码中也可以触发命令按钮，使之在程序运行时自动按下；只需将该按钮的 Value 属性设置为 True，即可触发命令按钮的 Click 事件，执行命令按钮的 Click 事件过程。

（4）Style 属性。确定显示的形式：设置为 0 只能显示文字，设置为 1 则文字、图形均可显示。

（5）Picture 属性。使按钮可显示图片文件（.bmp 和.ico），此属性只有当 Style 属性值设为 1 时才有效。

（6）ToolTipText 属性。凡是使用过 Windows 应用软件的用户都非常熟悉这种情况，当不是十分清楚软件中某些图标按钮的作用时，可以把光标移到这个图标按钮上，停留片刻，在这个图标按钮的下方就立即显示一个简短的文字提示行，说明这个图标按钮的作用，当把光标移开后，提示行立刻消失。Visual Basic 为这一功能给命令按钮提供了属性"ToolTipText"，在运行或设计时，只需将该项属性设置为需要的提示行文本即可。

例如，在命令按钮的属性窗口，将一命令按钮的 Caption 属性设置为"取消"，FontSize 设置为 18 磅，Style 属性值设为 1，给 Picture 属性加载一图形（*.bmp 或*.gif）文件，ToolTipText 属性值设置为"单击此命令按钮可取消以前操作"。程序运行后，将鼠标指针移动到命令按钮上的情况如图 1-18 所示。

图 1-18　命令按钮属性设置

3．常用方法

在程序代码中，通过调用命令按钮的方法来实现与命令按钮相关的功能。与命令按钮相关的常用方法主要有以下两种。

（1）Move 方法。该方法的使用与窗体中的 Move 方法一样。Visual Basic 系统中的所有可视控件都有该方法，不同的是窗体的移动是对屏幕而言，而控件的移动则是相对其"容器"对象而言。

（2）SetFocus 方法。该方法设置指定的命令按钮获得焦点。一旦使用 SetFocus 方法，用户的输入（如按 Enter 键）被立即引导到成为焦点的按钮上。使用该方法之前，必须要保证命令按钮当前处于可见和可用状态，即其 Visible 和 Enabled 属性应设置为 True。

4．常用事件

对命令按钮控件来说，Click 事件是最重要的触发方式。单击命令按钮时，将触发 Click 事件，并调用和执行已写入 Click 事件中的代码。多数情况下，主要是针对该事件过程来编写代码。

1.5.2　标签控件

标签（Label）控件是用来显示文本的控件，该控件和文本框控件都是专门对文本进行处理的控件，但标签控件没有文本输入的功能。

标签控件在界面设计中的用途十分广泛，它主要用来标注和显示提示信息，通常是标识那些本身不具有标题（Caption）属性的控件。例如，可用 Label 控件为文本框、列表框、组合框的控件添加描述性的文字，或者用来显示如处理结果、事件进程等信息。

既可以在设计时通过属性窗口设定标签控件显示的内容，也可以在程序运行时通过代码改变控件显示的内容。

1．基本属性

Name、Height、Width、Top、Left、Enabled、Visible、Font、ForeColor、BackColor 等属性与在窗体中的使用相同。

2．常用属性

（1）Caption 属性。Caption 属性用来改变 Label 控件中显示的文本。Caption 属性允许文本的长度最多为 1 024 字符。默认情况下，当文本超过控件宽度时，文本会自动换行，而当文本超过控件高度时，超出部分将被裁剪掉。

（2）Alignment 属性。用于设置 Caption 属性中文本的对齐方式，共有 3 种可选值：值为 0 时，左对齐（Left Justify）；值为 1 时，右对齐（Right Justify）；值为 2 时，居中对齐（Center Justify）。

（3）BackStyle 属性。该属性用于确定标签的背景是否透明。有两种情况可选：值为 0 时，表示背景透明，标签后的背景和图形可见；值为 1 时，表示不透明，标签后的背景和图形不可见。

（4）AutoSize 和 WordWrap 属性。AutoSize 属性确定标签是否会随标题内容的多少自动变化。

如果值为 True，则随 Caption 内容的多少自动调整控件本身的大小，且不换行；如果值为 False，表示标签的尺寸不能自动调整，超出尺寸范围的内容不予显示。

Wordwrap 属性用来设置当标签在水平方向上不能容纳标签中的文本时是否折行显示文本。当其值为 True 时，表示文本折行显示，标签在垂直方向上放大或缩小以适合文本的大小，标签水平方向的宽度保持不变；其值为 False 时，表示文本不换行。

这两个属性主要用来确定文本如何在标签中显示。有时候，标签中的文字内容会动态地变化，此时，若想保持标签水平方向的长度不变，应同时使 Wordwrap 和 AutoSize 属性为 True；若仅仅希望在水平方向上改变标签的大小，只需将 AutoSize 属性设为 True，而 Wordwrap 属性保持为 False 即可。

图 1-19　标签框的常用属性设置的效果

例 1.6　在窗体上放置 5 个标签，其名称使用默认值 Label1 ~ Label5，它们的高度与宽度相同，在属性窗口中按表 1-3 所示设置它们的属性，运行后的界面如图 1-19 所示。

表 1-3　　　　　　　　　　　标签控件的属性设置

对　象	属性（属性值）	属性（属性值）
Label1	Caption（"左对齐"）	Alignment（0），BorderStyle（1）
Label2	Caption（"水平居中"）	Alignment（2），BorderStyle（1）
Label3	Caption（"自动"）	AutoSize（True），WordWarp（False），BorderStyle（1）
Label4	Caption（"背景白"）	BackColor（&H00FFFFFF&），BorderStyle（0）
Label5	Caption（"前景红"）	ForeColor（&H000000FF&），BorderStyle（0）

1.5.3　文本框控件

在 Visual Basic 应用程序中，文本框控件（TextBox）有两个作用，一是用于显示用户输入的信息，作为接收用户输入数据的接口；二是在设计或运行时，通过对控件的 Text 属性赋值，作为信息输出的对象。

1. 基本属性

Name、Height、Width、Top、Left、Enabled、Visible、Font，ForeColor、BackColor 等属性与在标签控件的使用相同。

2. 常用属性

（1）Text 属性。该属性是文本框控件的主要属性，其值就是文本框控件内显示的内容。当文本内容改变时，Text 属性也会随之变化。通常，Text 属性所包含字符串中字符的个数不超过 2048 个。

（2）MultiLine 属性。通常，文本框中的文本只能够单行输入，当文本框的宽度受到限制时，无法完整地观看文本内容。为了更方便地显示文本，文本框控件提供了多行输入的功能，这是通过 MultiLine 属性实现的。默认时，MultiLine 属性为 False，表示只允许单行输入，并忽略回车键的作用；当把 MultiLine 属性设为 True 时，表示允许多行输入，当文本长度超过文本框宽度时，文本内容会自动换行，同时，允许输入的文本容量也会增加。

（3）ScrollBars 属性。当文本框的 MultiLine 属性为 True 时，仍可能出现文本框无法完全显示文本内容的情况，ScrollBars 属性为浏览文本提供了解决方法。ScrollBars 属性指定是否在文本框中添加水平和垂直滚动条，它有如下 4 种取值。

0-None：表示无滚动条。

1-Horizontal：表示只使用水平滚动条。

2-Vertical：表示只使用垂直滚动条。

3-Both：表示在文本框中同时添加水平和垂直滚动条。

ScrollBars 属性生效的前提是设置 MultiLine 属性为 True。一旦设置 ScrollBars 属性为非零值，文本框中的自动换行功能就失效，要使文本能在文本框中换行，必须键入回车键。

（4）MaxLength 属性。该属性用于设置在文本框中所允许输入的最大字符数，默认值为 0，表示无字符限制，若给该属性赋一个具体的值，该数值就作为文本的长度限制；当输入的字符数超过设定值时，文本框将不接受超出部分的字符，并发出警告声。

（5）PassWordChar 属性。设置 PassWordChar 属性是为了掩盖文本框中输入的字符。它常用于设置密码输入，如 PassWordChar 设定为"*"，则无论用户在文本框中输入什么字符，文本框中只显示用户设置替代的字符，显示形式为 ⬚⬚⬚⬚⬚⬚⬚⬚⬚ 。如要恢复文本在文本框中的正常显示，只需将该属性设置为空串。

PassWordChar 属性的设置不会影响 Text 属性的内容，它只会影响 Text 属性在文本框中的显示方式；当 Multiline 属性为 True 时，PassWordChar 属性失效。

（6）Locked 属性。该属性设置文本框的内容是否可以编辑。如果 Locked 属性设为 True，则文本框中的文本成为只读文本，这时和标签控件类似，文本框只能用于显示，不能进行输入和编辑操作。

（7）SelStart、SelLength 和 SelText 属性。以上 3 个属性是文本框中文本的编辑属性。SelStart 属性确定在文本框中所选择文本的开始位置，若没有选择文本，则用于返回或设置文本的插入点位置；如果 SelStart 的值大于文本的长度，则 SelStart 取当前文本的长度。SelLength 属性设置或返回文本框中选定的文本字符串长度。SelText 属性设置或返回当前选定文本中的文本字符串。

3. 常用事件

（1）Change 事件。当用户在文本框中输入新的信息或在程序运行时将文本框的 Text 属性设置为新值时，触发该事件。用户每向文本框输入一个字符就引发一次该事件，因此，Change 事件常用于对输入字符类型的实时检测。

（2）LostFocus 事件。当用户用 Tab 键或鼠标选择窗体上的其他对象而离开文本框时，触发该事件。通常，它可用该事件来检查文本框中用户输入的内容。

（3）KeyPress 事件。当进行文本输入时，每一次键盘输入，都将使文本框接收一个 ASCII 码字符，发生一次 KeyPress 事件，因此，通过该事件对某些特殊键（如回车键、Esc 键等）进行处理是十分有效的。

1.6　Visual Basic 程序的组成及工作方式

1.6.1　Visual Basic 应用程序的组成

一个 Visual Basic 的应用程序也称为一个工程，工程是用来管理构成应用程序的所有文件。

工程文件一般主要由窗体文件（.frm）、标准模块文件（.bas）、类模块文件（.cls）组成，它们的关系如图 1-20 所示。

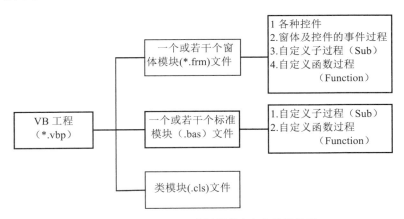

图 1-20　Visual Basic 应用程序中各文件的关系

说明如下。

（1）每个窗体文件（也称窗体模块）包含窗体本身的数据（属性）、方法和事件过程（即代码部分，其中有为响应特定事件而执行的指令）。窗体还包含控件，每个控件都有自己的属性、方法和事件过程集。除了窗体和各控件的事件过程，窗体模块还可包含通用过程，是用户自定义的子过程和函数过程，它对来自任何事件过程的调用都做出响应。

（2）标准模块是由那些与特定窗体或控件无关的代码组成的另一类型的模块。如果一个过程可能用来响应几个不同对象中的事件，应该将这个过程放在标准模块中，而不必在每一个对象的事件过程中重复相同的代码。

（3）类模块与窗体模块类似，只是没有可见的用户界面。可以使用类模块创建含有方法和属性代码的对象，这些对象可被应用程序内的过程调用。标准模块只包含代码，而类模块既包含代码又包含数据，可视为没有物理表示的控件。

除了上面的文件外，一个工程还包括以下几个附属文件，在工程资源管理窗口中查看或管理。

● 窗体的二进制数据文件（.frx）：如果窗体上控件的数据属性含有二进制属性（如图片或图标），当保存窗体文件时，就会自动产生同名的.frx 文件。

● 资源文件（.res）：包含不必重新编辑代码就可以改变的位图、字符串和其他数据，该文件是可选项。

● ActiveX 控件的文件（.ocx）：ActiveX 控件的文件是一段设计好的可以重复使用的程序代码和数据，可以添加到工具箱，并可像其他控件一样在窗体中使用，该文件是可选项。

1.6.2　Visual Basic 应用程序的工作方式

Visual Basic 应用程序采用的是以事件驱动应用程序的工作方式。

事件是窗体或控件识别的动作。在响应事件时，事件驱动应用程序执行相应事件的 Basic 代码。Visual Basic 的每一个窗体和控件都有一个预定义的事件集。如果其中有一个事件发生，并且在关联的事件过程中存在代码，Visual Basic 则调用执行该代码。

尽管 Visual Basic 中的对象自动识别预定义的事件集，但要判定它们是否响应具体事件以及如何响应具体事件则是用户编程的责任。代码部分（即事件过程）与每个事件对应。想让控件响应事件时，就把代码写入这个事件的事件过程之中。

对象所识别的事件类型多种多样，但多数类型为大多数控件所共有。例如，大多数对象都能识别 Click 事件，如果单击窗体，则执行窗体的单击事件过程中的代码；如果单击命令按钮，则执行命令按钮的 Click 事件过程中的代码。

下面是事件驱动应用程序中的典型工作方式。

（1）启动应用程序，装载和显示窗体。

（2）窗体（或窗体上的控件）接收事件。事件可由用户引发（如通过键盘或鼠标操作），可由系统引发（如定时器事件），也可由代码间接引发（如当代码装载窗体时的 Load 事件）。

（3）如果在相应的事件过程中已编写了相应的程序代码，就执行该代码。

（4）应用程序等待下一次事件。

 有些事件伴随其他事件发生。例如，在 DblClick 事件发生时，Click、MouseDown 和 MouseUp 事件也会发生。

1.6.3　创建应用程序的步骤

创建 Visual Basic 应用程序一般有以下几个步骤。

（1）新建工程。创建一个应用程序首先要打开一个新的工程。

（2）创建应用程序界面。使用工具箱在窗体上放置所需控件。其中，窗体是用户进行界面设计时在其上放置控件的窗口，它是创建应用程序界面的基础。

（3）设置属性值。通过这一步骤来改变对象的外观和行为。可通过属性窗口设置，也可通过程序代码设置。

（4）对象事件过程的编程。通过代码窗口为一些与对象有关的事件编写代码。

（5）保存文件。运行调试程序之前，一般要先保存文件。

（6）程序运行与调试。测试所编程序，若运行结果有错或对用户界面不满意，可通过前面的步骤修改，继续测试直到运行结果正确、用户满意为止，然后再次保存修改后的程序。

1.7　一个简单 Visual Basic 应用程序的创建实例

本节通过一个简单 Visual Basic 程序的建立与调试实例，向读者介绍 Visual Basic 应用程序的开发过程和 Visual Basic 集成开发环境的使用，使读者初步掌握 Visual Basic 程序的开发过程，理解 VB 程序的运行机制。读者可以通过上机，自己动手建立一个简单 VB 程序。

例 1.7　设计一简单应用程序，在窗体上放置 1 个文本框、2 个命令按钮，用户界面如图 1-21 所示。程序功能是：当单击第 1 个命令按钮（Command1）"显示"时，在文本框中显示"这是我的第一个 VB 程序"，命令按钮的标题变为"继续"，再单击该命

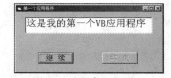

图 1-21　程序运行界面

令按钮，则文本框中显示"请你赐教，谢谢!"，第 1 个命令按钮的标题又变为"显示"，且第 2 个命令按钮（Command2）"结束"变为可用。

1.7.1　新建工程

启动 Visual Basic 6.0，将出现"新建工程"对话框，从中选择"标准 EXE"，单击"确定"按钮，即进入 Visual Basic 的"设计工作模式"，这时 Visual Basic 创建了一个带有单个窗体的新工程。系统默认工程为"工程 1"，如图 1-22 所示。

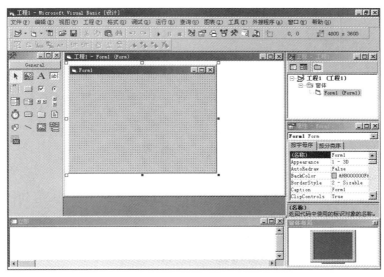

图 1-22　Visual Basic 6.0 的 IDE 设计工作模式

如果已在 Visual Basic 的集成开发环境中，则可单击文件菜单中的"新建工程"命令，从"新建工程"对话框中选定一个工程类，同样可进入如图 1-22 所示的集成环境。

1.7.2　程序界面设计

1．在窗体上放置控件

在工具箱上选择 [abl] 图标，当鼠标停留在它上面时就会出现"TextBox"的字样。单击它，则图案变亮且凹陷下去，此时鼠标指针变成十字形。这时把十字形的鼠标指针移到设计窗体上面，选定适当位置按下鼠标左键拖动出一个矩形框，松开鼠标后，就会在窗体上画出一个大小相当的文本框，如图 1-23 所示。文本框的名称被系统自动命名为"Text1"，文本框的文本属性（"Text"属性）自动设为 Text1。

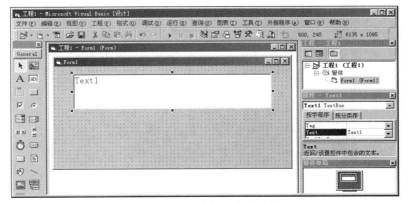

图 1-23　放入文本框后的设计界面

　　使用同样的方法在窗体上放置两个命令按钮 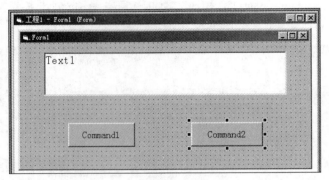，控件上默认显示为（控件的标题 "Caption" 属性）Command1 和 Command2，如图 1-24 所示。通过属性窗口可以看到系统默认控件名控件的 "Name" 属性为 Command1 和 Command2。

图 1-24　程序设计界面

2. 调整控件的大小、位置和锁定控件

　　（1）调整控件的尺寸。单击要调整尺寸的控件，选定的控件上出现尺寸句柄。图 1-24 所示为 Command2 命令按钮被选中的情况。

　　将鼠标指针定位到尺寸句柄上，拖动该尺寸句柄直到控件达到所希望的大小为止。角上的尺寸句柄可以调整控件水平和垂直方向的大小，而边上的尺寸句柄可以调整控件一个方向的大小。如果选定了多个控件（要选定多个控件，可先按下 Ctrl 键或 Shift 键，再单击欲选择的控件），则不能使用此方法改变多个控件的大小，但可以用 Shift 键加光标移动键（→、←、↑、↓）来调整选定控件的尺寸大小。

　　（2）移动控件的位置。可用鼠标把窗体上的控件拖动到一新位置，或在"属性"窗口中改变 "Top" 和 "Left" 属性的值。还可在选定控件后，用 Ctrl 键加光标移动键（→、←、↑、↓）每次移动控件一个网格单元。如果该网格关闭，控件每次移动一个像素。

　　（3）统一控件尺寸、间距和对齐方式。选定要进行操作的控件，从"格式"菜单中选取"统一尺寸"项，并在其子菜单中选取相应的项来统一控件的尺寸，如图 1-25 所示。同样可以通过选择"格式"菜单"水平间距"或"垂直间距"下的各子命令来统一多个控件在水平或垂直方向上的布局。通过"格式"菜单的"对齐"子菜单中的各项子命令可以调整多个控件的对齐方式。

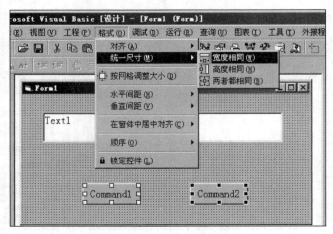

图 1-25　统一选定控件的尺寸

（4）锁定所有控件位置。从"格式"菜单中选取"锁定控件"项，或在"窗体编辑器"工具栏上单击"锁定控件切换"按钮，把窗体上所有的控件锁定在当前位置，以防止已处于理想位置的控件因不小心而移动。本操作只锁住选定窗体上的全部控件，不影响其他窗体上的控件。这是一个切换命令，因此也可用来解锁控件位置。

（5）调节锁定控件的位置。按住 Ctrl 键，再按合适的光标移动键可"微调"已获焦点的控件的位置，也可在"属性"窗口中改变控件的"Top"和"Left"属性。

3. 设置各对象的属性

由题意的要求，按表 1-4 所示的值设置各对象的主要属性。

表 1-4　　　　　　　　　　　　　各对象的主要属性设置

对　　象	属性（属性值）	属性（属性值）	属性（属性值）
窗体	Name（Form1）	Caption（"第一个应用程序"）	
文本框	Name（Text1）	Text（""）	Alignment（1）
命令按钮 1	Name（Command1）	Caption（"显 示"）	Fontsize（16）
命令按钮 2	Name（Command2）	Caption（"结 束"）	Fontsize（16）

例如，选中"Command2"，再通过"属性"窗口来设置控件的属性，将"Command2"的"Caption"属性设置为"结束"，如图 1-26 所示。也可以通过"属性"窗口来设置选中控件的大小（"Width"和"Height"属性值）和在窗体上的位置（"Left"和"Top"属性值），如图 1-27 所示。

图 1-26　设置"Caption"属性

图 1-27　设置"Left"属性

当所有控件的属性设置好后，Visual Basic 应用程序的界面也设置好了，可通过按 F5 键、选择"运行"菜单的"启动"命令或单击工具栏中的 ▶ 按钮，查看运行界面。本例运行后的界面如图 1-28 所示，此时程序不能响应用户的操作，还需要编写相关事件的代码。

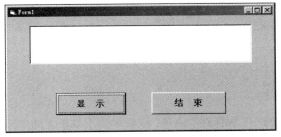

图 1-28　程序运行最初界面

有些对象系统本身已封装了某些操作，如窗体的"最大化"、"关闭"等操作。

1.7.3　编写相关事件的代码

双击命令按钮进入代码编辑窗口编写程序代码。单击"选择对象"下拉列表框的下拉键 ，从中选择"Command1"对象，再从"选择事件"下拉列表框中选择"Click"事件，则在代码窗口中会出现事件过程的框架，如图1-29所示。

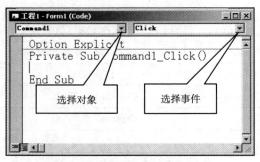

图1-29　编写事件代码窗口界面

在命令按钮的单击事件中写入如下代码：

```
Private Sub Command1_Click()
    If Command1.Caption="显 示"  Then
        Text1.FontSize=20              '设置文本框显示文本的字符大小（磅）
        Text1.Text="这是我的第一个VB应用程序"
        Command1.Caption="继 续"
        Command2.Enabled=False         '让命令按钮Command2变为不可用
    Else
        Text1.FontSize=26
        Text1.Text="敬 请 赐 教, 谢谢! "
        Command1.Caption="显 示"
        Command2.Enabled=True
    End If
End Sub

Private Sub Command2_Click()        '结束命令按钮单击事件过程代码
    End
End Sub

Private Sub Form_Load()             '设置命令按钮Command2初始状态不能用
    Command2.Enabled = False
End Sub
```

1.7.4　保存工程

使用"文件"菜单中的"工程保存"命令，或者单击工具栏上的"保存"按钮 ，Visual Basic系统就会提示将所有内容保存，保存类型可为类模块文件、标准模块文件、窗体文件、工程文件

等。对本例而言，保存包括窗体文件*.frm 的
工程文件*.vbp。如果是第 1 次保存文件，
Visual Basic 系统会出现"文件另存为"对话
框，如图 1-30 所示，要求用户选择保存文件
位置和输入文件名。

　　如果不是第 1 次保存文件，则系统将直
接以原文件名保存工程中的所有文件。若要
将更新后的工程以新的文件名保存，则可从
"文件"菜单中选择"工程另存为"命令，同
样将出现"文件另存为"对话框，即可用新
的文件名保存此工程文件。

图 1-30　保存窗体文件

　　本例将窗体以 VBLT1_7.frm 文件名、工程以 VBLT1_7.vbp 文件名保存在 D 盘的"VB 实验"
文件夹中，如图 1-30 所示。

　　　　在运行程序之前，应先保存程序，以避免由于程序不正确造成死机时界面属性和程
序代码的丢失。程序正确运行后，还要将修改的有关文件保存到磁盘上。Visual Basic 系
统首先保存窗体文件和其他文件，最后才是工程文件。

1.7.5　运行、调试程序

　　选择"运行"菜单的"启动"项、按 F5 键或单击工具栏的 ▶ 按钮，则进入运行状态，单击"显
示"按钮，若程序代码没有错，就得到图 1-28 所示
的界面；若程序代码有错，如将"Text1"错写成
"Txet1"，则出现如图 1-31 所示的信息提示框。

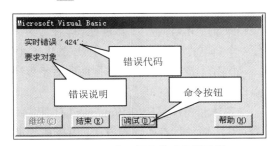

　　在此提示框中有以下 3 种选择。

　　单击"结束"按钮，结束程序运行，回到设计
工作模式，从代码窗口去修改错误的代码。

图 1-31　程序运行出错时的提示框

　　单击"调试"按钮，进入中断工作模式，此
时出现代码窗口，光标停在有错误的行上，并用
黄色显示错误行，如图 1-32 所示。修改其错误后，可按 F5 键或单击工具栏的 ▶ 按钮继续运行。

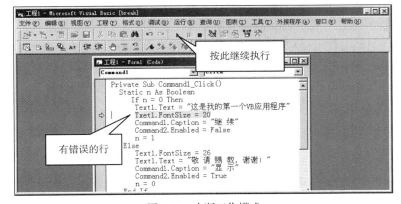

图 1-32　中断工作模式

单击"帮助"按钮可获得系统的详细帮助。

运行调试程序，直到满意为止，再次保存修改后的程序。

1.7.6　生成可执行程序

Visual Basic 提供了两种运行程序的方式：解释执行方式和编译执行方式。一般调试程序就是解释执行方式，因为解释执行方式是边解释边执行，在运行中如果遇到错误，则自动返回代码窗口并提示错误语句，使用比较方便。当程序调试运行正确后，今后要多次运行或要提供给其他用户使用该程序，就要将程序编译成可执行程序。

在 Visual Basic 集成开发环境下生成可执行文件的步骤如下。

（1）执行"文件"菜单中的"生成 XXX.exe"命令（此处 XXX 为当前要生成可执行文件的工程文件名），系统弹出"生成工程"对话框。

（2）在"生成工程"对话框中选择生成可执行文件的文件夹并指定文件名。

（3）在"生成工程"对话框中单击"确定"按钮，编译和连接生成可执行文件。

按照上述步骤生成的可执行文件只能在安装了 Visual Basic 6.0 的机器上使用。

本章小结

本章首先介绍 Visual Basic 语言特点及集成开发环境。重点介绍 Visual Basic 的基本概念及窗体对象和命令按钮、标签、文本框等基本控件的常用属性、方法、事件。然后通过一个简单的程序实例，介绍一个简单的 Visual Basic 应用程序的建立过程。

学完本章后，读者应掌握面向对象程序设计的概念；对象、对象的属性、对象的方法的概念；事件和事件过程的概念；Visual Basic 应用程序的工作机制等。

窗体和控件是任何 Windows 应用程序用户接口的基本元素。在 Visual Basic 中，这些元素称为对象。对象具有属性和方法，并响应外部事件。Visual Basic 对于放置在窗体上的每个新控件赋予默认属性。例如，缺省的"Command"属性是控件名加一个序号（如 Command1、Command2 等）。用户可以在属性窗口检查新建控件的属性值。

用 Visual Basic 创建最简单的 Visual Basic 应用程序比较简单。首先在窗体上"绘制"诸如文本框和命令按钮等控件创建用户界面；然后为窗体和控件设置属性以规定诸如标题、颜色和大小等的值；最后给需用到的事件编写代码，将要完成的操作真正赋予应用程序。编写应用程序要求基本概念清晰，例如，首先必须确定应用程序如何与用户交互，如鼠标单击、键盘输入等，编写代码控制这些事件的响应方法，这就是所谓的事件驱动式编程。这些将在后续章节的学习分别讲解。

习　题

一、思考题

1. 简述 Visual Basic 的功能特点及 Visual Basic 6.0 的特点。

2．Visual Basic 6.0 有几个版本？它们之间有哪些差别？

3．Visual Basic 6.0 开发环境有什么特点？要显示各窗口，如属性窗口、工程管理窗口、窗体布局窗口及立即窗口，如何操作？

4．在 Visual Basic 6.0 的集成开发环境中，立即窗口的作用是什么？

5．如何获得 Visual Basic 6.0 系统的帮助功能？

6．Visual Basic 的有哪 3 种工作模式？它们有何特点？在哪些情况下可进入中断模式？

二、判断题

1．为了使一个控件在运行时不可见，应将该控件的 Enable 属性值设置为 False。（　　　）

2．当用 Load 命令将窗体装入内存时，一定触发窗体的 Load 事件和 Activate 事件。（　　　）

3．面向对象程序设计是一种以对象为基础，由事件驱动对象执行的设计方法。（　　　）

4．将焦点主动设置到指定的控件或窗体上，应采用 Setfocus 方法。（　　　）

5．方法是 Visual Basic 对象可以响应的用户操作。（　　　）

6．对象是基本的运行时实体，它既包括了数据（属性），也包括作用于对象的操作（方法）和对象的响应动作（事件）。（　　　）

7．属性是用来描述和反映对象特征的参数，不同的对象具有各自不同的属性，对象的所有属性都可以在属性窗口中设置。（　　　）

8．Visual Basic 中将一些通用的过程和函数编写好并封装作为方法供用户直接调用。（　　　）

9．每个对象都有一系列预先定义好的事件，但要使对象能响应具体的事件，则应编写该对象相应的事件过程。（　　　）

10．属性是 Visual Basic 对象性质的描述，对象的数据就保存在属性中。（　　　）

11．在打开一个 Visual Basic 工程进行修改后，当要另存为一个文件名时，可单击"工程另存为…"命令，因为其同时会保存窗体文件。（　　　）

三、填空题

1．在刚建立工程时，使窗体上的所有控件具有相同的字体格式，应对＿＿＿＿＿的属性进行设置。

2．在代码窗口对窗体的 BorderStyle、MaxButton 属性进行了设置，但运行后没有效果，原因是这些属性＿＿＿＿＿。

3．在文本框中，通过＿＿＿＿＿属性能获得当前插入点所在的位置。

4．要对文本框中已有的内容进行编辑，按下键盘上的键，就是不起作用，原因是设置了＿＿＿＿＿属性为 True。

5．在窗体上已建立多个控件，如 Text1、Label1、Command1，若要使程序一运行焦点就定位在 Command1 控件上，应对 Command1 控件设置＿＿＿＿＿属性的值为＿＿＿＿＿。

6．在用 Show 方法后显示自定义对话框时，如果 Show 方法后带＿＿＿＿＿参数就将窗体作为模式对话框显示。

7．每当一个窗体成为活动窗口时触发＿＿＿＿＿事件，当另一个窗体或应用程序被激活时在原活动窗体上产生＿＿＿＿＿事件。

8．Visual Basic 中可作为其他控件的容器除窗体外，还有＿＿＿＿＿和＿＿＿＿＿控件。

四、选择题

1．相对于传统编程语言，Visual Basic 最突出的特点是（　　　）。

　　A．可视化编程　　　　　　　　　　B．面向对象的程序设计

　　C．结构化程序设计　　　　　　　　D．事件驱动编程机制

2. 对于窗体，下面（　　　）属性在程序运行时其属性设置起作用。

   A. MaxButton　　　　B. BorderStyle　　　C. Name　　　　D. Left

3. 要使 Print 方法在 Form_Load 事件中起作用，要对窗体的（　　　）属性进行设置。

   A. BackColor　　　　B. ForeColor　　　　C. AutoRedraw　　D. Caption

4. 若要使标签控件显示时不覆盖其背景内容，要对（　　　）属性进行设置。

   A. BackColor　　　　B. BorderStyle　　　C. ForeColor　　　D. BackStyle

5. 若要使命令按钮不可操作，要对（　　　）属性设置。

   A. Enabled　　　　　B. Visible　　　　　C. BackColor　　　D. Caption

6. 文本框没有（　　　）属性。

   A. Enabled　　　　　B. Visible　　　　　C. BackColor　　　D. Caption

7. 不论什么对象，都具有（　　　）属性。

   A. Text　　　　　　　B. Name　　　　　　C. ForeColor　　　D. Caption

8. 要使某控件在运行时不可显示，应对（　　　）属性进行设置。

   A. Enabled　　　　　B. Visible　　　　　C. BackColor　　　D. Caption

9. 当运行程序时，系统自动执行启动窗体的（　　　）事件过程。

   A. Load　　　　　　　B. Click　　　　　　C. UnLoad　　　　D. MinButton

10. 改变控件在窗体中的左右位置应修改该控件的（　　　）属性。

   A. top　　　　　　　　B. Left　　　　　　　C. Width　　　　　D. Right

上机实验

1. 设计一程序，当程序运行后，在窗体的正中间显示"你好！请输入你的姓名"，焦点定在其下的文本框中，如图 1-33 所示。当用户输入姓名并单击"确定"按钮后，在窗体中用黑体、三号、红色显示"XXX 同学，你好！祝你学好 VB 程序设计"，同时窗体上出现两个命令按钮"继续"和"结束"，其中"XXX"是用户输入的姓名。例如，当用户输入"张三"，单击"确定"按钮后，出现如图 1-34 所示界面，如果单击"继续"按钮，则又回到初始运行状态；单击"结束"按钮即结束程序运行。

图 1-33　程序运行后初始界面

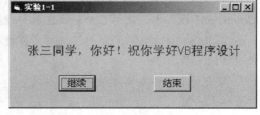

图 1-34　单击窗体后的程序界面

2. 在窗体上建立 5 个命令按钮 Command1、Command2、Command3、Command4、Command5 和 1 个标签 Label1。将这些控件作适当布置。编写程序完成如下要求。

（1）程序运行后的效果如图 1-35 所示，5 个命令按钮显示分别为："放大"、"加粗"、"下画线"、"还原"和"移动"，标签显示为"Visual Basic 程序设计"。

图 1-35　程序运行后初始界面

（2）单击"放大"按钮，标签显示的文字放大 3 倍；单击"加粗"按钮，标签显示的文字则加粗；单击"下画线"按钮则标签显示的文字加下画线；单击"还原"按钮，则标签显示的文字格式回到起初状态。

（3）每单击"移动"命令按钮一次，标签则向左移动一定距离，单击 10 次，则移动到最左边（Label1.Left = 0 ）。

可在 Load 事件中给标签属性（Left、Top、FontSize）赋初值，将 AutoSize 属性设置 True。

第 2 章
Visual Basic 语言基础

通过上一章的学习，可以看到，要建立一个简单的 Visual Basic 应用程序是非常容易的。但要编写稍微复杂的程序，就会用到各类不同类型的数据、常量、变量，以及由这些数据及运算符组成的各种表达式。这些是程序设计语言的重要基础。

本章主要任务：

（1）理解变量与常量的概念、掌握其定义和使用；

（2）掌握各种常用数据类型的数据在内存中的存放形式，了解自定义数据类型；

（3）掌握各种运算符、表达式的使用方法；

（4）掌握常用内部函数的使用。

2.1　Visual Basic 语言字符集及编码规则

2.1.1　Visual Basic 的字符集

Visual Basic 字符集就是指用 Visual Basic 编写程序时所能使用的所有符号的集合。若在编程时使用了超出字符集的符号，系统就会提示错误信息，因此首先一定要弄清楚 Visual Basic 字符集包括的内容。Visual Basic 的字符集与其他高级程序设计语言的字符集相似，包含字母、数字和专用字符 3 类，共 89 个字符。

- 字母：大写英文字母 A ~ Z；小写英文字母 a ~ z。
- 数字：0 ~ 9。
- 专用字符：共 27 个，专用字符如表 2-1 所示。

表 2-1　　　　　　　　　　　　　　　Visual Basic 中的专用字符

符　号	说　明	符　号	说　明
%	百分号（整型数据类型说明符）	=	等于号（关系运算符、赋值号）
&	和号（长整型数据类型说明符）	(	左圆括号
!	感叹号（单精度数据类型说明符）	)	右圆括号
#	磅号（双精度数据类型说明符）	'	单引号
$	美元号（字符串数据类型说明符）	"	双引号
@	花 a 号（货币数据类型说明符）	,	逗号

续表

符　号	说　明	符　号	说　明
+	加号	;	分号
–	减号	:	冒号
*	星号（乘号）	.	实心句号（小数点）
/	斜杠（除号）	?	问号
\	反斜杠（整除号）	–	下划线（续行号）
^	上箭头（乘方号）		空格符
>	大于号	<CR>	回车键
<	小于号		

2.1.2　编码规则与约定

为了编写高质量的程序，从一开始就必须养成一个良好的习惯，注意培养和形成良好的程序设计风格。首先必须了解 Visual Basic 的代码编写规则并严格遵守，否则编写出来的代码就不能被计算机正确识别，会产生编译或者运算错误。其次，遵守一些约定，有利于对代码的理解和维护。

1．编码规则

（1）Visual Basic 代码中不区分字母的大小写。

（2）在同一行上可以书写多条语句，但语句间要用冒号（:）分隔。

（3）若一个语句行不能写下全部语句，或在特别需要时，可以换行。换行时需在本行后加入续行符，即 1 个空格加下画线（_）。

（4）一行最多允许 255 个字符。

（5）注释以 Rem 开头，也可以使用半个单引号（'），注释内容可直接出现在语句的后面。

（6）在程序转向时需用到标号，标号是以字母开始而以冒号结束的字符串。

2．约定

（1）为了提高程序的可读性，对于 Visual Basic 中的关键字其首字母大写，其余字母小写。若关键字由多个英文单词组成，则每个单词的首字母都大写，如 StudType 等。

事实上，在 Visual Basic 的集成环境中无论写成大写或小写，系统都会按上述约定自动地进行书写的转换。但要注意，对于用户自定义的变量、过程名，Visual Basic 以第 1 次定义的为准，以后输入的自动向首次定义的转换。

（2）注释有利于程序的维护和调试，因此要养成注释的习惯。在 Visual Basic 6.0 中，有专门的设置/取消块注释的功能，使得将若干行语句或文字设置为注释或取消注释十分方便。

（3）通常不使用行号。Visual Basic 源程序也可以像高级 BASIC 那样使用行号，但这不是必须的，通常不使用。

（4）对象名命名约定：每个对象的名字由 3 个小写字母组成的前缀（指明对象的类型）和表示该对象作用的缩写字母组成。前缀一般由对象类名的前 3 个字母组成，但也有例外，如命令按钮 CommandButton 的前缀为 cmd；标签 Lable 的前缀为 lbl；窗体 Form 的前缀为 frm。缩写字母部分一般由用户自己定义，如 cmdExit 表示一个退出命令按钮，cmdEnter 表示一个确认按钮等。

2.2 数　据　类　型

Visual Basic 数据类型数据分为标准数据类型和自定义数据类型。

2.2.1　Visual Basic 的标准数据类型

标准数据类型是 Visual Basic 系统定义的数据类型，用户可以直接使用它们来定义常量和变量，Visual Basic 中的标准数据类型如表 2-2 所示。

表 2-2　　　　　　　　　　　　　　Visual Basic 的标准数据类型

数 据 类 型	关键字	类型符	占字节数	前缀	大 小 范 围
字节	Byte	无	1	bty	0 ~ 255
逻辑类型	Boolean	无	2	bln	True 或 False(−1 或 0)
整型	Integer	%	2	int	−32 768 ~ 32 767
长整型	Long	&	4	lng	−2 147 483 648 ~ 2 147 483 647
单精度实数	Single	!	4	sng	−3.402823E38 ~ 3.402823E38
双精度实数	Double	#	8	dbl	−1.79769313486232E308 ~ 1.79769313486232E308
字符型	String	$	与串长有关	str	0 ~ 65535 个字符
货币	Currency	@	8	cur	−922 377 203 685 477.5808 ~ 922 377 203 685 477.5807
日期类型	Date	无	8	dtm	1/1/100 ~ 12/31/9999
对象类型	Object	无	4	obj	任何对象
通用类型（变体类型）	Variant	无	根据实际情况分配	vnt	上述有效范围之一

对于 Visual Basic 中的数据（变量或常量），首先应确定以下几点。

（1）数据的类型。

（2）此类数据在内存中的存储形式、占用的字节数。

（3）数据的取值范围。

（4）数据能参与的运算。

（5）数据的有效范围（是全局、局部，还是模块级数据）、生成周期（是动态还是静态变量）等。

例如，对于一个整型（Integer）x，它在内存中占用两个字节，以定点数据形式来储存，数据的取值范围是−32 768 ~ 32 767。若在程序中，某个计算值可能大于 32 767，就不能用整型变量来存储，应考虑使用长整型或实型数据来表示。如果数据是有小数点的实数，就应使用实型数据来表示。

2.2.2　用户自定义类型

如用户还需增加新的数据类型，可用 Visual Basic 的标准类型数据组合成一个新数据类型。例如，一个学生的"学号"、"姓名"、"性别"、"年龄"、"入学成绩"等数据，为了处理数据的方便，常常需要把这些数据定义成一个新的数据类型(如 Student)，这种结构称为"记录"。Visual Basic

提供了 Type 语句让用户自己定义数据类型，它的形式如下：

Type 数据类型名	例：Type Student
元素名 **1 As** 类型	Xh As String
元素名 **2 As** 类型	Xm As String
…….	Xb As String
元素名 *n*–1 **As** 类型	Nl As Integer
元素名 *n* **As** 类型	Score As Single
End Type	End Type

2.3　常量和变量

2.3.1　常量

在程序运行过程中，其值不能被改变的量称为常量。在 Visual Basic 中有 3 类常量：普通常量、符号常量和系统常量。普通常量一般可从字面上区分其数据类型；符号常量就是用一个字符串（称为符号或常量名）代替程序中的某一个常数；系统常量是 Visual Basic 系统定义的常量，它存于 Visual Basic 系统的对象库中。

1. 普通常量

普通常量也称直接常量，可从字面形式上判断其类型，如–3、0、10 等整型常量，2.14、10.5、–20.89 等为实型常量；"a"、"abc"、"OK"等为字符串常量；#1/10/2002#为日期常量。

（1）整型常量。通常所说的整型常量指的是十进制整数，但 Visual Basic 中还可以使用八进制和十六进制形式的整型常量，因此整型常量有如下 3 种形式。

① 十进制整数，如 125、0、–89。

② 八进制整数，以&或&O（字母 O）开头的整数是八进制整数，如&O25 表示八进制整数 25，即$(25)_8$，等于十进制数 21。

③ 十六进制，以&H 开头的整数是十六进制整数，如&H25 表示十六进制整数 25，即$(25)_{16}$，等于十进制数 37。Visual Basic 中的颜色数据常用十六进制整数表示。

说明：上面整数表示的是整型（Integer），若要表示长整型（Long）整数，则在数的最后加表示长整型的类型符号“&”。例如，125&、&O125&、&H125&分别是十进制、八进制和十六进制长整型常数 125、$(125)_8$、$(125)_{16}$，请注意 25 和 25&的区别。

（2）实型常量。Visual Basic 实数有 Single（单精度）、Double（双精度）实数，它们在计算机内存中是以浮点数形式存放的，故又称浮点实数。实型常量有两种表示形式。

① 十进制小数形式。它是由正负号（+、–）、数字（0～9）和小数点（.）或类型符号（!、#）组成的，如 ± n.n，± n! 或 ± n#，其中 n 是 0～9 的数字。

例如，0.123、.123、123.0、123!、123#等都是十进制小数形式。

② 指数形式。± nE ± m 或 ± n.nE ± m，± nD ± m 或 ± n.nD ± m。

例如，1.25E+3 和 1.25D+3 相当于 1250.0 或者 1.25×10^3。

说明：

● 当幂为正数时，正号可以省略，即 1.25E+3 等价于 1.25E3，1.25D+3 等价于 1.25D3。

- 同一个实数可以有多种表示形式，如 1250.0 可以表示为 1.25E+3、0.125E+4、12.5E+2、125E+1 或 0.0125E+5。一般将 1.25×10^3 称为"规范化的指数形式"。

- Visual Basic 系统默认情况的直接实型常数都是双精度类型，即 123.0 与 123#是等价的常数。除非在其尾部加类型符号"!"才表示单精度常量。

（3）字符串常量。在 Visual Basic 中字符串常量是用双引号""括起的一串字符，如"ABC"、"abcdefg"、"123"、"0"、"VB 程序设计"等。

说明如下。

- 字符串中的字符可以是西文字符、汉字、标点符号等。

- ""表示空字符串，而" "表示有一个空格的字符串。

- 若字符串中有双引号，如 ABD"XYZ，则用连续两个双引号表示，即"ABD""XYZ"

（4）逻辑常量。逻辑常量只有两个值，即 True 和 False。将逻辑数据转换成整型时 True 为−1，False 为 0，其他数据转换成逻辑数据时非 0 为 True，0 为 False。

（5）日期常量。日期（Date）型数据按 8 字节的浮点数来存储，表示日期范围从公元 100 年 1 月 1 日 ~ 9999 年 12 月 31 日，而时间范围从 0:00:00 ~ 23:59:59。

一种在字面上可被认作日期和时间的字符，只要用号码符"#"括起来，都可以作为日期型数值常量。

例如，#09/02/99#、#January 4，1989#、#2008-5-4 14:30:00 PM#都是合法的日期型常量。

说明：当以数值表示日期数据时，整数部分代表日期，而小数部分代表时间。例如，1 表示 1899 年 12 月 31 日。大于 1 的整数表示该日期以后的日期，0 和小于 0 的整数表示该日期以前的日期。

2. 符号常量

在程序中，某个常量多次被使用，则可以使用一个符号来代替该常量。例如，数学运算中的圆周率常数 π（3.1415926535···），如果使用符号 PI 来示，在程序中使用到该常量时，就不必每次输入"3.1415926535···"，可以用 PI 来代替它，这样不仅在书写上方便，而且有效地增强了程序的可读性和可维护性。

Visual Basic 中使用关键字 Const 声明符号常量。其格式如下：

Const 常量名 [As 类型|类型符号]=常数表达式

例如：

```
Const PI#=3.1415926535     '声明 PI 为双精度符号常量，值为 3.1415926535
```

等价于：

```
Const PI As Double=3.1415926535
```

说明如下。

- 常量名：常量名的命名规则与变量的命名相同（见 2.3.2 小节）。为便于与一般变量区别，符号常量名常常采用大写字母。

- As 类型|类型符号：说明该符号常量的数据类型，若省略该项，则数据类型由右边常数表达式值的数据类型决定。

- 常数表达式：可以是直接常量，在此前已声明了的符号常量和系统常量，或由这些常量与运算符组成的表达式，在其中不能有函数调用和变量。

例如：

```
Const PI=3.1415926535
Const PI2=2*PI                    '声明 PI2 符号常量，值为 2*3.1415926535
```

另外，在标准模块中可在 Const 前面加 Public | Private 关键字，表示符号常量的作用范围，即作用域，省略情况为 Private（关于作用域问题将在第 6 章中讨论）。

3. 系统常量

Visual Basic 提供了应用程序和控件的系统定义常数。它们存放于系统的对象库中，在"对象浏览器"中的 Visual Basic（VB）和 Visual Basic for Applications（VBA）对象库中列举了 Visual Basic 的常数，其他提供对象库的应用程序，如 Microsoft Excel 和 Microsoft Project，也提供了常数列表，这些常数可与应用程序的对象、方法和属性一起使用。在每个 ActiveX 控件的对象库中也定义了常数。

Visual Basic（VB）和 Visual Basic for Applications（VBA）对象库中的常量名的前缀是小写字母"vb"。

在程序中，使用系统常量，可使程序变得易于阅读和编写。同时，Visual Basic 系统常量的值在 Visual Basic 更高的版本中可能要改变，系统常量的使用也可使程序保持兼容性。

例如，窗口状态 WindowsState 属性可取 0、1、2 共 3 个值，对应正常、最小化、最大化 3 种不同状态。

在程序中使用语句 Myform.WindowsState=vbMaxmized 将窗口最大化，显然要比使用语句 Myform.WindowsState=2 易于阅读和理解。

2.3.2　变量

在程序运行过程中，其值可以改变的量称为变量。一个变量必须有一个名字和相应的数据类型，通过名字来引用一个变量，而数据类型则决定了该变量的存储方式和在内存中占据存储单元的大小。变量名实际上是一个符号地址，在对程序编译链接时，由系统给每一个变量分配一个内存地址，在该地址的存储单元中存放变量的值。请读者注意，变量名和变量值这两个概念的区别，如图 2-1 所示。在程序中从变量中取值，实际上是通过变量名找到相应的内存地址，从其存储单元中取数据。

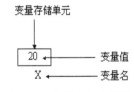

图 2-1　变量名与变量值

在 Visual Basic 中，变量有两种形式，即对象的属性变量和内存变量。

● 属性变量。在一个对象创建时，Visual Basic 系统会自动为它创建一组变量，即属性变量，并为每一个属性变量设置其默认值。这类变量可供程序员直接使用，如引用其值或赋予新值。

● 内存变量。也就是通常所讲的变量，它是由用户根据需要所声明的。

1. 变量的命名规则

在 Visual Basic 6.0 中，给一个变量或符号常量命名的规则如下。

（1）必须是以字母或汉字开头，由字母、汉字、数字和下画线组成的字符串。

（2）变量名最长为 255 个字符。

（3）大小写字母同等对待，不能使用 Visual Basic 系统保留字（语句、函数名、系统常量名）。

（4）字符之间必须并排书写，不能出现上下标。

例如，以下是合法的变量名：

A，　x，　x3，　BOOK_1，　sum5，　Do2

以下是非法的变量名：

3st　（不能以数字开头），　　　　　　　　　　　　s*T　（出现非法字符*）

wa　xy　（变量名中不能含空格字符），　　　　　If　（不能用系统语句作变量名）

Exp　（不能用系统函数名作变量名），　　　　　VbCrlf　（不能用系统常量名作变量名）

　　　　　　使用某些系统函数或系统常量作变量名，系统不会出现错误，但在该程序中就不能使用系统中的同名函数或系统常量了。

2. 变量的声明

在大多数的编程语言中，要求变量"先声明，后使用"。声明变量就是声明变量名和变量类型，以决定系统为它分配存储单元。在 Visual Basic 6.0 中可以不事先声明变量，而直接引用。因此，Visual Basic 中声明变量分为显式声明和隐式声明两种。

（1）显式声明。程序中的使用 Dim 语句声明的变量，就是显式声明。

Dim 语句的使用形式：

Dim <变量名 1> [As <类型>] [,<变量名 2> [As <类型>]],…

Dim <变量名 1>[<类型符>][,<变量名 2>[<类型符>]], …

例如：

```
Dim a As single, b As Double
Dim YourName As String , Age As Integer
Dim YesNo As Boolean
```

说明如下。

① <类型>：为表 2-2 中所列的关键字，如 Integer、String、Double、Long 等。

② <类型符>：为表 2-2 中所列的类型符，如%、$、#、&等。

③ 上面两种形式完全等价，但当要声明没有类型符的数据类型（如日期类型）时，则只能使用第一种形式来声明。

例如：

```
Dim x As Integer, y As Single   ' 声明 x 为整型变量，y 为单精度变量
```

此语句等价于

```
Dim x%,y!
```

④ 声明时，如果不提供数据类型，则指定变量为默认类型（Variant 类型）。

例如：

```
Dim Test, Amount, J As Integer
```

在上例中，J 为整型，变量 Test 和 Amount 没有声明其数据类型，所为它们属于 Variant 数据类型。

⑤ 对于字符串类型，根据其存放的字符串长度是否固定，其定义方法有两种：

Dim 字符串变量名 As String

Dim 字符串变量名 As String*字符个数

例如：

```
Dim  strS1 As String           '声明可变长字符串变量
Dim  strS2 As String*80        '声明可存放 80 个字符的定长字符串变量
```

在 Visual Basic 中的可变字符串变量，其长度由存入字符串的实际长度而确定，最多可存放

2M 个字符，对于定长字符串变量，若赋予的字符少于其指定长度，则尾部用空格字符补足，若赋予的字符超过指定长度，系统会将多余部分截去。

使用声明语句说明一个变量后，Visual Basic 自动将数值类型的变量赋初值 0，将字符或 Variant 类型的变量赋空串，将布尔型的变量赋 False，将日期型变量赋"1899-12-30 0:00:00"。

除了使用 Dim 语句声明变量外，还可以用 Static、Public、Private 等关键字声明变量，它们所声明的变量的作用域和生成期是不相同的，这将在第 6 章中讨论。

（2）隐式声明。Visual Basic 允许用户在编写应用程序时，不声明变量而直接使用，系统临时为新变量分配存储空间并使用，这就是隐式声明。所有隐式声明的变量都是 Variant 数据类型。Visual Basic 根据程序中赋予变量的值来自动调整变量的类型。

例如：下面是一个很简单的程序，其使用的变量 a、b、Sum 都没有事先定义。

```
Private Sub Form_Click()
    Sum = 0
    a = 10: b = 20
    Sum = a + b
    Print "Sum="; Sum
End Sub
```

（3）强制显式声明——Option Explicit 语句。虽然 Visual Basic 允许用户不声明变量而直接使用，给初学者带来了方便，但是正因这一点方便，可能给程序带来不易发现的错误，同时降低了程序的执行效率。例如，上面的例子中若用户在输入时将语句"Sum=a+b"误输入为"Sun=a+b"，则系统将 Sun 当成新的变量处理，使程序运行输出结果不正确。

一般来说，良好的编程习惯都应该是"先声明变量，后使用变量"，这样做可以提高程序的效率，同时也使程序易于调试。Visual Basic 中可以强制显式声明，在窗体模块、标准模块和类模块的通用声明段中加入语句：Option Explicit。

用户可在"工具"菜单中选取"选项"命令，然后在打开的对话框中单击"编辑器"选项卡，再复选"要求变量声明"选项，这样就可以在新模块中自动插入 Option Explicit 语句。当在插入了 Option Explicit 的模块中编写代码时，凡是发现程序中未经显式声明的变量名，Visual Basic 会自动发出错误警告。这就有效地保证了变量名使用的正确性。

3. 变量的默认值

当执行变量的声明语句后，Visual Basic 就给变量赋予一个默认值（初值），在变量首次赋值之前，一直保持这个默认值。对于不同类型的变量，默认值如表 2-3 所示。

表 2-3　　　　　　　　　　　不同类型变量的默认值

变 量 类 型	默认值（初值）
数值型	0（或 0.0）
逻辑型	False
日期型	#0:00:00#
变长字符串	空字符串""
定长字符串	空格字符串，其长度等于定长字符串的字符个数
对象型	Nothing
变体类型	Empty

2.4　运算符和表达式

在 Visual Basic 中有 4 种运算符：算术运算符、连接运算符、关系运算符和逻辑运算符。由运算符、圆括号、常量、变量、函数组成的有意义的式子称为 Visual Basic 表达式。根据表达式计算结果，把 Visual Basic 表达式分为算术表达式、字符串表达式、关系表达式和逻辑表达式。

2.4.1　算术运算符与算术表达式

1. 算术运算符

算术运算符要求参与运算量是数值型，运算的结果也是数值型，除 "−" 取负号运算是单目运算符（要求一个运算量），其余都是双目运算符（要求两个运算量）。各算术运算符的运算规则及优先级如表 2-4 所示。

表 2-4　　　　　　　　　　算术运算传授运算规则及优先级

运　算　符	含　　义	运算优先级	实　　例	结　　果
∧	幂方	1	5^2	25
−	负号	2	−5+2	−3
*	乘	3	5*4	20
/	除		5/2	2.5
\	整除	4	5\2	2
Mod	求余	5	5 mod 2	1
+	加	6	20+5	25
−	减		20−5	15

说明如下。

（1）在算术运算中，如果操作数具有不同的数据精度，则 Visual Basic 规定运算结果的数据类型以精度高的数据类型为准，但也有下列几种特殊情况。

① 当 Long 型数据与 Single 型数据运算时，结果为 Double 型数据。

② 除法和乘方运算的结果都是 Double 类型。

③ 整除（\）运算时，若运算量为实数，则先取整，后相除，结果为整数或长整数。

（2）在求余（Mod）运算时，如果运算量不是整数，则先将运算量四舍五入为整数，然后再做求余运算，求余结果的正负号始终与第一个运算量的符号相同。

2. 算术表达式

由算术运算符、括号、内部函数及数据组成的式子称为算术表达式。Visual Basic 表达式的书写原则如下。

（1）表达式中的所有运算符和操作数必须并排书写，不能出现上下标（如 X^2、X_2 等）和数学中的分数线（如 $\dfrac{X}{Y}$、$\dfrac{1}{3}$ 等）。

（2）数学表达式中省略乘号的地方，在 Visual Basic 表达式中不能省（如 2ab、xy 等）。

（3）要注意各种运算符的优先级别，为保持运算顺序，在写 Visual Basic 表达式时需要适当添加括号（），若要用到库函数，必须按库函数要求书写。

例如：

$$\frac{b-\sqrt{b^2-4ac}}{2a}$$ (b−sqr(b*b−4*a*c))/(2*a)

$$\frac{a+b}{a-b}$$ (a+b)/(a−b)

$$(2\pi r + e^{-5})\ln x$$ (2*3.14159*r+exp(−5))*log(x)

2.4.2 字符串运算符与字符串表达式

字符串运算符有"+"和"&"，它们都可将两个字符串连接在一起。由字符串运算符与运算量构成的表达式称为字符串表达式。

例如：

```
"ABCD" + "EFGHI"                '结果为 ABCDEFGHI
" Visual Basic " & "程序设计教程"   '结果为 Visual Basic 程序设计教程
```

说明："+"运算符与"&"运算符的区别如下。

+（连接运算）：两个操作数均应为字符串类型，若其中一个为数字字符型（如"100"，"59"等），另一个为数值型，则自动将数字字符转换为数值型，然后进行算术加法运算；若其中一个为非数字字符型（如"Abc"，2PX 等），另一个为数值型，则出错。

&（连接运算）：两个操作数既可为字符型也可为数值型，当是数值型时，系统自动先将其转换为数字字符，然后进行连接操作。

当连接符两旁的操作量都为字符串时，上述两个连接符等价。

例如：

```
"100" + 123            '结果为 223
"100" + "123"          '结果为 100123
"Abc" + 123            '出错
"100" & 123            '结果为 100123
100 & 123              '结果为 100123
" Abc" & "123"         '结果为 Abc123
" Abc" & 123           '结果为 Abc123
```

使用运算符"&"时，变量与运算符"&"之间应加一个空格。这是因为符号"&"还是长整型的类型定义符，如果变量与符号"&"接在一起，Visual Basic 系统先把它作为类型定义符处理，因而就会出现语法错误。

2.4.3 关系运算符与关系表达式

关系运算符都是双目运算，用来比较两个运算量之间的关系。由关系运算符与运算量组成的有意义的式子称为关系表达式，它用来比较两个运算对象之间的关系，关系表达式的运算结果为逻辑量。若关系成立，结果为 True；若关系不成立，结果为 False。Visual Basic 中的关系运算符如表 2-5 所示。

表 2-5   Visual Basic 关系运算符

运　算　符	含　义	优　先　级	实　　例	结　果
<	小于	所有关系运算优先级相同。低于算术运算的加 "+"，减 "−" 运算，高于逻辑非 "Not" 运算	15+10<20	False
<=	小于或等于		10<=20	True
>	大于		10>20	False
>=	大于或等于		"This">= "That"	True
=	等于		"This"= "That"	False
<>	不等于		"This"<> "That"	True
Like	字符串匹配		"This" Like "*is"	True
Is	对象比较			

关系运算的规则如下。

（1）当两个操作式均为数值型时，按数值大小比较。

（2）日期类型数据比较先后，早日期小于晚日期。

例如：#06/04/2008#>#05/01/2003#的结果为 True。

（3）当两个操作数都为字符型时，按字符的 ASCII 码值从左到右逐个依次比较，即首先比较两个字符串的第 1 个字符，其 ASCII 码值大的字符串大，如果第一个字符相同，则比较第 2 个字符，依此类推，直到出现不同的字符为止。

例如："These" > "That"   等价于 "e" > "a"的比较，结果为 True。

（4）数值型与可转换为数值型的数据比较，如 29>"189"，按数值比较，结果为 False。

（5）数值型与不能转换成数值型的字符型比较，如 77>" sdcd"，不能比较，系统出错。

（6）"Like" 运算符是 Visual Basic6.0 中新增加的，其使用格式为

```
str1 Like str2
```

其中，str1、str2 可以是任何字符串常量、变量和表达式，如果 str1 与 str2 匹配，则结果为 True；如果不匹配，则结果为 False。

str2 可以使用通配符、字符串列表或字符区间的任何组合来匹配字符串。表 2-6 所示为 str2 中允许的匹配字符及其含义。

表 2-6   匹配字符及其含义

匹 配 字 符	含　义	举　　例	结　　果
?	任何单一字符	"ABCD" Like "?BCD"	True
*	零个或多个字符	"ABCDEGF" Like "*CD*"	True
#	任何一个数字（0～9）	"123EG" Like "###EG"	True
[charlist]	charlist 中的任何单一字符	"3" Like "[0-9]"	True
[!charlist]	不在 charlist 中的任何单一字符	"3" Like "[!0-9]"	False

在数据库的 SQL 中，经常使用 Like 进行模糊查询。

例如，找姓名变量中所有姓王的学生，可表示为：姓名 Like "王*"

又如，找姓名变量中所有不姓王、李的学生，可表示为：Left（姓名，1）Like "[!王，李]"

（7）Is 运算符是对象引用的比较运算符。它并不将对象或对象的值进行比较，而只确定两个对象引用是否是相同的对象。

2.4.4　逻辑运算符与逻辑表达式

逻辑运算符有 NOT（逻辑非，单目运算符）、And（逻辑与）、Or（逻辑或）、Xor（逻辑异或）、Eqv（逻辑等于）、Imp（逻辑蕴含）。其运算规则如表 2-7 所示。

逻辑表达式由逻辑运算符、关系表达式、逻辑常量、变量和函数组成，运算结果为逻辑值。

表 2-7　　　　　　　　　　　　　　逻辑运算符的运算规则

运　算　符	功　　　能	优先级	举　　例
Not	操作数为 True 时，结果为 False；操作数为 False，结果为 True	1	Not (5>3) 为 False Not (5<3) 为 True
And	两操作数都为 True 时，结果为 True；否则为 False	2	(5>3) And (5>=3) 为 True (5>3) And (5<3) 为 False
Or	当两操作数都为 Flase，结果为 Flase；其他情况则为 True	3	(5>3) Or (5<3) 为 True (5<3) Or (5<=3) 为 False
Xor	两操作数的布尔值不相同时，结果为 True；否则为 False		(5>3) Xor (5<3) 为 True (5>3) Xor (5>=3) 为 False
Eqv	两操作数布尔值相同时，结果为 True；否则为 False	4	(5>3) Eqv (5>=3) 为 True (5<3) Eqv (5<=3) 为 True
Imp	左边为 True，右边为 False 时，结果为 False；其余为 True	5	(5>3) Imp (5<3) 为 False (5>3) Imp (5>=3) 为 True

说明如下。

（1）逻辑运算符的优先级不相同，Not（逻辑非）最高，但它低于关系运算，Imp（逻辑蕴含）最低。

（2）Visual Basic 中常用的逻辑运算符是 Not、And 和 Or。它们用于将多个关系表达式进行逻辑判断。

例如，数学上表示某个数在某个区域时用表达式 $10 \leq X < 20$，在 Visual Basic 程序中应写成：

```
X>=10 And X<20
```

下面两种都是错误的 Visual Basic 表达式：

```
10<=X<20 或 10<=X Or X<20
```

又如，若想在程序中判断输入给变量 X$ 的数据是不是数字字符，则要用到如下的逻辑表达式：

```
X$>="0"  AND  X$<="9"
```

（3）参与逻辑运算的量一般都应是逻辑型数据，如果参与逻辑运算的两操作数是数值，则以数值的二进制值逐位进行逻辑运算（0 当 False，1 当 True）。

关系表达式与逻辑表达式常常用在条件语句与循环语句中，作为条件控制程序的流程走向。

2.4.5　日期型表达式

日期型数据是一种特殊的数值型数据，它们之间只能进行加（+）、减（-）运算。日期型表达式由算术运算符"+、-"、算术表达式、日期型常量、日期型变量和函数组成。只能有下面 3 种情况。

（1）一个日期型数据可以相减：DateB-DateA

结果是一个数值型整数（两个日期相差的天数）。

例如：#05/08/2008# - #05/01/2008#　　　　　　其结果为数值型数据：7

（2）一个日期型数据（DateA）与一数值数据（N）可做加法运算：DateA+N

其结果仍是一个日期型数据。

例如：#05/01/2008# +7　　其结果为日期型数据：#05/08/2008#

（3）一个日期型数据（DateA）与一数值数据（N）可做减法运算：DateA−N

其结果仍是一个日期型数据。

例如：#05/08/2008# −7 其结果为日期型数据：#05/01/2008#

2.4.6　运算符的执行顺序

当一个表达式中出现多种运算符时，即同时出现算术、关系和逻辑运算时，如何决定运算的次序呢？在不同的计算机语言系统中有不同的规定。在 Visual Basic 中运算次序是由运算符的优先级决定的，优先级高的运算符先运算。运算符的优先级相同时，从左向右进行运算。各运算符优先级如下：

算术运算符 > 字符串连接运算符 > 关系运算符 > 逻辑运算

Visual Basic 中各类运算符的优先顺序如表 2-8 所示。

表 2-8　　　　　　　　　　　　　　　　运算符的优先顺序

优 先 顺 序	运算符类型	运　算　符
1		^　　指数运算
2		−　　取负数
3	算术运算符	*、/　乘法和除法
4		\　整数运算
5		Mod　求模（余）运算
6		+、−　加法和减法
7	字符串运算符	+、&　字符串连接
8	关系运算符	=、 <>、>、 >=、<、<=
9		Not
10		And
11	逻辑运算	Or、Xor
12		Eqv
13		Imp

说明如下。

（1）当一个表达式中出现多种运算符时，首先进行算术运算符，接着处理字符串连接运算符，然后处理比较运算符，最后处理逻辑运算符，在各类运算中再按照相应的优先次序进行。

（2）可以用括号改变优先顺序，强令表达式的某些部分优先运行。括号内的运算总是优先于括号外的运算。对于多重括号，总是由内到外。

例如：用一个逻辑表达式表示满足闰年的条件。闰年的条件是：①能被 4 整除，但不能被 100 整除的年份都是闰年；②能被 400 整除的年份是闰年。

用 Rh 表示一个年份，则有如下的判断条件：

```
Rh Mod 4 = 0 And Rh Mod 100<>0 Or Rh Mod 400=0
```

现在用上式判断 2000 年是否闰年？令 Rh=2000。

首先计算 2000 Mod 4，2000 Mod l00 和 2000 Mod 400，然后计算 (2000 Mod 4) = 0、(2000 Mod l00)<>0、(2000 Mod 400)=0 3 个表达式，最后计算 And 和 Or，因为 And 比 Or 的优先级高，所以先进行 And 计算。最后可得到计算结果为 True，即 2000 年是闰年。

在实际编程中，为了清晰起见可为表达式加上括号，如

```
((Rh Mod 4 = 0) And (Rh Mod l00<>0)) Or (Rh Mod 400=0)
```

2.5　常用内部函数

Visual Basic 中函数的概念与一般数学中函数的概念没有什么根本区别。在 Visual Basic 中，有内部函数和用户定义函数两类。用户定义函数是用户自己根据需要定义的函数（参见第 5 章）。内部函数也称标准函数或称库函数，它们是 Visual Basic 系统为实现一些特定功能而设置的内部程序。本节介绍常用的数学函数、转换函数、字符串函数、日期时间函数等，其他函数请参见附录 B。

在程序中要使用一个函数时，只要给出函数名并给出它要求的参数，就能得到它的函数值。函数的使用方法如下：

函数名（参数列表）　　　　　　　　'有参函数

函数名　　　　　　　　　　　　　　'无参函数

说明如下。

（1）使用库函数要注意参数的个数及参数的数据类型。

（2）Visual Basic 函数的调用只能出现在表达式中，目的是使用函数求得一值。

（3）要注意函数的定义域（自变量或参数的取值范围）。

例如：sqr(x) 要求：$x>=0$。

（4）要注意函数的值域。

例如：exp(23773)的值超出了实数在计算机中的表示范围，即数据溢出。

1. 数学函数

下列函数的参数均为数值类型。

（1）三角函数：Sin(x)、Cos(x)、Tan(x)，反正切函数 Atan(x)。

函数 Sin、Cos、Tan 的自变量必须是弧度，如数学式 Sin30°，写作 VB 的表达式为 Sin(30*3.1416/180)；

Visual Basic 没有余切函数，求 x 弧度的余切值可以表示为 1/Tan(x)；

（2）Abs(x)：返回 x 的绝对值。

（3）Exp(x)：返回 e 的指定次幂，即 e^x。

（4）Log(x)：返回 x 的自然对数。

（5）符号函数 Sgn(x)，根据 x 值的符号返回一个整数（−1、0 或 1）

$$Sgn(x)= \begin{cases} 1 & x>0 \\ 0 & x=0 \\ -1 & x<0 \end{cases}$$

（6）Sqr(x)：返回 x 的平方根，即 $\sqrt{x}$。例如，Sqr(25)的值为 5，Sqr(2)的值为 1.4142。此函

数要求 $x>0$，如果 $x<0$ 则出错。

2. 转换函数

（1）取整函数 Int(x) 和 Fix(x)。Fix(N) 为截断取整，即去掉小数后的数，Int(N) 不大于 N 的最大整数。N>0 两者功能相同，当 $N<0$ 时，Int(N) 与 Fix(N)−1 相等。

例如：　Fix(9.59) 结果是：9,　　　　　　　　Int(9.59) 结果是：9

　　　　Fix(-9.59) 结果是：-9,　　　　　　　Int(-9.59) 结果是：-10

如果要对 $x(x>0)$ 实现四舍五入取整，则可使用表达式：Int(x+0.5) 或 Fix(x+0.5)。

（2）Chr 和 Asc 函数。Chr 是将 ASCII 码值转换成字符，Asc 函数是字符转换成 ASCII 码值。它们为一对互反函数。

例如：Chr(65) 结果得到字符"A"，Asc("A") 结果为 65。但要注意，如果 Asc 函数中的自变量是含有多个字符的字符串，则只取首字母的 ASCII 值作为函数的返回值。

例如：Acs("Abcd123") 和 Acs("Axy") 的值都为 65，即是首字母"A"的 ASCII 值。

另一个可以使用 Chr 函数得到那些非显示的控制字符（ASCII 值<32，见附录 A）的字符。例如：

```
Chr(13)     回车符,        Chr(13)+Chr(10)    回车换行符
Chr(7)      响铃 Beep      Chr(8)             退格符
```

（3）Val(x) 函数与 Str(x) 函数。Val(x) 将数字字符串 x 转换为相应的数值，当自变量字符中出现数值规定字符以外的字符，则只将最前面的符合数值型规定字符转换成对应的数值。例如：

```
Val("1.2sa10")    值为 1.2        Val("abc123 )   值为：0
Val("-1.2E3Eg")   值为：-1200     注意这里的第一个 E 是作指数符号
```

Str(x) 返回把数值型数据 x 转换为字符型后的字符串，字符串的第一位一定是空格（自变量为正数）或是负号（自变量为负数），小数点最后的"0"将被去掉。例如：

```
Str(256)          值为" 256"。
Str(-256.6500)    值为 "-256.65"
```

3. 字符串函数

（1）删除空格函数。

Ltrim(x)：返回删除字符串 x 前导空格符后的字符串。

Rtrim(x)：返回删除字符串 x 尾部空格符后的字符串。

Trim(x)：返回删除前导和尾随空格符后的字符串。

（2）取子串函数。

Left(x,n)：返回字符串 x 前 n 个字符所组成的字符串。

Right(x,n)：返回字符串 x 后 n 个字符所组成的字符串。

Mid(x,m,n)：返回字符串 x 从第 m 个字符起的 n 个字符所组成的字符串。

若 s$ = "abcdefg"，则函数 Left(s$,2) 返回"ab"，函数 Right(s$,2) 返回"fg"，函数 Mid(s$,9,3) 返回空字符串、Mid(s$,2,3) 返回"bcd"。

（3）Len(x)。返回字符串 x 的长度，如果 x 不是字符串，则返回 x 所占存储空间的字节数。

如函数 Len("abcdefg") 的返回值为 7，而函数 Len(k%) 的返回值为 2，因为 VB 用 2Byte 存储 Integer 类型的数据。

（4）Lcase(x) 和 Ucase(x)。分别返回以小写字母、大写字母组成的字符串。

如 Lcase("abCDe") 返回"abcde"，Ucase("abCDe") 返回"ABCDE"。

（5）Space(n)。返回由 n 个空格字符组成的字符串。

如执行语句 a$ = "abc" + Space(5) + "def"后，变量 a$中的字符串为"abc　　　def"、其中包括 5 个空格字符。

（6）Instr(x,y)。字符串查找函数，返回字符串 y 在字符串 x 中首次出现的位置。如果 y 不是 x 的子串，即 y 没有出现在 x 中，则返回值为 0。

如 a$ = "abcdtycdef"，则函数 Instr(a$,"cd")的计算结果为 3，因为 a$中包含了"cd"、第一次出现的位置是在 a$中的第 3 个字符；而函数 Instr(a$,"yx")的返回值为 0，因为字符串 a$中不存在子串"yx"。

4. 日期和时间函数

（1）Date：返回系统当前日期。

（2）Time：返回系统当前时间。

（3）Minute(Now)、Minute(Time)：返回系统当前时间 "hh:mm:ss" 中的 mm（分）值。

（4）Second(Now)、Second(Time)：返回系统当前时间 "hh:mm:ss" 中的 ss（秒）值。

5. 随机函数与 Randomize 语句

（1）随机函数 Rnd([N])。Rnd 函数可以不要参数，其括号也省略。返回[0 ～ 1)（即包括 0，但不包括 1）之间的双精度随机数。若要产生 1～100 的随机整数，则可通过下面的表达式来实现：

```
Int(Rnd *100)+1          ' 包括 1 和 100
Int(Rnd *99)+1           ' 包括 1，但不包括 100
```

产生[N，M]区间的随机数的 Visual Basic 表达式为

```
Int(Rnd *(M - N + 1)) + N
```

（2）Randomize 语句。该语句的作用是初始化 VB 的随机函数发生器（为其赋初值），可使 Rnd 产生相同序列的随机数。

Randomize 语句使用形式为

```
Randomize [Seed]
```

其中，Seed 是随机数生成器的种子值，若省略，系统将计时器返回的值作为新的种子值。

例如：下段程序每次运行，将产生不同序列的 20 个[10，99]之间的随机整数。

```
Randomize
For i = 1 To 20
    Print Int(Rnd * 90) + 10;
Next i
Print
```

读者可将上段程序写入窗体的单击事件中，两次运行程序，单击窗体，看看两次运行中输出的结果是否相同。如果不使用 Randomize 语句，再运行两次，看看两次运行中输出的结果是否相同。分析理解 Randomize 语句的作用。

本章小结

数据类型、常量、变量、运算符及表达式是计算机程序设计语言的基础。

Visual Basic 的数据类型分为标准类型和自定义类型两大类，如图 2-2 所示。

在编写程序时，常常需要用到不同的数据，数据有类型之分，不同类型的数据在计算机中的存放形式不同，使用的内存空间不同，参与的运算也不同，这一点对初学者很难理解，写程序时常常将数据类型用错。例如，要计算 $S=1+1/2+1/3+1/4+\cdots1/100$。如果 S 定义为整型数据，就不能得到正确的结果。

Visual Basic 有 4 种运算符：算术运算符、连接运算符、关系运算符和逻辑运算符。由运算符、括号、内部函数及数据组成的式子称为表达式。Visual Basic 表达式的书写原则如下。

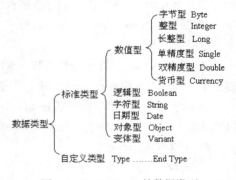

图 2-2　Visual Basic 的数据类型

（1）表达式中的所有运算符和操作数必须并排书写。

（2）数学表达式中省略乘号的地方，在 Visual Basic 表达式中不能省略。

（3）要注意各种运算符的优先级别，为保证运算顺序，在写 Visual Basic 表达式时需要适当添加括号（），若要用到库函数，必须按库函数要求书写。

Visual Basic 提供了上百种内部函数，也称库函数，用户需要掌握一些常用函数的功能及使用方法。Visual Basic 函数的调用只能出现在表达式中，目的是使用函数求得一个值。

习　　题

一、思考题

1. 如果希望使用变量 X 来存放数据 1234567.123456，应该将变量 X 声明为何种类型？

2. 下列哪些字符串不能作为 Visual Basic 中的变量名？

xyC@abc,　　　E12,　　　15eyd,　　　cmd,　　　x23,　　　Is,　　　#END　　X8[P]

3. 下列数据哪些是变量？哪些是常量？如果是常量，是什么类型的常量？

(1) name　　　　(2) "name"　　　　(3) False　　　(4) x　　　　　(5) "10/28/2004"

(6) xh　　　　　(7) "120"　　　　　(8) n　　　　　(9) #6/04/2008#　　(10) 12.345

4. 把 Visual Basic 算术表达式 a / (b+c / (d+e / Sqr (f))) 写成数学表达式。

5. 设 $X=5$，$Y=3$，$Z=3$，求下列表达式的值：

(1) X^2+X/5　　　　　　(2) X/2*3/2　　　　　　(3) X Mod 3+Y^3/Z\5

6. 写出下列 Visual Basic 表达式的值：

(1) 4*10>=65　　　　　(2) "ABCDE"<"ABCDF"　　　(3) "456"<>"456"& "xyz"

(4) Not 10*20<>256　　(5) 10=10 And 10>4+3　　　(6) 10<>2 Or Not 5>20+5

(7) 10^2*10>10^3 And 2<2+3　　　　　　　　　　(8) 50>20 And 12=30

7. 将下列命题用 Visual Basic 布尔表达式表示：

(1) z 比 x，y 都大　　　　　　　　　　(2) $|a| \le |b+2|$

(3) p 是 q 的倍数　　　　　　　　　　　(4) $x\notin$ [-5,-2]，并且 $x\notin$ [2,5]

(5) x，y 其中有一个小于 z　　　　　　(6) a 是小于正整数 b 的偶数

8. 写出下列函数的值：

(1) Int(-2.14159)　　　　(2) Chr$(Sqr(64))　　　　(3) Fix(-2.1415926)

(4) Sgn(-7^2+2)　　　　　(5) Lcase("Hello")　　　　(6) Mid("Hello",2)

(7) Val("16 Year")　　　　(8) Str(-459.65)　　　　　(9) Len("Hello")

二、填空题

1．在 Visual Basic 中，1234、123456&、12345E+5、1.2345D+5 4 个常数分别表示_____、_____、_____、_____类型。

2．整型变量 X 中存放了一个两位数，要将两位数交换位置，如 13 变成 31，实现的表达式是_____。

3．数学表达式 $\sin 45° + \dfrac{\sqrt{x+2e^y}}{|x-y|}$ 的 Visual Basic 算术表达式为_____。

4．数学表达式 $\dfrac{a+b}{cd-\sqrt{1-a^2}}$ 的 Visual Basic 算术表达式为_____。

5．表示 x 是 5 的倍数或是 9 的倍数的逻辑表达式为_____。

6．已知 a=2.5，b=5.0，c=2.5，d=True，则表达式：a>=0　AND　a+c>b+3　OR　NOT d 的值是_____。

7．Int(-2.6)、Int(2.6)、Fix(-2.6)、Fix(2.6)的值分别_____、_____、_____、_____。

8．表达式 Ucase(Mid("abcdefgh",3,4))的值是_____。

9．在直角坐标系中，(x,y) 是坐标中任意点的位置，用 x 与 y 表示在第一或第三象限的表达式是_____。

10．表示 S 字符变量是字母字符（大小写字母不区分）的逻辑表达式为_____。

三、选择题

1．函数 Int(Rnd*100)是在（　　　）范围内的整数？
A．[0,100]　　　　　B．(1,100)　　　　　C．[0,99]　　　　　D．(1,99)

2．如果 x 是一个正实数，对 x 的第 3 位小数四舍五入的表达式是（　　　）。
A．0.01*Int(x+0.005)　　　　　　　B．0.01*Int(100*(x+0.005))
C．0.01*Int(100*(x+0.05))　　　　　D．0.01*Int(x+0.05)

3．已知变量 A、B、C 中 C 最小，则判断 A、B、C 可否构成三角形的逻辑表达式为（　　　）。
A．A>=B And B>=C And C>0　　　　B．A+C>B And B+C>A And C>0
C．(A+B>=C or A−B <=C) And C>0　　D．A+B>C And A−B<C And C>0

4．下面（　　　）是算术运算符。
A．Imp　　　　　B．Mod　　　　　C．Not　　　　　D．Like

5．下面的运算符中，优先级最高的是（　　　）。
A．Not　　　　　B．And　　　　　C．Or　　　　　D．Lisk

四、编程题

1．在文本框（Text1）输入一个 3 位数据，单击窗体后，在窗体打印输出该数的个位数、十位数和百位数。

2．编程序，当单击窗体，在窗体上随机位置，随机输出一个大写的英文字母。

　　　　　随机大写的英文字母由表达 Chr(Int(Rnd*26)+65)产生，窗体的上随机位置通过设置当前坐标 CurrentX，CurrentY 属性来确定。

上机实验

1. 使用立即窗口（Debug Window）显示下列表达式的值（设 $x=5$，$y=15$，$z=3$），并分析所输出的结果。

（1）Len(x & y &"z") （2）Sgn(10 Mod 6) & x+y

（3）x Mod z +x^2\y+z （4）x^2−y*2>3*z And z^3<>x^2

（5）(y Mod 10) *10+y\10 （6）Mid(Str(x^3),2,2) & y+z

（7）Ucase(Left(Mid("This is a Book",6),4)) （8）Date()+10

（9）Timer Mod 3600 （10）Hour(Time())

2. 在窗体上放 1 个标签 Label1，1 个命令按钮 Command1，当窗体启动时使标签居于窗体的中间，并显示系统的当前时间，命令按钮显示为"放大"，当单击命令按钮时，将标签中显示文字放大 1~3 倍（随机决定），并重新显示系统当前时间。

3. 编写一模拟简易计算器的程序，运行界面如图 2-3 所示。

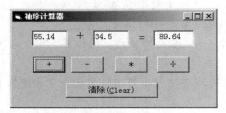

图 2-3　简易计算器的运行结果

第3章
控制结构程序设计

Visual Basic 是面向对象的程序设计语言，采用的是面向对象的程序设计方法，在 Visual Basic 的程序设计中，具体到每个对象的事件过程或模块中的每个通用过程，还是要采用结构化的程序设计方法，所以 Visual Basic 也是结构化的程序设计语言，每个过程的程序控制结构由顺序结构、选择结构和循环结构组成。

本章主要任务：

（1）理解程序设计的算法及算法表示；

（2）掌握顺序结构程序设计方法；

（3）掌握选择控制语句的应用，能够灵活运用各种选择结构进行综合程序设计；

（4）掌握循环控制语句的应用，能够灵活运用各种循环控制进行综合程序设计；

（5）能够运用 3 种结构进行综合程序设计。

本章首先介绍程序设计中的算法及算法表示，对于已学过程序设计的读者，可跳过 3.1 节，重点学习 Visual Basic 语言中 3 种基本结构程序设计。

3.1 算法及算法的表示

3.1.1 算法概述

人们使用计算机，就是要利用计算机处理各种不同的问题，而要做到这一点，人们就必须事先对各类问题进行分析，确定解决问题的具体方法和步骤，再编制好一组让计算机执行的指令即程序，交给计算机，让计算机按人们指定的步骤有效地工作。这些具体的方法和步骤，其实就是解决一个问题的算法。根据算法，依据某种规则编写计算机执行的命令序列，就是编制程序，而书写时所应遵守的规则，即为某种语言的语法。

广义地讲，算法是为完成一项任务所应当遵循的一步一步的规则的、精确的、无歧义的描述，它的总步数是有限的。

狭义地讲，算法是解决一个问题采取的方法和步骤的描述。

下面通过两个简单的例子加以说明。

例 3.1 输入 3 个数，然后输出其中最大的数。

首先，应将这 3 个数存放在内存中，定义 3 个变量为 A、B、C，将 3 个数依次输入到 A、B、

C 中，另外，再准备一个 Max 存放最大数。

由于计算机一次只能比较两个数，首先把 A 与 B 比，大的数放入 Max 中，再把 Max 与 C 比，又把大的数放入 Max 中。最后，把 Max 输出，此时 Max 中装的就是 A、B、C 3 个数中最大的数。算法可以表述如下。

（1）输入 A、B、C。

（2）A 与 B 中大的一个放入 Max 中。

（3）把 C 与 Max 中大的一个放入 Max 中。

（4）输出 Max，Max 即为最大数。

其中的第（2）、（3）两步仍不明确，无法直接转化为程序语句，可以继续细化：

第（2）步可改为若 $A>B$，则 $Max \leftarrow A$；否则 $Max \leftarrow B$。

第（3）步可改为若 $C>Max$，则 $Max \leftarrow C$。

于是算法最后可以表述如下。

（1）输入 A，B，C。

（2）若 $A>B$，则 $Max \leftarrow A$；否则 $Max \leftarrow B$。

（3）若 $C>Max$，则 $Max \leftarrow C$。

（4）输出 Max，Max 即为最大数。

例 3.2 输入 10 个数，打印输出其中最大的数。

算法设计如下。

（1）输入 1 个数，存入变量 A 中，将记录数据个数的变量 N 赋值为 1，即 $N=1$。

（2）将 A 存入表示最大值的变量 Max 中，即 $Max=A$。

（3）再输入一个值给 A，如果 $A>Max$，则 $Max=A$，否则 Max 不变。

（4）让记录数据个数的变量增加 1，即 $N=N+1$。

（5）判断 N 是否小于 10，若成立则转到第（3）步执行，否则转到第（6）步。

（6）打印输出 Max。

任何一个问题能否用计算机解决，关键的就是看能否设计出合理的算法，有了合适的算法，再使用合适的计算机语言，就能方便地编写出程序来。

由此可见，程序设计的关键之一，是设计合理的算法。学习高级语言的重点，就是掌握分析问题、解决问题的方法，锻炼分析、分解，最终归纳整理出算法的能力。与之相对应，具体语言，如 Visual Basic 语言的语法是工具，是算法的一个具体实现。所以在高级语言的学习中，一方面应熟练掌握该语言的语法，因为它是算法实现的基础，另一方面必须认识到算法的重要性，加强思维训练，以写出高质量的程序。

3.1.2　算法的特性

从上面的例子，可以看到算法是对一个问题的解决方法和步骤的描述，是一个有穷规则的集合。一个算法应该具有以下特性。

（1）有穷性：一个算法必须在执行有穷计算步骤后终止。

（2）确定性：一个算法给出的每个计算步骤，必须都是精确定义的、无二义性的。

（3）有效性：算法中的每一个步骤必须有效地执行，并能得到确定结果。

（4）输入：一个算法中可以没有输入，也可以有一个或多个输入信息，如果需要运行时输入不同数据，这些输入信息是算法所需的初始数据。

（5）输出：一个算法应有一个或多个输出，一个算法得到的结果（中间结果或最后结果）就是算法的输出。没有输出的算法是没有意义的。

3.1.3 算法的表示

表示算法的形式很多，通常有自然语言、伪代码、传统流程图和 N-S 结构化流程图等。

1. 自然语言与伪代码表示算法

自然语言就是指人们日常使用的语言，可以是汉语、英语或其他语言。用自然语言表示的优点是通俗易懂，缺点是文字冗长，容易出现"歧义性"。另外，用自然语言表示分支和循环的算法不方便。

伪代码是用介于自然语言和计算机语言之间的文字和符号（包括数学符号）来描述算法。它如同写一篇文章，自上而下地写下来，每一行（或几行）表示一个基本操作。它不用图形符号，因此伪代码书写方便、格式紧凑，也比较好懂，便于向计算机语言程序转换。

例如，例 3.1 可用如下的伪代码表示：

```
Begin(算法开始)
  输入 A, B, C
  If A>B 则
    A→Max
     否则   B→Max
  If C>Max  则  C→Max
Print  Max
End (算法结束)
```

例 3.2 的伪代码表示如下：

```
Begin(算法开始)
N=1
Input  A
Max=A
当 N<=10 则
   { Input A
     If A>Max  则 Max=A
    N=N+1 }
Print  Max
End (算法结束)
```

2. 用流程图表示算法

流程图是一种传统的算法表示方法，它使用不同的几何图形框来代表各种不同性质的操作，用流程线来指示算法的执行方向。由于它直观形象，易于理解，所以应用广泛。

（1）常用的流程符号。

- 起止框：表示算法的开始和结束。

- 处理框：表示初始化或运算赋值等操作。

- 输入输出框：表示数据的输入输出操作。

- 判断框：表示根据条件成立与否，决定执行两种不同操作中的一个。

- 流程线：表示流程的方向。

（2）3 种基本结构的表示。

① 顺序结构。顺序结构是简单的线性结构，各框按顺序执行。其流程图如图 3-1 所示，语句的执行顺序为：语句 1→语句 2。

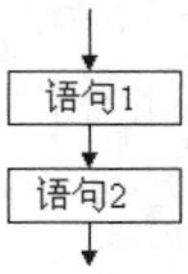

② 选择（分支）结构。这种结构是对某个给定条件进行判断，条件为真或假时分别执行不同的框的内容。其基本形状有两种，如图 3-2 所示。
图 3-2（a）的执行序列为：当条件为真时执行语句 1，否则执行语句 2；
图 3-2（b）的执行序列为：当条件为真时执行语句 1，否则什么也不做。

③ 循环结构。循环结构分为当型循环和直到循环两种。

当型循环：执行过程是先判断条件，当条件为真时，反复执行"语句组"（也称循体），一旦条件为假，跳出循环，执行循环之后的语句，如图 3-3（a）所示。

直到循环：执行过程是先执行"语句组"，再判断条件，条件为真时，一直循环执行语句组，一旦条件为假，结束循环，执行循环之后的下一条语句，如图 3-3（b）所示。

图 3-1　顺序结构

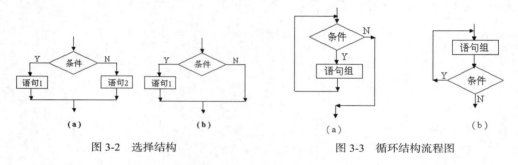

图 3-2　选择结构　　　　　　　　图 3-3　循环结构流程图

例 3.1 的算法用流程图表示，如图 3-4 所示，例 3.2 的算法用流程图表示，如图 3-5 所示。

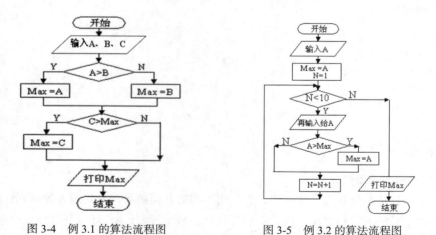

图 3-4　例 3.1 的算法流程图　　　　　图 3-5　例 3.2 的算法流程图

3.1.4　用 N–S 流程图表示算法

上面介绍的流程图称为传统的流程图，尽管它表示算法直观，但占篇幅大，尤其是它允许用流程线任意转移去向，在表示复杂算法时，如果这种情况过多，就会使流程无规律地转来转去，如同一团乱麻一样，分不清其来龙去脉。

N-S 图是美国学者 I.Nassi 和 B.Shneiderman 提出的一种新的流程图。在这种图中，完全去掉了带箭头的流程线，把全部算法写在一个矩形框内，在框内还可以包含其他从属于它的框，或者说，由一些基本框组成一个大的框。它是一种适于结构化程序设计的流程图。

3 种基本结构的 N-S 图描述如下所述。

1. 顺序结构

顺序结构的 N-S 图，如图 3-6 所示，执行顺序为先<语句 1>后<语句 2>。

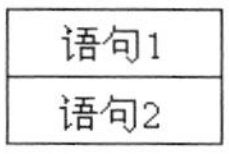

图 3-6　顺序结构的 N-S 图

2. 选择结构

对应于选择结构图 3-2 的 N-S 图如图 3-7 所示。图 3-7（a）所示为条件为真时执行语句 1，条件为假时执行语句 2。图 3-7（b）所示为条件为真时执行语句 1，为假时什么都不做。

3. 循环结构

对应于循环结构图 3-3 的 N-S 图如图 3-8 所示。图 3-8（a）所示为当型循环结构的 N-S 图，图 3-8（b）所示为直到循环结构的 N-S 图。

图 3-7　选择结构的 N-S 图

图 3-8　循环结构的 N-S 图

例 3.1 和例 3.2 的算法用 N-S 流程图表示分别如图 3-9 和图 3-10 所示。

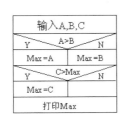

图 3-9　例 3.1 的算法的 N-S 流程图

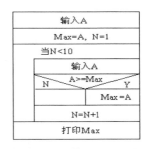

图 3-10　例 3.2 的算法的 N-S 流程图

最后需要说明的是，上面介绍的算法表示是给人看的，即是为帮助程序开发人员阅读、编写程序而设计的一种辅助工具，因此算法表述中的文字和符号只要符合人们的约定和习惯即可，人们将算法流程图用计算机语言（如 Visual Basic）编写程序时，必须使用符合其语法规则，否则计算机便不能处理。

例如：图 3-9 所示的算法流程图，可以很方便地将其转化为相应的程序语句。下面就是用 Visual Basic 语言编写的程序段：

```
A=Val(InputBox("A=?"))
B=Val(InputBox("B=?"))
C=Val(InputBox("C=?"))
If A>B then
    Max=A
Else
    Max=B
```

```
End If
If C>Max then Max=C
Print " Max=";Max
```

3.2 顺 序 结 构

从上节的算法，可以看到顺序结构是各语句按出现的先后次序执行的结构，如图 3-6 所示。在 Visual Basic 中实现顺序结构的语句有赋值语句、Print 方法、注释语句及在上一章介绍的数据类型声明语句、符号常量声明语句等。Visual Basic 系统中提供的与用户交互的函数和过程，它们常常是用来输入/输出信息，相当于其他高级语言的输入/输出语句。为教学的方便，将其也归纳在本节中介绍。

3.2.1 赋值语句

赋值语句在 Visual Basic 程序设计中是使用最频繁的语句之一。一般用于对变量赋值或对控件设定属性值。语句形式为

变量名＝<表达式>

对象.属性＝<表达式>

功能：计算赋值号"="右边<表达式>的值，并将计算结果赋值给左边的<变量名>或指定对象的属性。

例如：Max=0

      Text1.Text = "欢迎进入本系统"

说明如下。

（1）右边的表达式可以是变量、常量、函数调用等特殊的表达式。

（2）语句中的"="称为赋值号，它不同于数学中的等号，如 A=A+1 在数学中是不成立的，但在程序设计中则是经常用到的，它表示取变量 A 存储单元中的值，将其加 1 后，仍然放回到变量 A 的存储单元。其执行过程如图 3-11 所示。

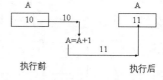

图 3-11　A=A+1 语句的执行过程

（3）赋值符号"="左边一定只能是变量名或对象的属性引用，不能是常量、符号常量、表达式。

例如：Z=X+Y   '将变量 X 和变量 Y 的值的和赋值给变量 Z

如果写成　X+Y=Z，就大错特错了。下面的赋值语句都是错的：

5=X   '左边是常量

Abs(X)=20   '左边是函数调用，即是表达式

（4）赋值符号"="两边的数据类型一般应一致。如果两边的类型不同，则以左边变量或对象属性的数据类型为基准，如果右边表达式结果的数据类型能够转换成左边变量或对象属性的数据类型，则先强制转换后，然后赋值给左边的变量或对象的属性；如果不能转换，则系统将提示出错信息。具体处理规则如下。

（1）若都是数值型，但精度不同，强制转换成左边变量的数据精度。

例如：

X%=3.5415926   '按四舍五入取整，执行后，X 的值是 4

Y!=123   '将整数 123 转换成实数 123.0，赋值给 Y，执行后，Y 的值是 123.0

（2）当表达式是数值字符串，左边变量是数值型，自动转换成数值类型再赋值，但若表达式有非数值字符或空串，则出错。

```
Y%="123"              '将字符串"123"转换为数值123，赋值给Y，执行后，Y的值是123
Z%="123A"             '出错，提示"类型不匹配"的错误信息
A%=""                 '出错，提示"类型不匹配"的错误信息
```

（3）任何非字符类型数据赋值给字符类型，都将自动转换为字符类型。

```
Str$=123              '将数值123转换为字符串"123"，赋值给Str，执行后，Str的值是"123"
Str$=True             '将逻辑值转换True为字符串"True"，赋值给Str，执行后，Str的值是"True"
```

（4）当逻辑量赋值给数值型时，True 转换为–1，False 转换为 0；反之当数值型赋值给逻辑型时，非 0 转换为 True，0 转换为 False。

```
A%=True               '将逻辑量True转换为数值-1，赋值给A，执行后，A的值为-1
Dim X As Boolean
X= -5                 '-5（非零数据）转换为True，赋值给X，执行后，X的值为True
```

3.2.2 数据的输出——Print 方法

在 Visual Basic 中可以通过文本框（将要输出的数据赋值给文本框的 Text 属性）、标签（将要输出的数据赋值给标签的 Caption 属性）及下一小节介绍的 MsgBox 函数和 MsgBox 过程来输出数据，但在窗体、图片框及立即窗口中输出数据，可使用 Print 方法来实现。

Print 方法的一般格式如下：

[对象名.]Print [<表达式表>][{, |; }]

说明如下。

[对象名.] 可以是窗体名、图片框名，也可是立即窗口 "Debug"。若省略对象，则表示在当前窗体上输出。在 1.4.3 小节窗体对象的方法中对 Print 方法做了详细的介绍。用 Print 方法在图片框和立即窗口对象中输出与在窗体对象中输出完全相同。

3.2.3 用户交互函数和过程

1. 数据的输入——InputBox 函数

InputBox 函数提供了一个简单的对话框供用户输入信息。在把其他版本的 BASIC 程序移植到 Visual Basic 时，InputBox 函数通常用来代替原来的 "INPUT" 语句。其使用格式如下：

变量名=**InputBox[$]**(<提示信息>[, <标题>][, <默认>][, <x 坐标>][, <y 坐标>])

该函数的作用是打开一个如图 3-12 所示的对话框，等待用户输入信息，当用户按回车键或单击 "确定" 按钮时，函数将输入的内容作为字符串返回。

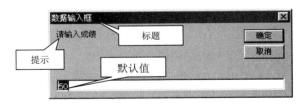

图 3-12 InputBox 函数打开的对话框

例如，要用 InputBox 函数给变量 N 赋值，可用下面的赋值语句：

```
n=Val(InputBox("请输入成绩", "数据输入框",50) )
```

该语句执行后，将出现如图 3-12 所示的界面。

其中的参数含义如下。

（1）<提示信息>：该项是不能省略的。它是在对话框中作为提示用户操作的信息，如上例中的"请输入成绩"。该项可以是字符串常量、变量和字符串表达式。它的最大长度为 1024 个字符，若要显示多行，必须将要显示的信息通过字符连接符"+"或"&"组成字符串表达式，在要换行处加回车 Chr(13)、换行 Chr(10)控制符或使用系统常量 vbCrLf。

（2）<标题>：决定对话框标题区显示的信息，如上例中的"数据输入框"。该项是字符串表达式，若省略，则将应用程序名，即工程名作为对话框的标题。

（3）<默认>：输入文本编辑区默认值，如上例中的 50，如果用户不输入值而直接按回车键或单击"确定"按钮，则该值便作为函数的返回值。该项为数值常量、字符串常量或常量表达式。若省略，则相当于空字符串。

（4）<x 坐标>、<y 坐标>：确定对话框在屏幕上显示的位置，为整型表达式，用来确定对话框左上角在屏幕上的位置，屏幕左上角的坐标为（0，0），向下为 y 的正方向，向右为 x 的正方向，坐标单位为 twip。

（1）各项参数次序必须一一对应，除第一项参数"提示"不能省略外，其余参数均可省略，如果处于中间位置的参数省略，则其对应的逗号不能省略。

例如：Nage= InputBox("输入你的年龄？", ,18)

（2）由 InputBox 函数返回的数据类型是字符类型数据，如果要得到数值类型数据，则必须用 Val()函数进行类型转换。

例如：上面的例子，如果 Nage 被定义为整型变量，在程序运行需输入时，如果输入的是数值字符，则 InputBox 函数返回的是数值字符串，在执行赋值时，按照 2.2.1 小节赋值处理规则，系统会自动转换为数值数据，然后赋值给变量 Nage。如果输入的包含非数值字符，那么该语句将会出错。因此通常将其写成下面的形式：

```
Nage =Val(InputBox("输入你的年龄?", ,18 ))
```

2. MsgBox 函数和 MsgBox 过程

MsgBox 函数的功能是在对话框中显示信息，等待用户单击按钮，并返回一个整数告诉系统用户单击的是哪一个按钮。MsgBox 过程与 MsgBox 函数的功能相同，但它没有返回值，常常仅用于显示某些信息，而不作程序流程的选择控制。

函数使用形式： 变量[%]=**MsgBox**(<提示信息>[,<对话框样式>][,<标题>])

过程使用形式： **MsgBox** <提示信息>[,<对话框样式>][,<标题>]

例如：

n=MsgBox("注意：你输入的数据不正确", 2 + vbExclamation, "错误提示")

或　　MsgBox "注意：你输入的数据不正确", 2 + vbExclamation, "错误提示"

上述两个语句执行后的界面如图 3-13 所示。

图 3-13　MsgBox 函数或过程打开对话框

说明如下。

（1）<提示信息>：该项不能省略，其含义与 InputBox 函数中的对应参数相同。

（2）<标题>：可选项。在对话框标题栏中显示的字符串表达式。其含义与 InputBox 函数中的对应参数相同。

（3）<对话框样式>：可选项。最多可由 4 项数值相加组成，其形式为

<按钮>[+<图标>][+ <默认按钮>][+<模式>]

其值指定在对话框中显示的按钮数目及形式、图标类型、默认按钮、对话框模式等。若省略此项，取其默认值 0。对话框样式中各项的取值及其含义如表 3-1 所示。

表 3-1　　　　　　　　　　　　　　　"对话框样式"取值和含义

分　　组	数值	内 部 常 数	描　　　　述
按钮数目及样式	0	VbOKOnly	（默认值）只显示 OK（确定）按钮
	1	VbOKCancel	显示 OK（确定）及 Cancel（取消）按钮
	2	VbAbortRetryIgnore	显示 Abort（终止）、Retry（重试）及 Ignore（忽略）按钮
	3	VbYesNoCancel	显示 Yes（是）、No（否）及 Cancel（取消）按钮
	4	VbYesNo	显示 Yes（是）及 No（否）按钮
	5	VbRetryCancel	显示 Retry（重试）及 Cancel（取消）按钮
图标类型	16	VbCritical	显示 Critical Message 图标
	32	VbQuestion	显示 Warning Query 图标
	48	VbExclamation	显示 Warning Message 图标
	64	VbInformation	显示 Information Message 图标
默认按钮	0	VbDefaultButton1	第 1 个按钮是默认值
	256	VbDefaultButton2	第 2 个按钮是默认值
	512	VbDefaultButton3	第 3 个按钮是默认值
	768	VbDefaultButton4	第 4 个按钮是默认值
模式	0	VbApplicationModal	应用程序强制返回；应用程序一直被挂起，直到用户对消息框作出响应才继续工作
	4096	VbSystemModal	系统强制返回；全部应用程序都被挂起，直到用户对消息框作出响应才继续工作

（4）MsgBox 函数的返回值：函数调用后返回 0 ~ 7 的整型值，根据用户操作的不同（单击或按下的按钮）返回不同的值，如表 3-2 所示。

表 3-2　　　　　　　　　　　MsgBox 函数的返回值

用户的操作（单击或按下的按钮）	数　　值	内 部 常 量
OK（确定）	1	vbOK
Cancel（取消）	2	vbCancel
Abort（中止）	3	vbAbort
Retry（重试）	4	vbRetry
Ignore（忽略）	5	vbIgnore
Yes（是）	6	vbYes
No（否）	7	vbNo

如果用户要根据 MsgBox 函数的不同返回值，实现程序流程的控制，就必须通过编写程序代码才能实现。例如，下面一段程序中的 MsgBox 函数，显示的对话框有"是"、"否"两个按钮，默认按钮为第一个按钮"是"。

```
i = MsgBox("发生错误，是否继续？", vbYesNo + vbQuestion, "提示信息")
If i = 7 Then End        ' 或写成   If i = vbNo Then End
    ……
```

当用户单击"否"按钮，程序就结束，单击"是"按钮或直接按回车键，程序则继续向下执行。

如果仅使用 MsgBox 显示信息，通常使用过程调用方式。例如，下面的语句是使用消息框输出一个提示信息。

```
MsgBox  "程序执行结束，按"确定"返回",, "提示信息"
```

3.2.4　注释语句

在使用注释语句之前必须先了解注释的作用，注释不仅仅是对程序的解释，有时它对于程序的调试也非常有用，如可以利用注释屏蔽一条语句以观察变化、发现问题和错误。注释语句将是在编程里最经常用到的语句之一。

其语法格式为

Rem　<注释内容>

或　　'<注释内容>

说明如下。

（1）<注释内容> 指要包括的任何注释文本。在 Rem 关键字和注释内容之间要加一个空格。可以用一个英文单引号"'"来代替 Rem 关键字。

（2）如果在其他语句行后面使用 Rem 关键字，必须用冒号（:）与语句隔开。若用英文单引号"'"，则在其他语句行后面不必加冒号（:）。

例如：

```
Const PI=3.1415925        ' 符号常量 PI
S=PI*r*r                  : Rem 计算圆的面积
```

3.2.5　应用举例

例 3.3　输入时间（小时、分和秒）然后使用输出消息框输出总计多少秒。

使用文本框输入数据，使用消息框输出计算结果，程序运行界面如图 3-14 所示。

在程序代码中设置窗体及控件的属性，用变量 hh 代表小时，mm 代表分钟，ss 代表秒，Totals 代表总的秒数值，则

```
Totals = hh*3600 + mm*60 + ss
```

程序代码如下：

```
Private Sub Form_Load()    '初始化对象属性
    Form1.Caption = "计算时间"
    Label1.Caption = "小时"
    Label2.Caption = "分："
    Label3.Caption = "秒："
```

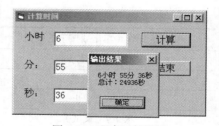

图 3-14　程序运行界面

```
        Text1 = "": Text2 = "": Text3 = ""
        Command1.Caption = "计算"
        Command2.Caption = "结束"
End Sub
Private Sub Command1_Click()            '计算
    Dim hh%, mm%, ss%, Totals!
    Dim Outstr$
    hh = Val(Text1)
    mm = Val(Text2)
    ss = Val(Text3)
    Totals = hh * 3600 + mm * 60 + ss
    Outstr = hh & "小时 " & mm & "分 " & ss & "秒"
    Outstr = Outstr & vbCrLf & "总计: " & Totals & "秒"
    MsgBox Outstr, , "输出结果"
End Sub
Private Sub Command2_Click() '结束程序运行
    End
End Sub
```

思考与讨论

如果程序运行后，在小时、分、秒本框中分别输入 12、45、48 数据，单击"计算"命令按钮程序，程序能输出正确结果吗？如果不能，应如何修改程序？

例 3.4　编写一个程序，求一内半径 $R_1 = 10\text{cm}$、外半径 $R_2 = 20\text{cm}$ 的球环的体积。要求按四舍五入保留到小数点后 4 位。

解：球的体积公式：$V = \dfrac{4}{3}\pi R^3$

本题所求的球环面的体积公式：$V = \dfrac{4}{3}\pi R_2^3 - \dfrac{4}{3}\pi R_1^3 = \dfrac{4}{3}\pi (R_2^3 - R_1^3)$

程序代码写在窗体的单击事件中，代码如下：

```
Private Sub Form_Click()
    Dim R1 As Double, R2 As Double          'R1，R2 表示球的内外半径
    Dim Vol As Double                        'Vol 表示体积
    Const PI# = 3.1415926                    '定义符号常量 PI 代表 π
    R1 = 10 : R2 = 20
    Vol = 4 / 3 * PI * (R2 ^ 3 - R1 ^ 3)
    Vol = Fix(Vol * 10000 + 0.5) / 10000     '保留小数点后 4 位
    Print "球环的体积: V="; Vol; "立方厘米"
End Sub
```

思考与讨论

（1）程序中定义 PI 为符号常量，能否在程序中使用赋值语句对它进行重新赋值。

（2）如果要示计算结果保留小数 3 位，如何修改程序？能否将程序中的 Fix 函数改为 Int 函数？

3.3　选　择　结　构

选择结构是根据条件选择执行不同的分支语句，以完成问题的要求。在 Visual Basic 程序设计中，使用 IF 语句和 Select Case 语句来处理分支结构。其特点是：根据所给定的条件成立（为

True）或不成立（为 False），来决定从各实际可能的不同分支中执行某一分支的相应操作（程序块），并且任何情况下总有"无论条件多寡，必择其一；虽然条件众多，仅选其一"的特性。

3.3.1 If 条件语句

If 语句有单分支、双分支、多分支等结构，根据问题的不同，选择适当的结构。

1. 单分支 If...Then 语句

使用格式 1（块形式）：

If <表达式> **Then**

　　语句块

End If

使用格式 2（单行形式）：

If <表达式> **Then** <语句>

说明如下。

（1）语句的执行过程如图 3-15 所示。

（2）表达式：一般为关系表达式、逻辑表达式，也可为算术表达式，其值按非零为 True，零为 False 进行判断。

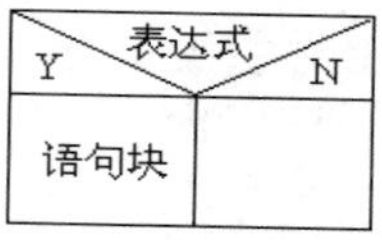

图 3-15　单分支选择
结构的执行过程

（3）在使用格式 1 时，必须从 Then 后换行，也必须用 End If 结束。使用格式 2，即将整个条件语句写在一行，则不能使用 End If。若有多个语句，语句之间使用 ":" 分隔。

例如：已知两个数 x 和 y，比较它们的大小，使得 x 大于 y。

```
If x<y Then
    t=x:x=y:y=t              't 为中间变量
End If
```

上面等价形式为：`If x<y Then t=x:x=y:y=t`

2. 双分支结构 If...Then...Else 语句

使用格式 1（块形式）：

If 　<表达式> **Then**

　　<语句块 1>

Else

　　<语句块 2>

End If

使用格式 2（单行形式）：

If <表达式> **Then** <语句块 1> **Else** <语句块 2>

语句的执行过程如图 3-16 所示，即当表达式的值为 True（非零）时执行 Then 后面的<语句块 1>，否则执行 Else 后面的<语句块 2>。

例如：输出 x、y 两个中值较大的一个值。

```
If X>Y Then
    Print X
Else
    Print Y
End If
```

图 3-16　双分支选择
结构执行过程

也可以写成如下的单行形式：

```
If X>Y Then  Print  X  Else  Print  Y
```

例 3.5　设计一个求解一元二次方程 $Ax^2 + Bx + C = 0$ 的程序，要求考虑实根、虚根等情况。

算法分析：

（1）一元二次方程根的计算公式： $x_{1,2} = \dfrac{-b \pm \sqrt{b^2 - 4ac}}{2a}$

（2）求解首先要输入方程的系数 a、b、c，计算 b^2-4ac 的值，由其值是否大于等于零来决定是实根还是虚根。

设计如图 3-17 所示的程序界面，使用 3 个文本框来接收方程系数的输入，使用两个文本框来输出方程的根，求解方程的主要程序代码写在命令按钮的单击事件中。

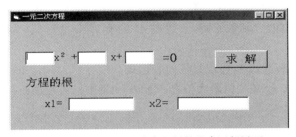

图 3-17　求解一元二次方程根的程序运行界面

程序代码如下：

```
Private Sub Command1_Click()
    Dim a!, b!, c!, x1!, x2!, disc!
    a = Val(Text1.Text)
    b = Val(Text2.Text)
    c = Val(Text3.Text)
    disc= b * b - 4 * a * c
    If disc>=0 then
        x1 = (-b + Sqr(disc)) / (2 * a)
        x2 = (-b - Sqr(disc)) / (2 * a)
        Text4.Text = Str(x1)
        Text5.Text = Str(x2)
    Else
        X1=-b/(2*a)
        X2=Sqr(abs(disc))/(2*a)
        Text4.Text=Str(x1) & "+"&Str(x2)& "i"
        Text5.Text=Str(x1) & "-"&Str(x2)& "i"
    End If
End Sub
```

思考与讨论

（1）如果要限制 3 个文本框（Text1、Text2、Text3）只能输入数字，而不能接收其他字符输入，应在什么事件中，如何编写程序处理。

（2）实际上，根据输入的数据，一元二次方程总有以下几种可能：

① $a = 0$，不是二次方程；

② $b^2-4ac = 0$，有两个相等实根；

③ $b^2-4ac>0$，有两个不等实根；

④ $b^2-4ac<0$，有两个共轭复根。

按照上述 4 种情况进行编程处理，如何修改程序？

3. IIF 函数

IIF 函数可用来执行简单的条件判断操作，它相当于 IF…Then….Else 结构。IIF 函数的使用格式如下：

IIF（<表达式>，<表达式 1>，<表达式 2>）

说明如下。

（1）<表达式>与 IF 语句中的表达式相同，通常是关系表达式和逻辑表达式，也可为算术表达式。如果是算术表达式，其值按非 0 为 True，0 为 False 进行判断。

（2）当<表达式>为真时，函数返回<表达式 1>的值，当<表达式>为假时，函数返回<表达式 2>的值。

（3）<表达式 1>、<表达式 2>可以是任何表达式。

例如，将两个变量 X 和 Y 中的最大值存于 Max 变量中，可使用：

```
Max=IIF（X>Y, X, Y ）
```

它与下面语句等价：

```
IF X>Y Then Max=x Else Max=Y
```

4. If…Then…ElseIf 语句（多分支结构）

语句形式：

If <表达式 1> **Then**

   <语句块 1>

ElseIf <表达式 2>**Then**

    <语句块 2>

     ………..

ElseIf <表达式 n> **Then**

    <语句块 n>

[Else

<语句块 n+1>]

End If

执行过程是，首先判断表达式 1，如果其值为 True，则执行<语句块 1>，然后结束 If 语句。如果表达式 1 的值为 False，则判断表达式 2，如果其值为 True，则执行<语句块 2>，然后结束 If 语句。如果表达式 2 的值为 False，再继续往下判断其他表达式的值。如果所有表达式的值都为 False，则才执行<语句块 n + 1>。语句的执行流程如图 3-18 所示。

例 3.6 输入一组学生成绩，评定其等级。方法是：90～100 分为"优秀"，80～89 分为"良好"，70～79 分为"中等"，60～69 分为"及格"，60 分以下为"不合格"。

使用 If 语句实现的程序段如下：

```
If  x>=90 then
    Print "优秀"
ElseIf  x>=80 Then
```

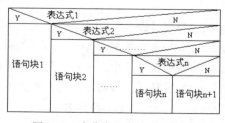

图 3-18 多分支 IF 语句执行过程

```
                Print "良好"
        ElseIf x>=70 Then
                Print "中等"
            ElseIf x>=60 Then
                    Print "及格"
                Else
                    Print "不及格"
End If
```

思考与讨论

上面的程序段中每个 ElseIf 语句中的表达式都作了简化，例如，第一个 ElseIf 的表达式本应写为"x>=80 and x<90"，而写为"x>=80"，为什么能作这样的简化？如果将上面的程序段改写成下面两种形式是否正确？

第一种形式：

```
If  x >=60 Then
    Print "及格"
    ElseIf x>=70 Then
        Print "中等"
        ElseIf x>=80 Then
            Print "良好"
            ElseIf x>=90 Then
                Print "优秀"
                Else
                Print "不及格"
End If
```

第二种形式：

```
If  x <60 Then
    Print "不及格"
    ElseIf x<70 Then
        Print "及格"
        ElseIf x<80 Then
            Print "中等"
            ElseIf x<90 Then
                Print "良好"
                Else
                Print "优秀"
End If
```

3.3.2　Select Case 语句（情况语句）

当选择的情况较多（如例 3.6），虽然可以使用 If 语句来实现，但不直观。Visual Basic 中提供了处理多分支情况语句——Select Case 语句，可以方便、直观地处理多分支的控制结构。

1. Select Case 语句

使用格式如下：

Select Case　<表达式>
　　Case <表达式列表 1>
　　　<语句块 1>
　　Case <表达式列表 2>
　　　语句块 2
　　　……
　　Case Else
　　　<语句块 n+1>]
End Select

Select Case 语句的执行过程如图 3-19 所示。首先求<表达式>的值，然后依次与 Case 后面<表达式列表 1>、<表达式列表 2>，…，中的值比较，若有相匹配的，则执行它下面的<语句块>，执行完该语句块则结束 Select Case 语句，不再与后面<表达式列表>比较。因此，即使后面的<表达式列表>中还有与<表达式>的值相匹配，也不会去执行它对应的语句块了。当<表达式>的值与后面所有<表达式列表>的值都不相匹配时，若有 Case Else 语句，则执行 Case Else 后面的<语句块 n+1>，若没有 Case Else 语句，则什么也不做，直接结束 Select Case 语句。

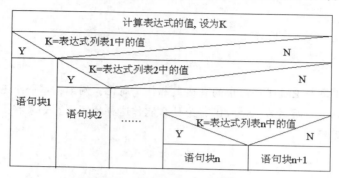

图 3-19　Select Case 语句的执行过程

说明如下。

<表达式列表>是与<表达式>为同类型的下面 4 种形式之一：

（1）表达式列表为表达式，如 A+5；

（2）一组用逗号分隔的枚举表达式列表，如 2,4,6,8；

（3）表达式 1 to 表达式 2，如 60 to 100；

（4）Is 关系运算符表达式，如 Is<60。

将例 3.6 使用 Select Case…语句来实现的程序段如下：

```
Select Case x
   Case 90 to 100
      Print "优秀"
   Case 80 to 89
      Print "良好"
   Case 70 to 79
      Print "中等"
   Case 60 to 69
      Print "及格"
   Case Else
      Print "不及格"
End Select
```

2. Choose 函数

Choose 函数可实现简单的 Select Case…End Select 语句的功能。Choose 函数的使用格式如下：

Choose（<数值表达式>，<表达式 1>，<表达式 2>，…<表达式 *n*>）

说明如下。

（1）Choose 函数根据<数值表达式>的值来决定返回其后<表达式列表>中的哪个表达式的值。如果<数值表达式>的值为 1，则返回<表达式 1>的值，如果<数值表达式>的值为 2，则返回<表达式 2>的值，依此类推。若<数值表达式>的值小于 1 或大于 *n*，则函数返回 Null。

（2）<数值表达式>一般为整数表达式，如果是实数表达式，则将自动截断取整。

例如：根据 Nop 的值，得到+、−、*、/的运算符，可由下面的语句来实现。

Nop= Int（Rnd * 4）+1

OP= Choose（Nop, "+", "−", "*", "/"）

此问题如果使用 Select Case…End Select 语句，则程序结构将复杂得多。

3.3.3　选择结构的嵌套

在 If 语句的 Then 分支和 Else 分支中可以完整地嵌套另一 If 语句或 Select Case 语句，同样 Select Case 语句每一个 Case 分支中都可嵌套另一完整的 If 语句或 Select Case 语句。下面是两种正确的嵌套形式。

```
（1）IF <条件1> Then
          ……
      If  <条件2> Then
          ……
      Else
          ……
      End If
    Else
      IF <条件3>  Then
          ……
      Else
          ……
      End If
          ……
    End If
```

```
（2）IF <条件1> Then
          ……
      Select Case …
          Case ……
              IF <条件2>  Then
                  ……
              Else
                  ……
              End If
              ……
          Case ……
          ……
      End Select
    End If
```

说明如下。

（1）嵌套只能在一个分支内嵌套，不能出现交叉。嵌套的形式将有很多种，嵌套层次也可以任意多。

（2）多层 IF 嵌套结构中，要特别注意 IF 与 Else 的配对关系，Else 语句不能单独使用，它必须与 IF 配对使用，配对的原则是：Else 总是与其最靠近的 IF 语句配对，从 Else 语句处往上查找，如遇 End If 则需跳过一个 IF，同时要跳过单行 IF 语句。

例如：下面程序段表明了两个 Else 语句的配对关系。

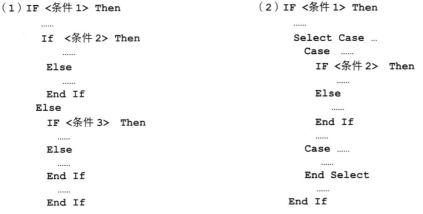

为了便于阅读和维护，建议在写含有多层嵌套的程序时，使用缩进对齐方式。

例 3.7　编制用户身份验证程序。设置 3 个不同密码表示不同类型用户，通过身份验证后显示该用户类型。运行界面如图 3-20 所示，要求在文本框中输入的密码最长不超过 7 个字符。

设密码分别为 1234567（普通用户）、1989643（授权用户）和 1687799（特许用户），按回车键表示密码输入结束。如果输入密码正确，则用 MsgBox 对话框显示“你的口令正确，已通过身份验证”并显示用户类型；否则显示“密码不符，要重试一遍吗!”（有“是”

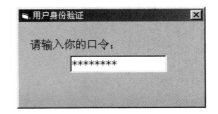

图 3-20　用户身份验证程序的运行界面

和"否"两个按钮），当用户单击"是"按钮则将焦点定位到文本框中、清除文本框中的内容并允许再输入一遍，如果单击"否"按钮则退出程序。

界面设计如图 3-20 所示，在窗体上建立 1 个文本框控件、2 个标签控件，并设置相关属性。

根据题目的要求，初始属性设置放在窗体中 Load 事件来处理。在文本框 Text1 的 KeyPress 事件中完成用户身份验证，程序代码如下：

```
Private Sub Form_Load()              '设置主要对象的属性
    Form1.Caption = "用户身份验证"
    Text1.Text = "": Text1.PasswordChar = "*": Text1.MaxLength = 7
End Sub
Private Sub Text1_KeyPress(KeyAscii As Integer)
  Dim pw As String, i As Integer
  If KeyAscii = 13 Then                '按回车键后进行密码检验
    pw = Trim(Text1.Text)
    ' 判断密码是否正确
   If pw = "1234567" Or pw = "1989643" Or pw = "1687799" Then
    MsgBox "你的口令正确,已通过身份验证", vbInformation + vbOKOnly, "用户身份验证"
    Select Case pw
      Case "1234567"
        Label2.Caption = "你是普通用户"
      Case "1989643"
        Label2.Caption = "你是授权用户"
      Case "1687799"
        Label2.Caption = "你是特许用户"
    End Select
   Else                                '密码不正确
     i = MsgBox("口令不正确,是否重试", vbYesNo + vbQuestion, "提示信息")
     If i = vbYes Then
       Text1.Text = "":  Text1.SetFocus
     Else
        End
     End if
   End If
 End If
End Sub
```

思考与讨论

（1）本程序是选择结构的多层嵌套：最外层是 IF…Then…End IF 结构，嵌套了第 2 层 IF…Then…Eles…End IF 结构，第 3 层是有 Select Case …End Select 结构。

（2）程序中 Text1.SetFocus 语句的作用是什么？

（3）如果要求在文本框中只有输入 7 个字符后，按回车键才起作用，应如何修改程序？

（4）如果最多允许用户输入 3 次密码，即当第 3 次输入仍不对，则提示"非法用户"，并退出程序，应如何修改程序？

3.4 循 环 结 构

循环结构是一种重复执行的程序结构。它判断给定的条件，如果条件成立，即为"真"（True），则重复执行某一些语句（称为循环体）；否则，即为"假"（False），则结束循环。通常循环结构有"当型循环"（先判断条件，后执行循环）和"直到型循环"（先执行循环，再判断条件）两种。在 Visual Basic 中，实现循环结构的语句主要有 4 种：

- For…Next 语句
- Do While/Until…Loop
- Do…Loop While/Until 语句
- While…Wend 语句

3.4.1　For…Next 循环语句

For 语句一般用于循环次数已知的循环，其使用形式如下：

For <循环变量> = <初值> **to** <终值> [**Step** <步长>]

$\left.\begin{array}{l}\text{<语句块>}\\ \text{[\textbf{Exit For}]}\\ \text{<语句块>}\end{array}\right\}$ 循环体

Next <循环变量>

说明如下。

（1）执行过程如图 3-21 所示。

（2）关于"步长"。

① 当"初值<终值"时，"步长"应取>0；如果省略，则系统默认步长为 1。

② 当"初值>终值"时，"步长"应取<0；如果步长为 0，而循环体中又无退出循环的语句（如 Exit For），则循环将构成死循环。

（3）Exit For 用来结束 For 语句，它总是出现在 If 语句或 Select Case 语句内部，内嵌套在循环语句中。

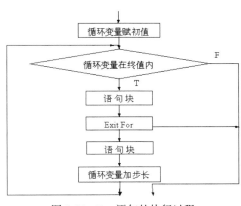

图 3-21　For 语句的执行过程

（4）循环次数：$N = \text{Int}\left(\dfrac{\text{终值} - \text{初值}}{\text{步长}} + 1\right)$

例如：

```
For I=2 To 13 Step 3        ' 循环执行次数为：Int((13-2)/3)+1=4
    Print I ,               ' 输出 I 的值分别为：2  5  8  11
  Next I
Print  " I=", I             ' 结束循环后，循环变量的值为：I=14
```

例 3.8　编程计算：$S=1+2+3+\cdots+100$

本题是一个累加问题，算法比较简单，如图 3-22 所示。实现的程序段如下：

```
Dim S As Integer, I As Integer
S=0            ' 累加前变量 S 为 0
For I=1 to 100
  S=S+I
Next I
Print " S=",S
```

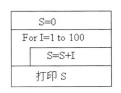

图 3-22　例 3.8 的算法流程图

3.4.2 Do...Loop 循环语句

Do...Loop 语句可用于循环次数确定的情况，对于那些循环次数难确定，但控制循环的条件或循环结束的条件容易给出的问题，常常使用 Do...Loop 语句。Do...Loop 语句的使用格式有以下两种。

形式 1（当型循环）

Do { While|Until }<条件>

    <语句块>

    [Exit Do]   } 循环体

    <语句块>

Loop

形式 2（直到型循环）

Do

    <语句块>

    [Exit Do]   } 循环体

    <语句块>

Loop { While|Until} <条件>

说明如下。

（1）当使用 While<条件>构成循环时，<条件>为"真"，则反复执行循环体；条件为"假"，则退出循环。执行过程如图 3-23 和图 3-24 所示。

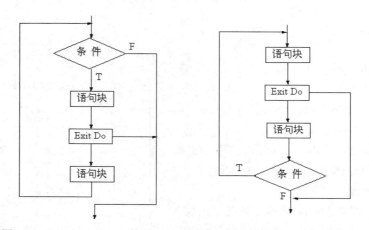

图 3-23　Do While...Loop 执行过程　　　图 3-24　Do...Loop While 执行过程

（2）当使用 Until <条件>构成循环时，条件为"假"，则反复执行循环体，直到条件成立，即为"真"时，退出循环。执行过程如图 3-25 和图 3-26 所示。

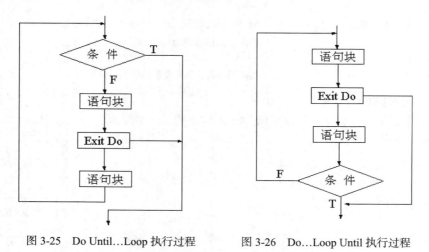

图 3-25　Do Until...Loop 执行过程　　　图 3-26　Do...Loop Until 执行过程

（3）在循环体内一般应有一个专门用来改变条件表达式中变量的语句，以使随着循环的执行，条件趋于不成立（或成立），最后达到退出循环。

（4）语句 Exit Do 的作用是退出它所在的循环结构，它只能用在 Do/Loop 结构中，并且常常是同选择结构一起出现在循环结构中，用来实现当满足某一条件时提前退出循环。

例 3.9　用 Do…Loop 循环改写例 3.8 的程序。

用当型循环改写为

```
Dim S As Integer, I As Integer
S=0                        ' 累加前变量 S 为 0
I=1                        ' 给控制循环的变量赋初值
Do While I<=100            ' 该语句改为  Do Until I>100
  S=S+I
  I=I+1
Loop
Print " S="; S
```

读者可以试着用直到循环形式（Do…Loop While… 和 Do…Loop Until…）改写上面的程序。

3.4.3　While…Wend 语句

While…Wend 语句使用格式如下：

```
While <条件>
    <循环块>
Wend
```

说明：该语句与 Do While <条件>…Loop 实现的循环完全相同。

例 3.10　求两个整数的最大公约数、最小公倍数。

求最大公约数的算法思想是：最小公倍数=两个整数之积/最大公约数。

（1）对于已知两数 m、n，使得 $m>n$；

（2）m 除以 n 得余数 r；

（3）若 $r=0$，则 n 为求得的最大公约数，算法结束；否则执行第（4）步；

（4）$m \leftarrow n$，$n \leftarrow r$，再重复执行第（2）步。

算法的 N-S 流程图如图 3-27 所示。实现的程序代码如下：

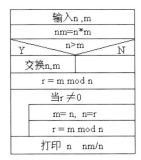

图 3-27　求最大公约数的 N-S 流程图

```
Dim n%,m%,nm%,r%,t%
m=Val(InputBox("m="))
n=Val(InputBox("n="))
nm=n*m
If m<n Then t=m: m=n: n=t
   r=m mod n
   Do While (r <> 0)
      m=n  :  n=r
      r= m mod n
   Loop
Print "最大公约数=", n
Print "最小公倍数=", nm/n
```

思考与讨论

（1）将上面程序中的 Do While…Loop 循环语句改用 Do…Loop Until 和 For…Next 循环语句来实现，并比较它们的区别。

（2）求最大公约数的方法也可以通过递减法来求，即①取两都中较小的数赋值给 *div*，②如果 *n* 和 *m* 能同时被 *div* 整除整除，则 *div* 为最大公约数，结束程序，如果不能整除则转③；③让 $div = div - 1$，重复②。请读者根据此算法编写出相应的程序。

3.4.4　循环的嵌套——多重循环结构

如果在一个循环内完整地包含另一个循环结构，则称为多重循环或循环嵌套，嵌套的层数可以根据需要而定，嵌套一层称为二重循环，嵌套两层称为三重循环。

上面介绍的几种循环控制结构可以相互嵌套，下面是几种常见的二重嵌套形式：

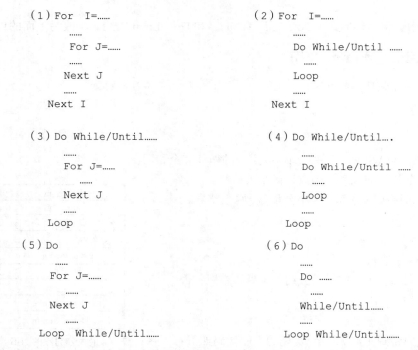

例 3.11　将一张面值为 100 元的人民币等值换成 100 张 5 元、1 元和 0.5 元的零钞，要求每种零钞不少于 1 张，问有哪几种组合？

编程分析：如果用 *X*、*Y*、*Z* 来分别代表 5 元、1 元和 0.5 元的零钞的张数，根据题意只能得到下面两个方程：

$$X + Y + Z = 100$$
$$5X + Y + 0.5Z = 100$$

显然从数学上，本问题无法得到解，但用计算机便可方便地进行求出各种可能的解，这类问题属于穷举法（又称"枚举法"）问题，其基本思想是：一一列举各种可能的情况，并判断哪一种可能是符合要求的解，这是一种"在没有其他办法的情况的方法"，是一种最"笨"的方法，然而对一些无法用解析法求解的问题往往能奏效，通常采用循环来处理穷举问题。

```
Dim X%, Y%, Z%, N%
```

```
Print "5元              1元            0.5元"
N=0
For X = 1 To 100
   For Y = 1 To 100
      For Z=1 To 100
         If  X+Y+Z=100 And 5 * X + Y + 0.5 * Z = 100 Then
            Print X, Y, Z
            N=N+1
         End If
      Next Z
   Next Y
Next X
Print "共有" & N & "组合"
```

思考与讨论

上面的算法设计得不好，程序效率低，通过分析知道，X 最大取值应小于 20，因每种面值不少于 1 张，因此 Y 最大取值应为 $100-X$，同时在 X、Y 取定值后，Z 的值便确定了，$Z=100-X-Y$，所以本问题的算法使用二重循环即可实现，优化后的程序代码如下：

```
Dim X%, Y%, Z%, N%
Print "5元              1元            0.5元"
N=0
For X = 1 To 19
   For Y = 1 To 100-X
      Z=100-X-Y
         If  5 * X + Y + 0.5 * Z = 100 Then
            Print X, Y, Z
            N=N+1
         End If
   Next Y
Next X
Print "共有" & N & "组合"
```

3.4.5　几种循环语句比较

一般情况下，4 种循环语句可以相互代替，其中 While…Wend 语句与 Do While…Loop 语句等价，表 3-3 所示为各种循环语句的区别。

表 3-3　　　　　　　　　　　　　　　　几种循环语句的区别

	For…To… … Next	Do While/Until… … Loop	Do … Loop While/Until…
循环类别	当型循环	当型循环	直到型循环
循环变量初值	在 For 语句行中	在 Do 之前	在 Do 之前
循环控制条件	循环变量大于或小于终值	条件成立/不成立执行循环	条件成立/不成立执行循环
提前结束循环	Exit For	Exit Do	Exit Do
改变循环条件	For 语句中无需专门语句，由"Next"自动改变	必须使用专门语句	必须使用专门语句
使用场合	循环次数容易确定	循环/结束控制条件易给出	循环/结束控制条件易给出

3.4.6　循环结构与选择结构的嵌套

循环结构中可以是完整嵌套选择结构，即整个选择结构都属于循环体。在选择结构中嵌套循环结构时，则要求整个循环结构必须完整地嵌套在一个分支内，一个循环结构不允许出现在两个或两个以上的分支内。在下面 For 循环与选择结构组成的嵌套结构，其中只有（1）、（2）、（4）的嵌套结构是正确的，其余都是错误的。

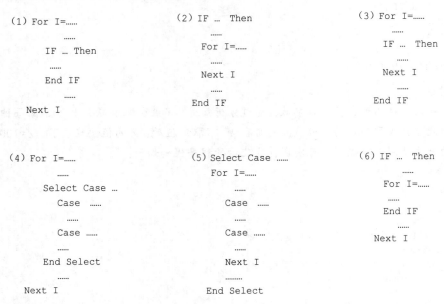

3.5　其他控制语句

3.5.1　Goto 语句

Goto 语句将指针无条件地转移到本过程中指定的行。其使用格式如下。

GoTo 〈标号|行号〉

〈标号〉是任何字符的组合，不区分大小写，必须以字母开头，以冒号（:）结尾。标号必须放在行的开始位置。

〈行号〉可以是任何数值的组合，在使用行号的模块内，该组合是唯一的。行号必须放在行的开始位置。

说明如下。

（1）GoTo 只能跳到它所在过程中的行。

（2）在一个过程中，标号或行号都必须是唯一的。

（3）GoTo 语句是非结构化语句，过多地使用 GoTo 语句，会使程序代码不容易阅读及调试。建议尽可能地少用或不用 GoTo 语句，而使用结构化控制语句。

3.5.2　Exit 语句

Exit 语句用于退出 Do...Loop、For...Next、Function 或 Sub 代码块。对应的使用格式为 Exit Do、

Exit For、Exit Function 和 Exit Sub。

1. Exit Do

提供一种退出 Do...Loop 循环的方法，并且只能在 Do...Loop 循环中使用。Exit Do 会将控制权转移到 Loop 语句之后的语句。当 Exit Do 用在嵌套的 Do...Loop 循环中时，Exit Do 会将控制权转移到 Exit Do 所在位置的外层循环。

2. Exit For

提供一种退出 For 循环的方法，并且只能在 For...Next 或 For Each...Next 循环中使用。Exit For 会将控制权转移到 Next 之后的语句。当 Exit For 用在嵌套的 For 循环中时，Exit For 将控制权转移到 Exit For 所在位置的外层循环。

3. Exit Function

执行到该语句时，程序立即从包含该语句的 Function 过程中退出，转回到调用 Function 过程的语句之后的语句继续执行。

4. Exit Sub

执行到该语句时，程序立即从包含该语句的 Sub 过程中退出，转回到调用 Sub 过程的语句之后的语句继续执行。

例如，下面的例子使用 Exit 语句退出 For...Next 循环、Do...Loop 循环及子过程。

```
Private Sub Form_Click()
Dim I%, Num%
  Do  While True                    ' 建立无穷循环
    For I = 1 To 100                ' 循环 100 次
      Num = Int(Rnd * 100)          ' 生成一个 0～99 的随机数
      Select Case Num
        Case 10: Exit For           ' 如果是 10，退出 For...Next 循环
        Case 50: Exit Do            ' 如果是 50，退出 Do...Loop 循环
        Case 64: Exit Sub           ' 如果是 64，退出子过程
      End Select
    Next I
  Loop
End Sub
```

3.5.3　End 语句

独立的 End 语句使用形式如下：

End

其功能是：结束一个程序的运行，可以放在过程中的任何位置关闭代码执行、关闭以 Open 语句打开的文件并清除变量。返回操作系统（当程序编译成执行文件）或 Visual Basic（程序在 VB 集成环境解释执行）。End 只是生硬地终止代码的执行，它不调用 Unload、QueryUnload 或 Terminate 事件或任何其他的 Visual Basic 代码。

在 Visual Basic 中还有多种形式的 End 语句，用于结束一个程序块或过程。其形式有：End If、End Select、End Type、End With、End Sub、End Function 等，它们与对应的语句配对使用。

3.5.4　暂停语句

Stop 语句用来暂停程序的执行，相当于在事件代码中设置断点。

语法格式为

```
Stop
```

说明如下。

（1）Stop 语句的主要作用是把解释程序置为中断（Break）模式，以便对程序进行检查和调试。可以在程序的任何地方放置 Stop 语句，当执行 Stop 语句时，系统将自动打开立即窗口。

（2）与 End 语句不同，Stop 语句不会关闭任何文件或清除变量。但如果在可执行文件（.EXE）中含有 Stop 语句，则将关闭所有的文件而退出程序。因此，当程序调试结束后，在生成可执行文件（.EXE）之前，应清除代码中的所有 Stop 语句。

3.5.5　With...End With 语句

经常需要在同一对象中执行多个不同的动作，用 With 语句，可使该代码更容易编写、阅读和更有效地运行。

语法格式为：

```
With 对象名
    <与对象操作的语句块>
End With
```

例如，需要对同一对象设置几个属性。途径之一是使用多条语句。

```
Private Sub Form_Load()
    Command1.Caption = "退出(E&xit)"
    Command1.Top = 500
    Command1.Left = 4500
    Command1.Enabled = True
End Sub
```

使用 With...End With 语句，上面程序的代码如下：

```
Private Sub Form_Load()
    With Command1
        .Caption = "退出(E&xit)"
        .Top = 500
        .Left = 4500
        .Enabled = True
    End With
End Sub
```

说明如下。

（1）程序一旦进入 With...End With 语句，对象就不能改变，因此不能用一个 With...End With 语句来设置多个不同的对象。

（2）属性前面的"."不能省略。

3.6　应用程序举例

3.6.1　累计求和、求乘积、计数等问题

此类问题都要使用循环，根据问题的要求，确定循环变量的初值、终值或结束条件及用来表示计数、和、阶乘的变量的初值。

例 3.12　编程序计算：$1 - \dfrac{1}{3!} + \dfrac{1}{5!} - \dfrac{1}{7!} + \cdots + (-1)^{n-1}\dfrac{1}{(2n-1)!}$

当最后一项的绝对值小于 0.000001 时停止计算，输出其计算的结果及其计算了多少项。

编程分析：这是用来求级数和的一类题目，这类题目一般要写成 $s = s + t$（t 为通项）这种形式。本题中相加的各项正负交替，第 $i+1$ 项是第 i 项乘以 1/((2*i)*(2*i+1))。程序编写如下：

```
Private Sub Form_Click()
  Dim i As Integer, f As Integer, s As Single t As Single
    i = 0                          '项数
    s = 0                          '存放累加和,初值为 0
    t = 1                          '阶乘,初值为 1
    f = 1                          '符号系数,第一项为正
Do While t > 0.000001
     s = s + f /t
     i = i + 1
     t = t * (2*i) * (2*i+1)       '求 2i-1 的阶乘
     f = -f                        '符号反号
  Loop
  Form1.Print "计算了"; i; "项,其结果是"; s
End Sub
```

思考与讨论

（1）这是用来求级数和的一类题目，一般会给定精度要求。精度越高，循环次数越多。求级数和的项数和精度要求都是有限的，否则会造成死循环或溢出。本例根据某项值的精度来控制循环的结束与否。

（2）关于累加和连乘。累加是在循环体中原有和的基础上一次加一个数，如 s=s+t（通项），循环体外对累加和的变量清零 s=0；连乘是在循环体中原有积的基础上一次乘以一个数，如 n=n*i，循环体外对连乘积的变量置 1。

3.6.2　素数与哥德巴赫猜想

例 3.13　判断一个给定的整数是否为素数。

编程分析：素数指除了能被 1 和自身外，不能被其他整数整除的自然数。判断整数 N 是不是素数的基本方法是：将 N 分别除以 2，3，…，N-1，若都不能整除，则 N 为素数。事实上不必除那么多次，因为 N=Sqr(N)*Sqr(N)，所以，当 N 能被大于等于 Sqr(N) 的整数整除时，一定存在一个小于等于 Sqr(N) 的整数，使 N 能被它整除，因此只要判断 N 能否被 2，3，…，Sqr(N) 整除即可。判断 N 被 I 整除可用表达式 N mod I=0 或 N/I=N\I 或 N/I=Int(N/I)。算法流程如图 3-28 所示。程序代码写在窗体的单击事件中，判断结果输出到窗体上。

```
Private Sub Form_Click()
    Dim N%, I%, K%
    N = Val(InputBox(" 输入一个正整数 N=? "))
```

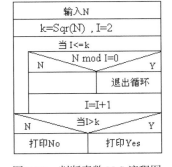

图 3-28　判断素数 N-S 流程图

```
        K= Int(Sqr(N))
        For I = 2 To K
            If N Mod I = 0 Then Exit For
        Next I
        If I>K Then
            Print N; " 是素数"
        Else
            Print N; " 不是素数"
        End If
    End Sub
```

思考与讨论

（1）将过程中的 For/Next 循环分别改用 Do While/Until…Loop、Do…Loop While/Until 循环语句来实现。

（2）如果要打印输出 100 以内的所有素数，只需将上面程序中的 N 分别等于 3，4，…，100 即可，即在外面加一套 N 的循环，由于大于 2 的偶数不是素数，事实上，只要判断 N 分别等于 3，5，7，…，99 时是否为素数就可以了。其算法流程图如图 3-29 所示。读者根据该流程图自己写出相应的程序。

例 3.14 编一程序验证哥德巴赫猜想：一个大于等于 6 的偶数可以表示为两个素数之和。

例如：$6 = 3 + 3$　　　$8 = 3 + 5$　　　$10 = 3 + 7$

编程分析：设 N 为大于等于 6 的任一偶数，将其分解为 N1 和 N2 两个数，使用 N1 + N2 = N，分别判断 N1 和 N2 是否为素数，若都是，则为一组解。若 N1 不是素数，就不必再检查 N2 是否为素数。先从 N1 = 3 开始，直到 N1 = N / 2 为止。算法流程图如图 3-30 所示。将程序代码写到窗体的单击事件中。

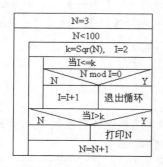

图 3-29　打印 100 以内的素数的 N-S 流程图

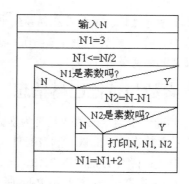

图 3-30　验证哥德巴赫猜想的 N-S 流程图

```
Private Sub Form_Click()
    Dim N%, N1%, N2%, I%, K1%, K2%
    N=Val(InputBox("输入大于 6 的偶数"))
    For N1 = 3 To N \ 2 Step 2
        K1 = Int(Sqr(N1))
        For I = 2 To K1      '判断 N1 是否是素数
            If N1 Mod I = 0 Then Exit For
        Next I
        If I > K1 Then       '如果 N1 为素数，将 N 分解为 N1+N2
        N2 = N - N1
```

```
    K2 = Int(Sqr(N2))  For I = 2 To K2      '判断 N2 是否是素数
      If N2 Mod I = 0 Then Exit For
    Next I
    If I > K2 Then          '如果 N2 也为素数，则打印输出
      Print N & "=" & N1 & "+" & N2
    End If
  End If
Next N1
End Sub
```

思考与讨论

（1）为什么程序中对 N1 的循环终值要取为 N/2，步长取为 2？

（2）如果一个偶数有多种可能的分解，程序是否能打印出所有的分解？如果只打印出一种分解，应如何修改程序？

3.6.3　字符串处理

例 3.15　统计文本框中英文单词的个数(设单词由空格、逗号、分号、感叹号、回车符、换行符作为单词之间的分隔符)。

（1）编程分析。

● 用变量 Last 存放上一次取出的字符、Char 存放当前所取出字符，变量 nw 累计单词数，从左边开始的第 I 个字符的位置用变量 I 存放，其初值为 1。

● 从文本（字符串）的左边开始，取出第 I 个字符值赋给 Char，如果 Char 是英文字母，同它的前一个字符 Last 视为单词分隔符，则表示当前的字母是新单词的开始，累计单词数。

● 将 Char 值赋给 Last、I 自增 1，重复第 2、3 步直到文本末尾。读者根据上面描述，画出相应的流程图。

（2）界面设计。

在窗体上建立文本框、标签和命令按钮控件各一个。运行时的结果如图 3-31 所示。按表 3-4 设置各对象的主要属性，其他属性为默认值。

图 3-31　统计文本框中单词数的程序运行界面

表 3-4　　　　　　　　　　各对象的主要属性

对　象	属性（属性值）	属性（属性值）	属性（属性值）
窗体	Name（Form1）	Caption（" 统计单词数"）	
文本框 1	Name（Text1）	Text（""）	Multiline（True） ScrollBars（2）
标签 1	Name（Label1）	Caption（""）	BorderStyle（1）
命令按钮 1	Name（Command1）	Caption（"统计"）	

程序代码如下：

```
Private Sub Command1_Click()
  Dim Nw As Integer, I As Integer, n As Integer
  Dim St As String, Char As String, Last As String
  St = Text1.Text: Last = " ": n = Len(St)
  For I = 1 To n
```

```
      Char = Mid(St, I, 1)
    If UCase(Char) >= "A" And UCase(Char) <= "Z" Then
       Select Case Last
         ' Last 是单词分隔字符,回车符(Chr(13))、换行符(Chr(10))
         Case " ", ",", ";", ".", Chr(13), Chr(10)
           Nw = Nw + 1
       End Select
     End If
     Last = Char
    Next I
    Label1.Caption = "共有单词数:" & Nw
  End Sub
```

思考与讨论

（1）程序中的函数 Ucase 的作用是什么？

（2）程序中为什么将变量 Last 的初值赋值为空格字符？如果赋值为空字符，即 Last = ""，则程序运行时会出现什么问题？

（3）分析该程序，如果在文本框输入了数字和汉字，能否实现正确统计？

例 3.16 字符的加密和解密。

加密的思想是将每个字母 c 加（或减）一序数 k，即用它后的第 k 个字母代替，变换式公式为 c=c+k。

例如，序数 k 为 3，这时 A→D，a→d，B→E，b→e，…当加序数后的字母超过 Z 或 z 则 c=c+k–26。

例如，You are good!经上述方法加密后的字符为：Brx duh jrrg!

加密过程如图 3-32 所示。

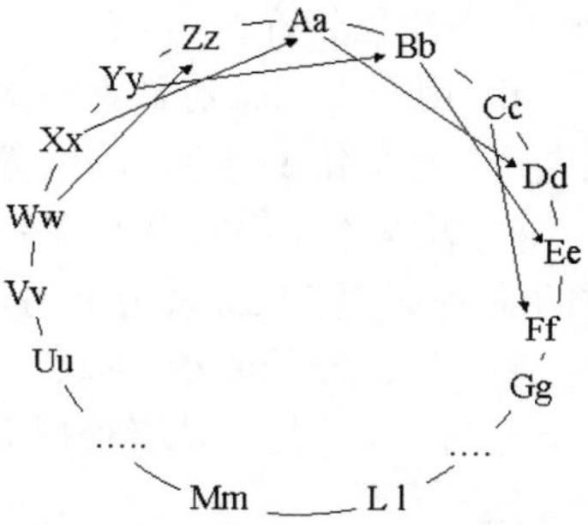

解密为加密的逆过程。

将每个字母 c 减（或加）一序数 k，即 c=c–k,

图 3-32　简单的加密过程

例如，序数 k 为 3，这时 Z→W，z→w，Y→V，y→v…，当加序数后的字母小于 A 或 a，则 c=c–k +26。

下面在窗体的 Click 事件中给出了加密处理程序，读者可以上机调试本程序，并为它设计适当的用户界面，自己完成解密处理程序。

```
Private Sub Form_Click()
  Dim i As Integer, nl As Integer, iA As Integer
  Dim strI As String, strT As String, strP As String
  strI = InputBox("输入一串字符")
  i = 1:   strP = ""
  nl = Len(RTrim(strI))              '求输入字符的长度
  Do While (i <= nl)
    strT = Mid$(strI, i, 1)        '取第 i 个字符
    If (strT >= "A" And strT <= "Z") Then
       iA = Asc(strT) + 3
       If iA > Asc("Z") Then iA = iA - 26
       strP = strP + Chr$(iA)
    ElseIf (strT >= "a" And strT <= "z") Then
       iA = Asc(strT) + 3
       If iA > Asc("z") Then iA = iA - 26
```

```
        strP = strP + Chr$(iA)
      Else
        strP = strP + strT
    End If
    i = i + 1
  Loop
  Print strI & " 经加密后为: " & strP
End Sub
```

思考与讨论

（1）注意程序中 Do While 循环与 If 选择结构嵌套关系。将 If…ElseIf…Else…End If 改用 Selsect Case … End Selsect 来实现。

（2）参照上面的加密程序，读者自己完成解密程序。

3.6.4　迭代法

例 3.17　用迭代法求某个数的平方根。已知求平方根 $\sqrt{a}$ 的迭代公式为

$$x_1 = \frac{1}{2}\left(x_0 + \frac{a}{x_0}\right)$$

迭代法在数学上也称"递推法"，凡是由一给定的初值，通过某一算法（公式）可求得新值，再由新值按照同样的算法又可求得另一个新值，经过有限次即可求得其解。

编程分析：设平方根 $\sqrt{a}$ 的解为 x，可假定一初值 $x0 = a/2$(估计值)，根据迭代公式得到一个新的值 $x1$，这个新值 $x1$ 比初值 $x0$ 更接近要求的值 x；再以新值作为初值，即 $x1 \to x0$，重新按原来的方法求 $x1$，重复这一过程直到$|x1-x0| < \varepsilon$(某一给定的精度)。此时可将 $x1$ 作为问题的解。

将程序代码写在窗体的单击事件中。代码如下：

```
Private Sub Form_Click()
  Dim x As Single, x0 As Single, x1 As Single, a As Single
  a = Val(InputBox("请输入一个数 a=?"))
  If Abs(a) < 0.000001 Then
    x = 0
  ElseIf a < 0 Then
      Print "Data Error"
      Exit Sub
    Else
      x0 = a / 2       '取迭代初值
      x1 = 0.5 * (x0 + a / x0)
      Do While Abs(x1 - x0) > 0.00001
        x0 = x1    '为下一次迭代作准备
        x1 = 0.5 * (x0 + a / x0)
      Loop
      x = x1
  End If
  Print a & "的平方根为: "; x
End Sub
```

思考与讨论

（1）上面的 If 语句中在处理 a＝0 的情况时，为什么不用 a＝0 来判断，而改用 Abs(a)＜0.000001？

（2）迭代初值为什么取为 a/2？可否取其他值？取不同值对计算结果有影响吗？

（3）将程序求得的结果与直接调用 Visual Basic 系统的库函数 Sqr()计算结果进行比较。

本章小结

1. 本章介绍了结构化程序设计方法及其算法表达式，这对初学程序设计的读者来说可能认识不到它的重要性，其实算法是程序设计的灵魂，因为要编写一个好的运行程序，首先就要设计好的算法。即使一个简单程序，在编写时也要考虑先做什么，再做什么，最后做什么。

2. 面向对象的程序设计并不是要抛弃结构化程序设计方法，而是站在比结构化程序设计更高、更抽象的层次上去解决问题。当它被分解为低级代码模块时，仍需要结构化编程的方法和技巧。一个大程序一般都是由顺序结构、选择结构和循环结构 3 种结构组合而成的。

3. 在 Visual Basic 程序设计中，实现选择结构的语句如下：

- IF…Else…End If 语句，它有多种使用形式；
- Select Case…End Select 语句。

它们的特点是：根据所给定的条件成立（为 True）或不成立（为 False），而决定从各实际可能的不同分支中执行某一分支的相应程序块，在任何情况下总有"无论条件多寡，必择其一；虽然条件众多，仅选其一"的特性。

4. Visual Basic 中可以使用 4 种循环控件结构，要注意它们实现循环控件的条件，在程序选用哪一种循环语句，通常要根据具体问题具体分析。

一般情况下，For 循环结构用于循环次数已知的循环，Do…Loop 语句可用于循环次数确定的情况，对于那些循环次数难确定，但控制循环的条件或循环结束的条件容易给出的问题，常常使用 Do…Loop 语句。While…Wend 语句与 Do While <条件>…Loop 实现的循环完全相同。不过在用 Do While <条件>…Loop 语句来实现的循环结构中，可用 Exit Do 语句退出循环。而在 While…Wend 语句中，却没有这样的语句可以提前结束循环。

使用循环要注意循环控制条件及每次执行循环体后循环控制条件如何改变，随着一次次循环的执行，控制循环的条件也应一次次被改变，使其通过有限次运行后结束循环，防止出现死循环。

习 题

一、判断题

1. 使用 MsgBox 函数与 MsgBox 过程可接收用户输入数据。（　　　）

2. If 语句中的条件表达式中只能使用关系或逻辑表达式。（　　　）

3. 在 Select Case 情况语句中，各分支（即 Case 表达式）的先后顺序无关。（　　　）

4. 要实现同样的循环控制，在 Do While-Loop 和 Do-Loop While 循环结构中给定的循环条件是一样的。（　　　）

5. Do…Loop While 语句实现循环时，不管条件真假，首先无条件地执行一次循环。（　　　）

6. Do…Loop Until 语句实现循环时，只要条件是假，循环将一直进行下去。（　　　）

7. 一个 Do 循环只能使用一个 Loop 关键字，但是可以使用多个 Exit 语句。（　　　）

8. For 循环语句正常结束（即不是通过 Exit For 语句或强制中断），其循环控制变量的值一定大于"终值"，并等于"终值" ＋ "步长"。（　　　）

二、选择题

1. 下面程序段运行后，显示的结果是（　　　）。

```
Dim x As Integer
If x Then Print x Else Print x+1
```

A. 1　　　　　　　　B. 0　　　　　　　　C. −1　　　　　　　D. 显示出错信息

2. 下面程序段求两个数中的大数，（　　　）不正确。

A. Max = Iif(x>y,x,y)

B. If x>y Then Max = x Else Max=y

C. Max=x

　　 If y>=x Then Max =y

D. If y>=x Then Max=y

　　 Max = x

3. 下列循环正常结束的是（　　　）。

A. i=5

```
Do
    i=i+1
Loop Until i<0
```

B. i=1

```
Do
    i=i+1
Loop Until i=10
```

C. i=10

```
Do
    i=i+1
Loop while i>0
```

D. i=6

```
Do
    i=i-2
Loop Until i=1
```

4. 下列程序段中，（　　　）不能分别正确显示 1!、2!、3!、4! 的值。

A.
```
For i=1 To 4
    n=1
    For j=1 To i
        n=n*j
    Next j
    Print n
Next i
```

B.
```
For i=1 To 4
    For j=1 To i
        n=1
        n=n*j
    Next j
    Print n
Next i
```

C.
```
n=1
For j=1 To 4
n=n*j
    Print n
Next j
```

D.
```
n=1: j=1
Do While j<=4
    n=n*j
    Print n
    j=j+1
Loop
```

5. 下段程序执行的输出结果是（　　　）。

A. 3 6 14　　　　　　B. 14 6 3　　　　　　C. 14 3 6　　　　　　D. 16 4 3

```
S=0:T=0:U=0
For I=1 To 3
    For J=1 To I
        For K=J To 3
            S=S+1
        Next K
        T=T+1
```

```
      Next J
      U=U+1
Next I
Print S;T;U
```

三、程序阅读

写出下列各段程序执行后的输出结果。

1. 程序运行时单击 Command1 后，输入 12345678，写出窗体上的输出结果。

```
Private Sub Command1_Click()
   Dim x As long, y As String
   x = InputBox("输入一个数")
   Do While x <> 0
      y = y & x Mod 10
      y = x\10 Mod 10 & y
      x = x\100
      print y
   Loop
End Sub
```

2. 下面程序运行后，单击窗体，分别输入数据 14、3、125、21 时，标签框 Label1.Caption 的值分别是什么？

```
Private Sub Form_Click()
   Dim b As Integer
   a=Val(InputBox("请输入数据", , 100))
   Select Case a Mod 5
      Case Is <4
         w=a+10
      Case Is <2
         w=a * 2
      Case Else
         w=a - 10
   End Select
   Label1.Caption="w=" & Str(w)
End Sub
```

3. 程序运行后，在文本框 Text1 输入 "abcd12 xyz&"，写出文本框 Text2 中显示的内容。

```
Private Sub Text1_KeyPress(KeyAscii As Integer)
   Dim k As Integer,c AS string
   k = KeyAscii
   c =Ucase(Chr(k))
   If c >= "A" And c <= "Z" Then
      k = k - 3
      If k < Asc("A") Or k > Asc("Z") And k < Asc("a") Then k = k + 26
   End If
   Text2.Text = Text2.Text + Chr(k)
End Sub
```

4. 程序运行后，当单击窗体之后，窗体上输出的内容是什么？

```
Private Sub Form_Click()
Dim i% ,j%
For i = 1 To 5
   For j=1 to 2*i-1
      Print chr$(65+i-1);
```

```
    Next j
    Print
Next i
End Sub
```

5. 下面程序运行后，在文本框 Text1 中输入 123456 并按回车键后，写出文本框中显示的内容。

```
Dim n%,m%
Private Sub Text1_KeyPress(KeyAscii As Integer)
    If IsNumeric(Text1) Then
        Select Case Val(Text1) Mod 2
          Case 0
             n=n+Val(Text1)
          Case 1
             m=m+Val(Text1)
        End Select
    End If
    Text1=""
    Text1.SetFocus
    IF KeyAscii=13 Then
        Text1=n & m
    End If
End Sub
```

四、程序填空题

1. 下面程序的功能是：计算 $f = 1 - 1/(2*3) + 1/(3*4) - 1/(4*5) + \cdots\cdots + 1/(19*20)$

```
    Private Sub Form_Click()
        Dim f As Single, i As Integer, sign As Integer
             ①
        f = 1
             ②
          f = f + sign / (i * (i + 1))
               ③
        Next i
        Print "f="; f
    End Sub
```

2. 下面程序的功能是输入英文句子，将其每个单词首字母变为大写字母，再输出。

```
Public Sub Form_Click()
    Dim oldsen As String, newsen As String
    Dim char As String, lastchar As String
    Dim n As Integer, i As Integer
    oldsen = InputBox("请输入英文句子: ")
    n =         ①
    '以空格作为单词的界定，空格后的字母转换为大写字母
    lastchar = " "
    For i = 1 To n
        char =        ②
        If lastchar = " " Then
            char =        ③
        End If
        newsen = newsen & char
        lastchar =        ④
    Next i
    Print "input:"; oldsen
    Print "output:"; newsen
End Sub
```

3. 下面的程序是在一个字符串变量中查找"at"，并用消息框给出查找结果的报告：没有找到或找到的个数，程序如下：

```
Public Sub Findat()
    Dim str1 As String        '在字符串 str1 中查找"at"
    Dim length As Integer     '字符串长度
    Dim sum As Integer        '查到的个数
    Dim i As Integer
    str1 = InputBox("请输入一个字符串")
    length = _____①_____
    i = 1
    sum = 0
    Do While i <= _____②_____
        If _____③_____ = "at" Then
            sum = sum + 1
        End If
        i = i + 1
    Loop
    If _____④_____ Then
        MsgBox "没有找到！"
    Else
        MsgBox "找到了" & Str(sum) & "个"
    End If
End Sub
```

4. 下面程序的功能是找出 1～1000 之间所有的同构数。所谓同构数是指一个数出现在它的平方数的右端，如 25 在 25 平方 625 的右端，则 25 为同构数。

```
Public Sub Form_Click()
    Dim i As Integer
    Dim x1 As String, x2 As String
    For i = 1 To 1000
        x1 = _____①_____      '将 i 转字符型
        x2 = _____②_____      '将 i^2 转字符型
        If _____③_____ Then
            Print i; "是同构数"
        End If
    Next i
End Sub
```

5. 下面的程序功能是：求 Fabonia 数列的第 17 个数是多少？从第几个数起每个数都超过 1E+8？

```
Public Sub Form_Click()
    'Fabonia 数列的前 3 个数是 0，1，2，从第四个数起，每个数都是它前面的两个数之和
    Dim last_one As Long, last_two As Long, this_one As Long, i As Integer
    last_one = 1    '数列的第 2 个数
    last_two = 2    '数列的第 3 个数
    i = 4           '从数列的第 4 个数求起
    Do
```

```
        this_one = last_one + last_two
                    ①
                    ②
        If i = 17 Then
            Print "No:17="; this_one
        End If
                    ③
    Loop While this_one <= 100000000#
    Print "No:";        ④        ; "is > 1E+8"
End Sub
```

五、编程题

1. 编写程序，使用 InputBox 函数输入两个电阻的值，求它们并联和串联的电阻值，使用 MsgBox 消息框输出结果，要求结果保留 3 位小数。

并联和串联的电阻值计算公式如下：

并联电阻 $R_P = \dfrac{R_1 * R_2}{R_1 + R_2}$　　　　串联电阻 $R_S = R_1 + R_2$

2. 输入一公元年号，判断是否是闰年。闰年的条件是：年号能被 4 整除但不能被 100 整除，或者能被 400 整除。

3. 用 InputBox 函数输入 3 个数据，如果这 3 个数据能够构成三角形，那么计算并在窗体上输出三角形的面积。

（1）构成三角形的条件是：任意两边之和大于第三边。

（2）计算三角形面积的公式是：$s = \sqrt{x(x-a)(x-b)(x-c)}$，其中：$x = \dfrac{1}{2}(a+b+c)$。

4. 编程计算下列分段函数值：

$$f(x) = \begin{cases} x^2 + x - 6, & x < 0 \text{且} x \neq -3 \\ x^2 - 5x + 6, & 0 \leqslant x < 10 \text{且} x \neq 2 \text{及} x \neq 3 \\ x^2 - x - 1, & \text{其他} \end{cases}$$

5. 编程序计算：$1! + 2! + 3! + \cdots + 10!$

6. 编程序计算：$1 - \dfrac{1}{2!} + \dfrac{1}{3!} - \dfrac{1}{4!} + \cdots + (-1)^{n-1}\dfrac{1}{n!}$ 精度为 0.000001。

7. 编一程序，显示出所有的水仙花数。所谓水仙花数，是指一个 3 位数，其各位数字立方和等于该数字本身。例如，153 是水仙花数，因为 $153 = 1^3 + 5^3 + 3^3$。

8. 迭代法求 $x = \sqrt[3]{a}$。求立方根的迭代公式为：$x_1 = \dfrac{2}{3}x_0 + \dfrac{a}{3x_0^2}$。

初值 x_0 可取为 a，精度为 0.000001。a 值由键盘输入。

上机实验

1. 设计一个字符大小写转换程序，程序运行界面如图 3-33 所示。当在文本框 Text1 中输入大写字母，在文本框 Text2 中同时显示其小写字母；当在文本框 Text1 中输入小写字母，在文本框 Text2 中同时显示其大写字母；当输入其他字符，则在文本框 Text2 中原样输出。

2. 编写华氏温度与摄氏温度的转换程序，程序运行效果如图 3-34 所示。转换公式如下：

$$F = \frac{9}{5}C + 32 \qquad \text{摄氏温度转换为华氏温度，F 为华氏度}$$

$$C = \frac{5}{9}(F - 32) \qquad \text{华氏温度转换为摄氏温度，C 为摄氏度}$$

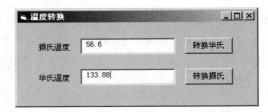

图 3-33　程序运行界面　　　　　　　图 3-34　华氏温度与摄氏温度的转换

要求按两种方法进行转换。

（1）用命令按钮实现转换，即单击"转换华氏"按钮，则将摄氏温度转换为华氏温度；同样，单击"转换摄氏"按钮，则将华氏温度转换为摄氏温度。

（2）不用命令按钮，当文本输入时直接完成转换。当用户在"摄氏温度"文本输入框内输入值后按回车键，自动将摄氏温度转换为华氏温度；同样，华氏转换为摄氏的方法也是如此。

在文本框内输入时要激发 KeyPress 事件，当按回车键时，KeyAscii 的值为 13。

3. 编程，输入平面上任一点的坐标 (x, y)，判断并显示该点位于哪个象限的信息。例如，当输入 2，−5 时，输出"（2，−5）位于第四象限"。运行结果如图 3-35 所示。

图 3-35　程序运行界面

首先从文本框输入的数据中分离出坐标 x, y，然后再进行判断。

4. 设计"健康称"程序，界面设计如图 3-36 所示。具体要求如下：

（1）将两个文本框的文字对齐方式均设置为右对齐，最多接收 3 个字符；

（2）两个文本框均不接收非数字键；

（3）单击"健康状况"按钮后，根据计算公式将相应提示信息通过标签显示在按钮下面，如

图 3-37 所示。

```
        1
       222
      33333
     4444444
    555555555
     6666666
      77777
       888
        9
```

图 3-36　"健康称"程序运行效果　　　图 3-37　数字组成的金字塔图案

计算公式为：标准体重＝身高－105

体重高于标准体重的 1.1 倍为偏胖，提示"偏胖，加强锻炼，注意节食"；

体重低于标准体重的 90%为偏瘦，提示"偏瘦，增加营养"；

其他为正常，提示"正常，继续保持"。

5. 打印由数字组成的如图 3-37 所示的金字塔图案。

6. 计算 π 的近似值，π 的计算公式为

$$\pi = 2 \times \frac{2^2}{1 \times 3} \times \frac{4^2}{3 \times 5} \times \frac{6^2}{5 \times 7} \times \cdots \times \frac{(2n)^2}{(2n-1) \times (2n+1)}$$

要求，精度为 0.000001，输出 n 的大小，注意表达式的书写，避免数据的"溢出"。

7. 规范整理英语文章，即对输入的任意大小写英语文章进行整理。要求：句子开头应为大写字母（句子以符号"？"、"."和"！"作为结束符的），其他都是小写字母。

提示　　设置一个变量，存放当前处理字符的前一个字符，来判断前一字符是否为句子结束符。

第4章
数组及应用

数组是计算机程序设计语言中很重要的一个概念，用于处理涉及大量数据的问题。为了处理方便，常常把具有相同类型的若干数据按一定的形式组织起来，这些同类型数据元素的集合称为数组。

本章主要任务：

（1）理解数组的用途和在内存中的存放形式；

（2）掌握一维数组和二维数组的定义及引用方法；

（3）掌握动态数组的定义和使用；

（4）能应用数组解决一些常见问题，如复杂统计、平均值、排序、查找、插入等。

4.1 概　　述

引例：输入 10 个数，输出它们的平均值及大于平均值的那些数。

编程分析：如果使用前面所学的知识，需要定义 10 个变量来存放输入的数据，首先求出其平均值，然后将 10 个数依次与平均值比较，如果大于平均值，则打印输出。

使用下面的程序代码（很不好的程序）：

```
Dim N%, S!, Ave!, a1!, a2, a3!, a4!, a5!, a6!, a7!, a8!, a9!, a10!
a1=Val(InputBox("Enter a1 Number"))
a2=Val(InputBox("Enter a2 Number"))
a3=Val(InputBox("Enter a3 Number"))
a4=Val(InputBox("Enter a4 Number"))
a5=Val(InputBox("Enter a5 Number"))
a6=Val(InputBox("Enter a6 Number"))
a7=Val(InputBox("Enter a7 Number"))
a8=Val(InputBox("Enter a8 Number"))
a9=Val(InputBox("Enter a9 Number"))
a10=Val(InputBox("Enter a10 Number"))
S=a1+a2+a3+a4+a5+a6+a7+a8+a9+a10
Ave=S/10
IF a1>Ave Then  Print a1
IF a2>Ave Then  Print a2
IF a3>Ave Then  Print a3
IF a4>Ave Then  Print a4
……                        '实际程序是不能这样写的
IF a10>Ave Then  Print a10
```

读者从上面的程序可以看到程序很冗长，如果不是 10 个数，而是 100，1000，甚至是 10000，此时按上面方法编写程序就非常冗长。通过分析不难看到，输入的 10 个数据如果能使用类似数学中的下标变量 $a_i(i=1, 2, \cdots, 10)$ 的形式，这样就可使用循环语句来写程序。VB 语言中表示下标变量就是通过定义数组来实现的。使用数组编程如下：

```
Dim  i%, S!, Ave!, a!(10)
For i=1 To 10
    a(i)=Val(InputBox("Enter a (" & i & ") =?"))
    S=S+a(i)
Next i
Ave=S/10
For i=1 To 10
    IF a(i)>Ave Then Print a(i)
Next i
```

上面程序中的 a(i)是 VB 语言中表示数学中下标变量的方法。如果不是 10 个数，而是 100，则只需将程序中的 10 改为 100 即可，程序不会增加代码。比较前面的程序，可以看到使用数组处理大量数据要比使用多个简单变量的程序简明得多。

处理此类具有较多数据的问题，Visual Basic 中使用了数组。在程序中使用数组的最大好处是用一个数组名代表逻辑上相关的一批数据，用下标表示该数组中的各个元素，与循环语句结合使用，使得程序书写简洁、结构清晰。

数组并不是一种数据类型，而是一组相同类型的变量的集合，数组中的每个数据称为数组的元素，元素在数组中按线性顺序排列。用数组名代表逻辑上相关的一批数据，每个元素用下标变量来区分；下标变量代表元素在数组中的位置。在高级语言中，可以定义不同维数的数组。所谓维数，是指一个数组中的元素，需要用多少个下标变量来确定。常用的是一维数组和二维数组。一维数组相当于数学中的数列，二维数组相当于数学中的矩阵。

Visual Basic 中的数组，按不同的方式可分为以下几类。

- 按数组的大小（元素个数）是否可以改变可分为定长数组和动态（可变长）数组。
- 按元素的数据类型可分为数值型数组、字符串数组、日期型数组、变体数组等。
- 按数组的维数可分为一维数组、二维数组和多维数组。
- 对象数组可分为菜单对象数组和控件数组。

4.2　一　维　数　组

只有一个下标变量的数组，称为一维数组。

4.2.1　一维数组的声明

Visual Basic 中数组没有隐式声明，所有使用的数组必须先声明，后使用。数组的声明包括声明数组名、数组的维数、每一维的元素个数及元素的数据类型。

一维数组的声明格式如下：

　　　　　　Dim 数组名([<下界>to]<上界>)[As <数据类型>]

或　　　　Dim 数组名[<数据类型符>]([<下界>to]<上界>)

　　例如：Dim a(10) As Integer　　　　　　　'声明了 a 数组有 11 个元素

与上面声明等价形式为

```
Dim a%(10)
```

说明如下。

（1）数组名的命名规则与变量的命名规则相同。

（2）数组的元素个数，由它的<下界>和<上界>决定：上界-下界+1。

（3）默认<下界>为 0，若希望下标从 1 开始，可在模块的通用部分使用 Option Base 语句将其设为 1。其使用格式为

```
    Option Base 0|1              '后面的参数只能取 0 或 1
例如： Option Base  1             '将数组声明中默认<下界>下标设为 1
```

 该语句只能放在模块的通用部分，不能放在任何过程中使用。它只能对本模块中声明时默认下界的数组起作用，对其他模块的数组不起作用。

（4）<下界>和<上界>必须是常量，常量可以是直接常量、符号常量，一般是整型常量。其取值不得超过 Long 数据类型的范围（-2 147 483 648～2 147 483 647）。若是实数，系统则自动按四舍五入取整。

例如：

```
M=50
Dim S(M) As Integer      '错误，因为 M 是变量
Const NUM=50
Dim Y(NUM) As Integer    '正确，因为 NUM 是符号常量
Dim X(3.65) As String    '等价于 Dim X(4) As String
```

（5）如果省略 As 子句，则数组的类型为变体类型。

（6）数组中各元素在内存占一片连续的存储空间，一维数组在内存中存放的顺序是下标由小到大的顺序，如图 4-1 所示。

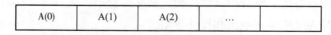

A(0)	A(1)	A(2)	...	

图 4-1　数组中各元素的存储顺序

由于数组要在内存中占用连续的存储单元，为了让系统为它开辟并保留连续的存储空间，在使用一个数组之前，必须先对此数据进行定义。

4.2.2　一维数组元素的引用

对于数组必须先定义，后使用。对数组元素的操作与对简单变量的操作基本一样，在高级语言中一般只能逐个引用数组元素，而不能一次引用整个数组。Visual Basic 6.0 中虽然可以将一个数组的内容赋值给另一个数组，但在实际操作中有许多注意事项（具体参考 VB 的在线帮助），建议不要整体使用。

使用形式为

数组名（下标）

其中，下标可以是整型变量、常量或表达式。

例如：设有数组定义 Dim B(10) As Integer，A(10)As Integer

则下面的语句都是正确的。

```
A(1)=A(2)+B(1)+5        '取数组元素运算，并将结果赋值给一元素
A(i)=B(i)               '下标使用变量
B(i+1)=A(i+2)           '下标使用表达式
```

引用时下标不能超界（小于下界或大于上界），否则将出错。

如有定义：Dim A(10) As Integer，请分析下面程序的错误。

```
For i = 1 To 10
   A(i) =Val(InputBox("输入A(" & i & ") 的值"))
Next i
Print A(i)
```

上面的程序段运行后将出现"数组超界错误"，因为循环结束后，i 的值为 11，超过了定义数组的上界。

4.2.3　一维数组的基本操作

假设定义一个一维数组：Dim a(1 to 10)As Integer，下面是对数组的一些基本操作的程序段。

1．可通过循环给数组元素的输入数据

```
For  i = 1 To 10
   A(i) =Val(InputBox("输入A(" & i & ") 的值=? "))
Next i
```

2．求数组中最大元素及其下标

```
max = a(1)                '假设第一元素就是最小元素
p= 1
For i = 2 To 10
   If a(i) < max Then
      max = a(i)
      p = i
   End If
Next i
Print "数组第" & p & "个元素值最大值为" & max
```

3．一维数组的倒置

其操作是：将第一个元素与最后一个元素交换，第二个元素与倒数第二个元素交换，……，第 i 个与第 $n-i+1$ 个元素的交换，直到 $i<=n\backslash 2$。

```
For i=1 To n\2
   t=a(i) : a(i)=a(n-i+1): a(n-i+1)=t
Next i
```

4.2.4　一维数组的应用

1．统计问题

统计是编程中经常用到的算法之一，一般是根据分类条件，使用计数器变量进行累加。对于

分类较多的情况，使用数组作为计数器，就可使程序大大简化。

例 4.1 编程求某班 60 个学生某门课程考试的平均成绩及高于平均成绩的学生人数。

将程序代码写在 Form 的单击事件中，数据的输入通过 InputBox 来实现。界面设计略，程序代码如下：

```
Private Sub Form_Click()
    Const NUM = 60             '声明代表班上学生人数的符号常量
    Dim a(NUM) As Integer, i As Integer
    Dim Sum As Integer, Aver As Single, N As Integer
    Sum = 0                    '给 Sum 赋初值
    For i = 1 To NUM           '输入学生成绩，并求和
        a(i) =Val( InputBox("输入第(" & i & ")学生的成绩"))
        Sum = Sum + a(i)
    Next i
    Aver = Sum / NUM
    N = 0
    For i = 1 To NUM              '统计高于平均成绩的人数
        If a(i) > Aver Then N = N + 1
    Next i
    Print "全班平均成绩: " & Aver & "  共有" & N & "高于平均成绩"
End Sub
```

思考与讨论

程序中将代表学生人数的量定义为符号常量有什么好处？

例 4.2 统计 0～9，10～19，20～29，…，80～89，90～99 分数段及 100 分的学生人数。

编程分析：可用数组 bn 来存储各分数段的人数，并用 bn(0)存储 0～9 分的人数，bn(1)存储 10～19 分的人数，bn(9)存储 90～99 分的人数，bn(10)存储 100 分的人数。

实现分段统计的程序代码如下：

```
Const NUM = 60            '声明代表班上学生人数的符号常量
Private Sub Form_Click()
    Dim a(NUM) As Integer, i As Integer
    Dim bn(0 To 10) As Integer, k As Integer
    For i = 1 To NUM           '输入学生成绩，并求和
        a(i) = InputBox("输入第(" & i & ")学生的成绩")
        Print a(i);
        k = Int(a(i) / 10)
        bn(k) = bn(k) + 1
    Next i
    Print
    For i = 0 To 9         '打印输出各分数段的学生人数
        Print (i * 10) & " ~ " & (i * 10 + 9) & "的学生人数:" & bn(i)
    Next i
    Print Tab(10); "100学生人数:" & bn(i)
End Sub
```

思考与讨论

（1）程序中的学生成绩分段是以 10 分为一个段，如果不这样分段，此程序还能适用吗？如统计 85～100，70～84，60～75，60 分以下的各段人数？程序如何编写？

（2）注意打印输出各段人数程序段的格式控制，为何要将打印 100 分的人数放到循环外？

2．排序问题

排序是数据处理中最常见的问题，它是将一组数据按递增（升序）或递减（降序）的次序排列，如对一个班的学生考试成绩排序，多个商场的日均销售额排序等。排序的算法有很多种，常用的有选择法、冒泡法、插入法、合并法等。不同算法的执行效率不同，由于排序要使用数组，需要消耗较多的内存空间，因此在处理数据量很大的排序时，使用适当的算法就显得很重要了。

（1）选择法排序。

选择法排序的算法思路是：（设按升序）

① 对有 n 个数的序列（存放在数组 a(n)中），从中选出最小的数，与第 1 个数交换位置；

② 除第 1 个数外，其余 $n-1$ 个数中选最小的数，与第 2 个数交换位置；

③ 依此类推，选择了 $n-1$ 次后，这个数列已按升序排列，算法流程如图 4-2 所示。

选择法排序程序代码段如下：

```
For i = 1 To n - 1
   p = i
   For j = i + 1 To n
      If a(p) > a(j) Then p = j
   Next j
   temp = a(i):  a(i) = a(p):  a(p) = temp
Next i
```

（2）冒泡法排序（升序）。

冒泡法基本思想：将相邻两个数比较，小数交换到前面。

① 有 n 个数（存放在数组 a(n)中），第一趟将相邻两个数比较，小数调到前面，经 $n-1$ 次两两相邻比较后，最大的数已"沉底"，放在最后一个位置，小数上升"浮起"；

② 第二趟对余下的 $n-1$ 个数（最大的数已"沉底"）按上述方法比较，经 $n-2$ 次相邻比较后得次大的数；

③ 依次类推，n 个数共进行 $n-1$ 趟比较，在第 j 趟中要进行 $n-j$ 次两两比较。算法流程如图 4-3 所示。

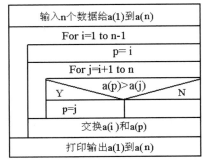

图 4-2　选择法排序流程图

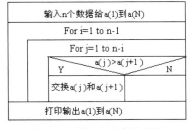

图 4-3　冒泡法排序流程图

冒泡法排序程序段如下：

```
For i = 1 To n - 1
   For j = 1 To n-i
      If a(j) > a(j+1) Then
         temp=a(j):  a(j)=a(j+1):  a(j+1)=temp
```

```
        End if
    Next j
  Next i
```

读者比较选择法排序与冒泡法排序的程序，分析这两种算法哪种算法较好？

例 4.3 用随机函数产生 50 个 10～100 的随机整数，并按由小到大的顺序打印出来。

编程分析：很显然程序应分为三大块，第一块是使用循环产生 50 个随机整数存入数组 *a* 中，第二块使用前面介绍的两种排序算法之一对数组 *a* 进行排序，第三块是输出排序后的数据。注意，为了能比较，在产生数组时，同时打印输出原始数据。

程序代码如下：

```
Option Base 1
Private Sub From_Click()
Dim i As Integer, j As Integer, t As Integer, p As Integer
Const N = 50
Dim a(N) As Integer
Form1.Cls
Print "排序前数据:"
For i = 1 To N               '产生[10，99]之间的随机整数
    a(i) = Int(Rnd * 90) + 10
    Print a(i);
    If i Mod 10 = 0 Then Print       '每行打印 10 个元素
Next i
Print
 ' 排序
For i = 1 To N - 1
    p = i
    For j = i + 1 To N
      If a(p) > a(j) Then p = j
    Next j
    t = a(i): a(i) = a(p): a(p) = t        '交换数据
Next i
Print "排序后数据:"
For i = 1 To N
    Print a(i);
    If i Mod 10 = 0 Then Print      '打印换行
Next i
End Sub
```

程序运行后，单击窗体，输出结果如图 4-4 所示。

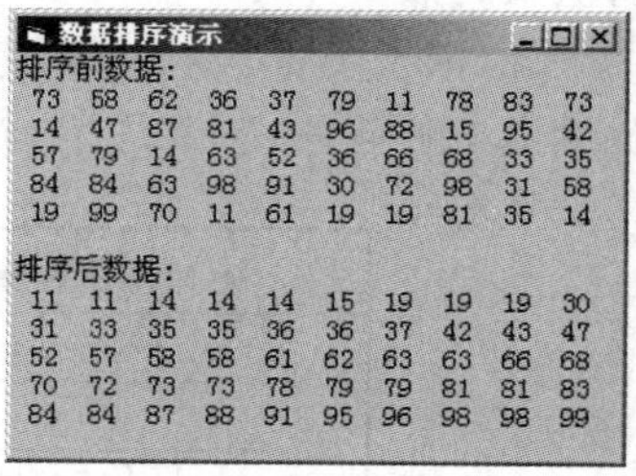

图 4-4　程序运行结果

思考与讨论

（1）程序中变量 p 是用来记录最小的数在数组中的位置，若将"Form_Click()"事件中的语句"If A(p) > A(j) Then p = j"改成"If A(p) > A(j) Then A(p) =A(j)"，是否可以？

（2）若改用冒泡排序法实现，Form_Click()事件代码该如何编写？

（3）程序中事件中语句 If i Mod 10 = 0 Then Print 的作用是什么？

4.3　二维数组及多维数组

二维数组是用来处理如二维表格、数学中的矩阵等问题。例如，矩阵 *A* 中：

$$A = \begin{bmatrix} 1 & 4 & 7 \\ 2 & 5 & 8 \\ 3 & 6 & 9 \end{bmatrix}$$

每个元素需要 2 个下标（行、列）来确定位置（如 A 中值为 8 的元素的行是 2，列为 3）。当用一个数组存储该矩阵时，每个元素的位置都需要用行和列两个下标来描述，如 $A(2,3)$ 表示数组 A 中第 2 行第 3 列的元素，数组 A 是一个二维数组。同理，数组中的元素有 3 个下标的数组称为三维数组。三维以上的数组也称为多维数组。

4.3.1　二维数组的声明

声明格式如下：

Dim 数组名([<下界>] to <上界>，[<下界> to]<上界>) [As <数据类型>]

其中的参数与一维数组完全相同。

例如：

```
Dim a(2,3)  As  Single
```

定义了一个单精度类型二维数组。同一维数组一样，如果没有使用 Option Base 1 指定下标从 1 开始，默认下界时都是从 0 开始，所以上面数组 a 的定义 a(0,0) ～a(2,3)共有 12 个元素。

二维数组在内存的存放顺序是"先行后列"。例如，数组 a 的各元素在内存中的存放顺序是：

a(0,0)→a(0,1)→a(0,2)→a(0,3)→a(1,0)→a(1,1)→a(1,2)→a(1,3)→a(2,0)→(2,1)→a(2,2)→a(2,3)

4.3.2　二维数组的引用

与一维数组一样，二维数组也是要先声明后，才能使用。引用形式如下：

数组名(下标 1，下标 2)

例如：

```
a(1,2)=10
a(i+2,j)=a(2,3)*2
```

在程序中常常通过二重循环来操作使用二维数组元素。

4.3.3　二维数组的基本操作

例如，设有下面的定义：

```
Const N=4, M=5, L=6
Dim a(1 to N,1 to M) As Integer, i As Integer, j As Integer,k%
```

（1）给二维数组 a 输入数据的程序段如下：

```
For i=1 to 4
  For j=1 to 5
    A(i,j)=Val (InputBox( "输入元素 a ( " & i & "," & j & " )=?" ))
  Next j
Next i
```

（2）求最大元素及其所在的行和列。

基本思路同一维数组，用变量 max 存放最大值，row、col 存放最大值所在行列号，可用下面程序段实现：

```
Max = a(1, 1): row = 1: Col = 1
For i = 1 To N
    For j = 1 To M
        If a(i, j) > Max Then
            Max = a(i, j)
            row = i
            Col = j
        End If
    Next j
Next i
Print "最大元素是"; Max
Print "在第" & row & "行,"; "第" & Col & "列"
```

（3）编程序矩阵的转置。

如果是方阵，即 A 是 $M \times M$ 的二维数组，则可以不必定义另一数组，否则就需要再定义新数组。方阵的转置的程序代码如下：

```
For i = 2 To M
    For j = 1 To i-1
        Temp=a(i,j) : a(i, j) = a(j, i) : a(j, i)=Temp
    Next j
Next i
```

如果不是方阵，则要定义另一个数组。设 A 是 $M \times N$ 的矩阵，要重新定义一个 $N \times M$ 的二维数组 B，将 A 转置得到 B 的程序代码如下：

```
For i = 1 To M
    For j = 1 To  N
        b(j,i) = a(i,j)
    Next j
Next i
```

读者可以自己设计适当的应用程序界面，定义相应的变量和数组，对上面的基本操作进行调试。理解掌握这些基本操作，并能应用到一些实际的编程中去。

4.3.4　二维数组应用举例

例 4.4　设某个班共有 60 个学生，期末考试 5 门课程，请编一程序评定学生的奖学金，要求打印输出一、二等奖学金学生的学号和各门课成绩。（奖学金评定标准是：总成绩超过全班总平成绩 20%发给一等奖学金，超过全班总平均成绩 10%发给二等奖学金。）

编程分析：此问题需要定义一个存放学生成绩的二维数组，第一维表示某个学生，第二维表示该学生的某门课程，可以将第二维定义比实际课程数多一个，即最后一列存放该学生的总成绩。

```
Option Base 1
Const NUM=60,KCN=5              '定义存放学生人数和课程数目的符号常量
Private Sub Form_Click()
    Dim  x(NUM,KCN+1) As  Single   '存放学生成绩, 第 6 列为该学生的总成绩
    Dim i%,j%,k%,sum!,tt!,ver!
```

```
    tt=0                              'tt 表示全班总成绩
    For i=1 to NUM
        sum=0                         '某一（第 i 个）学生的总成绩,累加前赋值为 0
        For j=1 to KCN
            x(i,j)=Val(InputBox("输入第" & i & "位学生的第" & j & "门课程成绩"))
            sum=sum+x(i,j)
        Next j
        x(i,KCN+1)=sum
        tt=tt+x(i,KCN+1)
    Next i
    ver=tt/NUM                        '计算全班总平均成绩
    Print "学 号      " & KCN & "考试课程成绩          奖学金等级"
    For i=1 to NUM
        If x(i,KCN+1)>=1.2*ver  Then
            Print  i ;
            For j=1 to KCN
                Print " ";x(i,j);
            Next j
            Print "一等奖学金"
        End IF
    Next i
    For i=1 to NUM
        If x(i,KCN+1)>=1.1*ver and x(i,KCN+1)<1.2*ver  Then
            Print  i ;
            For j=1 to KCN
                Print " ";x(i,j);
            Next j
            Print "二等奖学金"
        End IF
    Next i
End Sub
```

思考与讨论

（1）程序中，定义符号常量 NUM 和 KCN 代表学生人数和课程数目，使得程序便于维护。

（2）为什么将 sum=0 要放到第一个 For 语句内？如果将其移到第一个 For 语句外，即放在 tt=0 后面，程序结果正确吗？

4.3.5　多维数组的声明和引用

在处理三维空间问题等其他复杂问题时要使用到三维及三维以上的数组，通常把三维及三维以上的数组称为多维数组。如果不是一个班，而是一个年级多个班，就要用到三维数组，用第一个下标代表班号，第二个下标代表学生序号，第三个下标代表学生的课程序号。

定义多维数组的格式如下：

Dim 数组名([<下界>] to <上界>, [<下界> to]<上界>, …) [As <数据类型>]

例如：`Dim a(5,5,5) As  Integer`　　　　　'声明 a 是三维数组

　　　`Dim b(2,6,10,5) As  Integer`　　　'声明 b 是四维数组

多维数组的使用与二维数组的使用大同小异，只要确定各维的下标值，就可以使用多维数组的元素了。操作多维数组常常要用到多重循环，一般每一循环控制一维下标。要注意下标的位置和取值范围。

另外要说明的是，由于数组在内存中占据一片连续的存储空间，多维数组如果每维下标

声明太大，可能造成大量存储空间浪费，从而严重影响程序的执行速度。例如，声明一个双精度数组 $A(100,100,100)$，则存这一数组需要用 $101 \times 101 \times 101 \times 8$ Byte 的连续存储空间。

4.4 动 态 数 组

前两节介绍的数组都是在声明时，就确定了数组的维数和每一维的大小，这种在声明时就确定数组维数及大小的数组，称为定长数组。但有时编写程序时，数组的大小、维数还不能确定，常常在程序运行时，需根据用户的操作，如输入某一数据，或某一些操作结束才能确定。在这种情况下，使用动态数组或称可变长数组来处理就比较方便。

动态数组是指在声明时未给出数组的大小，在程序执行时，再由 Redim 语句来确定维数及大小，分配存储空间的数组。这与定长数组不同，定长数组是在程序编译时分配存储空间。

在许多 Visual Basic 教材上把"定长数组"称为"静态数组"，"可变数组"称为"动态数组"，严格说来是不对的。将"定长数组"称为"静态数组"，容易与"静态变量"的概念混淆，因为按变量的存储类别来分，定长数组也有"静态定长数组"（在过程中用 Static 定义）和"自动定长数组"（在过程中用 Dim 定义）之分。

4.4.1 动态数组的建立及使用

建立动态数组包括声明和大小说明两步。

（1）在使用 Dim、Private 或 Public 语句声明括号内为空的数组。

格式：Dim 数组名( ) As [数据类型]

（2）在过程中用 ReDim 语句指明该数组的大小。

格式：ReDim [Preserve] 数组名(<下标 1>[, <下标 2>…])

例如：
```
Dim MyArray() As Integer    '在过程外声明动态数组
Redim MyArray(5)            '在过程中定义数组为 5 个元素
Redim Preserve MyArray(15)  '在过程中定义数组为 15 个元素，保留数组中原数据
```

说明如下。

① ReDim 语句是一个可执行语句，只能出现在过程中，并且可以多次使用，改变数组的维数和大小。

② ReDim 语句的下标可以是常量，也可以是有了确定值的数值型变量，这与声明定长数组的下标只能使用常量不同。

例如，设已在过程中的定义语句 Dim x() As Integer，则在过程中可以使用下面的语句：
```
Redim x(10)
……
Redim x(20,30)
```

③ 可以使用 ReDim 语句反复地改变数组的元素个数及维数，但是不能在将一个数组定义为某种数据类型之后，再使用 Redim 将该数组改为其他数据类型。

例如，下面的语句是错的。
```
Redim x(10) As Single
```

④　每次执行 ReDim 语句会使原来数组中的值丢失，可用 Preserve 参数（可选）保留数组中的原有的数据，但如果使用了 Preserve 关键字，就只能重定义数组最末维的大小，不能改变数组的维数。例如，如果数组就是一维的，则可以重定义该维的大小，因为它是最末维，也是仅有的一维。对于二维或更多维时，则只有改变其最末维才能同时仍保留数组中的内容。

例如，下面的二维动态数组增加第二维大小，同时不清除其中所含的任何数据。

```
ReDim X(10, 10)
...
ReDim Preserve X(10, 15)
```

例 4.5　通过输入对话框输入一批正整数，将其中的偶数存入数组 *a* 中，然后分别以每行 10 个输出。界面设计略，将程序代码写在窗体的单击事件中，输出到窗体上。

```
Private Sub Form_Click()
Dim a() As Integer                    '声明两个可变数组
Dim os%,n%, i%
n = Val(InputBox("输入一个，输入-1 结束"))
Do While n <> -1                      '当输入-1 时结束
    If n Mod 2 = 0 Then               '判断是不是偶数
        os = os + 1
        ReDim Preserve a(os)          '重新定义数组 a 的大小，并存持原来的值
        a(os) = n
    End If
    n = Val(InputBox("输入一个，输入-1 结束"))
Loop
Print "输入的偶数有: "
For i = 1 To os
    Print a(i); Spc(2);
    If i Mod 10 = 0 Then Print        '输出 10 个数据后换行
Next i
Print
End Sub
```

上面的例子中，因为编程序时不知道要输入多少个数据，因此若使用可定长数组，就需要数组 *a* 足够大，这样就会造成较大的存储空间浪费。使用动态数组便可解决这个矛盾。

4.4.2　与数组操作有关的几个函数

1．Array 函数使用问题

Array 函数可方便地对数组整体赋值，但它只能给声明 Variant 的变量或仅由括号括起的动态数组赋值。赋值后的数组大小由赋值的个数决定。

例如，要将 1,2,3,4,5,6,7 这些值赋值给数组 *a*，可使用下面的方法赋值。

```
Dim a()
A=array(1,2,3,4,5,6,7)
Dim a
A=array(1,2,3,4,5,6,7)
```

使用 Array 函数建立动态数组的下界由 Option Base 语句指定的下界决定，默认情况为 0。

101

2．求数组指定维数的上界、下界

Array 函数可方便地对数组整体赋值，但在程序中如何获得数组的上界、下界，以保证访问的数组元素在合法的范围内，可使用 Ubound 和 Lbound 函数来决定数组访问。

Ubound 函数和 Lbound 函数分别用来确定数组某一维的上界和下界值。

使用形式如下：

UBound(<数组名>[, <N>])

LBound(<数组名> [, <N>])

<数组名>是必需的。数组变量的名称，遵循标准变量命名约定。

<N>是可选的，一般是整型常量或变量，指定返回哪一维的上界。1 表示第一维，2 表示第二维，等等。如果省略，默认是 1。

例如，要打印动态数组 *a* 的各个值，可通过下面程序段实现：

```
For I=Lbound(A) To Ubound(A)
    Print  a(I)
Next  I
```

3．Split 函数

使用 Split 函数可从一个字符串中，以某个指定符号为分隔符，分离若干个子字符串，建立一个下标从零开始的一维数组。

使用格式如下：

Split(<字符串表达式> [,<分隔符>])

说明如下。

<字符串表达式>：必需，包含子字符串和分隔符的字符串表达式。如果<字符串表达式>是一个长度为零的字符串("")，Split 则返回一个空数组，即没有元素和数据的数组。

<分隔符>：可选，用于标识子字符串边界的字符串字符。如果忽略，则使用空格字符(" ")作为分隔符。如果<分隔符>是一个长度为 0 的字符串，则返回的数组仅包含一个元素，即完整的<字符串表达式>字符串。

4.4.3 应用举例

例 4.6 在一个文本框中，输入多个用","分隔的整数，按回车键后，将各数据按升序打印输出在窗体中。程序运行情况如图 4-5 所示。

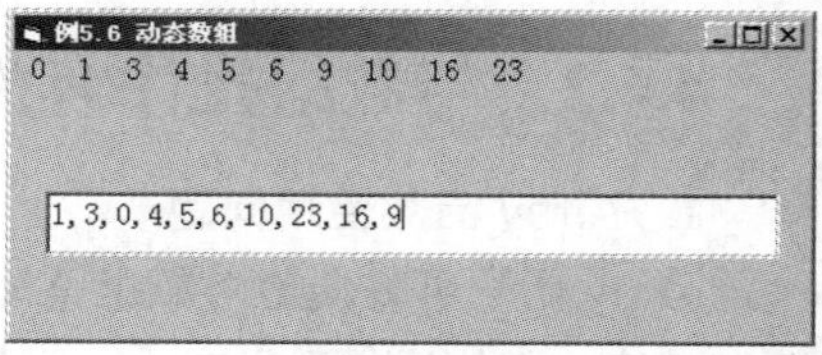

根据题意，此题程序代码应写在文本框的 KeyPress 事件中，程序如下：

图 4-5 程序运行情况

```
Private Sub Text1_KeyPress(KeyAscii As Integer)
    If KeyAscii = 13 Then
        Dim i%, j%, p%, n%, m%, t%
        Dim b() As Integer, a() As String
        ' 将文本框输入的文本,以","为分隔符分离字符子串存入数组 a 的各元素中
        a = Split(Text1.Text, ",")
        n = LBound(a) : m = UBound(a)
        ReDim b(n To m)        '重新定数组 b
        For i = n To m         '将数组 a 中的数字字符串转化成数字存入数组 b 中
            b(i) = Val(a(i))
        Next i
        For i = n To m - 1     '排序
```

```
            p = i
            For j = i + 1 To m
              If b(p) > b(j) Then p = j
            Next j
            t = b(i): b(i) = b(p): b(p) = t
        Next i
        For i = n To m              '将排序后的数据输出到窗体上
          Print b(i);
        Next i
      End If
End Sub
```

思考与讨论

（1）如果在文本框中输入的数据包含非数字字符，运行程序时会出现什么情况？

（2）如果文本框中数据输入使用空格分开，应如何修改程序？

本章小结

数组可以被看做一组带下标的变量集合，系统分配一块连续的内存空间来存放数组中的元素。数组通常是存放具有相同性质的一组数据，即数组中的数据必须是同一个类型。数组元素是数组中的某一个数据项，引用数组通常是引用数组元素，数组元素的使用和简单变量的使用相同。

当所需处理的数据个数确定时，通常使用定长数组，否则应该考虑使用动态数组。Visual Basic 中数组必须先定义后使用，长度可变的动态数组，使用之前还必须通过 ReDim 确定其维数及每一维的大小。

声明一个已确定数组元素个数的数组：

Dim 数组名（[下界 To] 上界 [,[下界 To] 上界 [, …]]) As 类型关键字

它声明了数组名、数组维数、数组大小、数组类型。下界、上界必须为常数，不能为表达式或变量，省略下界，默认为 0，也可用 Option Base 语句将省略下界设置默认为 1。

声明一个长度可变的动态数组：

声明形式：Dim 数组名（ ）As 类型关键字

ReDim [Preserve] 数组名（[下界 To] 上界 [,[下界 To] 上界 [, …]])

其上界、下界可以是赋了值的变量或有确定值的表达式。若有 Preserve 关键字，表示当改变原有数组最末尾的大小时，使用此关键字可以保持数组中原来的数据。

习 题

一、判断题

1. 在 Visual Basic 中使用数组必须遵循"先定义，后使用"的原则。（   ）

2. 在使用 ReDim 重定义动态数组时的下标可以用变量来表示。（   ）

3. 使用 ReDim 语句既可以改变数组的大小，也可以改变数组类型。（   ）

4. 若要使定义数组下标下界默认值时，下界值为 2，则可用语句 Option   Base 2。（   ）

5. 在 Visual Basic 中，用 DIM 定义数组时，数组的每个元素也自动赋相应初值，数值类型数组初值为 0。（　　　）

6. 数组在内存中占据一片连续的存储空间。（　　　）

二、选择题

1. 以下程序输出的结果是（　　　）。

```
Dim a, i%
a=array(1,2,3,4,5,6,7)
For i =Lbound(A)  to Ubound(A)
   a(i)=a(i) *a(i)
Next i
Print a(i)
```

    A. 49　　　　　　　　B. 0　　　　　　　　C. 不确定　　　　　　D. 程序出错

2. 以下程序输出的结果是（　　　）。

```
Private Sub Command1 click()
    Dim a%(3,3), i%, j%
    For i=1 to 3
      For j=1 to 3
      If j>1  and i>1 then
          a(i,j)=a(a(i-1,j-1),a(i,j-1))+1
      Else
          a(i,j)=i*j
      End if
      Print a(i,j); " ";
    Next j
    Print
    Next i
End Sub
```

   A. 1　2　3　　　　B. 1　2　3　　　　C. 1　2　3　　　　D. 1　1　1
      2　3　1　　　　 1　2　3　　　　 2　4　6　　　　 2　2　2
      3　2　3　　　　 1　2　3　　　　 3　6　9　　　　 3　3　3

3. 程序运行后，单击窗体，输入的数据为 8，则输出结果为（　　　）。

```
Private Sub Form_Click()
    Dim iA, i%, n%,t%
    n=Val (InputBox("Enter N=?")),
    iA=array(1,2,3,4,5,6,7,8,9,10)
    For  i =1 To  n\2
        t=iA(i) : iA(i)=iA(n-i+1) : iA(n-i+1)=t
    Next i
     For  i=0 to Ubound(iA)
        Print iA(i);
    Next i
End Sub
```

    A. 1 2 3 4 5 6 7 8 9 10　　　　　　　　B. 10 2 3 4 5 6 7 8 9 1

    C. 1 9 8 7 6 5 4 3 2 10　　　　　　　　D. 10 9 8 7 6 5 4 3 2 1

三、程序填空题

1. 下面的程序是将输入的一个数插入到递减的有序数列中，插入后使该序列仍有序。

```
Private sub Form_click()
```

```
Dim a(),i%,n%,m%
a=Array(29,21,15,13,11,9,7,5,3,1)
n=Ubound(A)
Redim _____①_____
m=Val(inputbox("输入欲插入的数"))
For i = Ubound(A) -1 to 0 step-1
   If  m>=a(i) Then
          _____②_____
          If  i = 0 Then  a(i) =m
      Else
          _____③_____
          Exit For
      End If
   Next i
   For i = 0 to_____④_____
      Print a(i)
   Next i
End Sub
```

2. 下列程序是先产生 20 个不同的随机数，并存于数组 a 中，然后用比较法（冒泡法）值数据按升序排序输出，请补充完程序。

```
Private Sub Form_Click()
    Dim a(1 To 20) As Integer, i%,j%,t%,x%,yes%
    For i = 1 To 20
        Do
            x = Int(Rnd * 90) + 10
            yes = 0
            For j = 1 To _____①_____
               If x = a(j) Then yes = 1: Exit For
            Next j
        Loop  While_____②_____
        a(i) = _____③_____
    Next i
    For i = 1 To 19
       For _____④_____  To  20
          If a(i) > a(j) Then_____⑤_____
       Next j
    Next i
    For i =1 To 20
       Print  a(i);
    Next i
End Sub
```

3. 下面的程序是产生 100 个[0，99]范围内的随机整数，统计个位上的数字分别为 1，2，3，4，5，6，7，8，9，0 的数的个数。

```
Public  Sub  Calculate()
    Dim X(1 To 10) As Integer,  A(1 To 100) As Integer
    Dim P As Integer, J As Integer
    For J = 1 To 100
       A(J) =_____①_____
       P = A(J) - Int(A(J) / 10) * 10
```

```
      If  P = 0 Then          ②
        X(P) = X(P) + 1
      Next J
      Form1.Print "个位数的个数"
      For J = 1 To 10
          ③
        If  J =10 Then      ④
        Form1.Print "个位数是" & P & "有" & X(J) & "有个数"
      Next J
    End Sub
```

四、编程题

1. 编一程序，将一维数组中元素向右循环移位，移位次数键盘输入。

例如，数组各元素的值依次为 0,1,2,3,4,5,6,7,8,9,10；位移 3 次后，各元素的值依次为 8,9,10,0,1,2,3,4,5,6,7。

2. 使用对话框输入 100 个数值数据放入数组 a。将其中的整数放入数组 b，然后运用选择法将数组 b 中的数据按从大到小排序，并将数组 b 以每行 10 个数据在窗体上输出。

3. 随机产生 n 个（n 由用户输入）[−10,10]范围内的无序整数，存放到数组中，并显示结果；将数组中相同的数删除，只保留一个，并输出删除后的结果。

4. 用随机函数产生 50 个 10～100 的互不相同的整数，存于一数组中，并以升序每行 10 个数打印输出到窗体上。

上机实验

1. 在一维数组中利用元素移位的方法，显示如图 4-6 所示的结果。

2. 随机产生 10 个任意的二位正整数存放在一维数组中，求数组的最大值、平均值，能实现将数据按升序排列，并且使用 InputBox 函数插入一个新数据，使数组仍然按升序排列，结果显示在图片框中，程序运行情况如图 4-7 所示。

图 4-6 运行界面

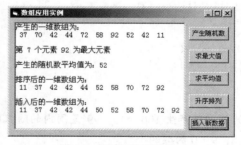

图 4-7 程序运行界面

3. 打印如图 4-8 所示的杨辉三角形（杨辉三角形为一个下三角矩阵，每一行第一个元素和主对角线上元素都为 1，其余每一个数正好等于它上面一行的同一列与前一列数之和）。

4. 输入系列字符串，按升序排列输出。要求：

（1）每输入一个字符串，按回车键后即把该字符串存放到数组中，并输出在排序前的文本框 Text2 中；

（2）单击"排序"命令按钮，字符数组"升序"排序，并在排序后的文本框 Text3 中输出。程序运行后窗体界面如图 4-9 所示。

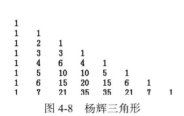

图 4-8　杨辉三角形　　　　　　　图 4-9　程序运行界面

（1）定义窗体级字符型动态数组 s 和整型变量 n（表示输入字符串的个数），即在通用声明段声明如下：Dim n As Integer ,s() As String。

（2）在文本框 Text1 的 KeyPress 事件中编写程序处理输入单词，并存入数组中，同时记录输入次数。

```
Private Sub Text1_KeyPress(KeyAscii As Integer)
    If KeyAscii = 13 Then
    ……          ' 此处写处理输入单词，并存入数组中，同时记录输入次数
    End If
End Sub
```

第 5 章
过程与函数

在前面的章节中，我们使用系统提供的事件过程和内部函数进行程序设计。事实上，Visual Basic 允许用户定义自己的过程和函数。用户使用自定义过程和函数，不仅能够提高代码利用率，并且使得程序结构更为清晰、简洁，便于调试和维护。

本章主要任务：

（1）掌握 Sub 子程序和 Function 函数过程的定义和调用方法；

（2）掌握传址和传值两种参数传递方式的区别及其用途；

（3）熟悉数组参数的使用方法；

（4）了解过程的嵌套调用和递归调用的执行过程；

（5）掌握过程作用域的有关概念；

（6）掌握变量的作用域和生存期。

5.1 过 程 概 述

在设计程序时，有些程序代码常常需要重复执行，或者许多个程序都要进行同类的操作。这些重复执行的程序是相同的，只不过每次都以不同的参数进行重复罢了。例如，在第 3 章例 3.14 中验证哥德巴赫猜想的程序中，判断 $N1$ 和 $N2$ 是否是素数的两段程序几乎完全相同。若将判断任意整数 N 是否是素数写成一个返回逻辑值的函数（见例 5.2），则此程序结构就变得简单清晰（见例 5.3）。

可以将程序分割成一些较小的、完成一定任务的、相对独立的程序段（通常称为逻辑部件），以简化程序设计，称这些部件为过程。它们可以变成增强和扩展 Visual Basic 的构件。过程可用于压缩重复程序或共享程序，使用过程编程有如下两大好处。

● 过程可使程序划分成离散的逻辑单元，每个单元都比无过程的整个程序容易调试。

● 一个程序中的过程，往往不必修改或只需稍做改动，便可以成为另一个程序的构件。

一个过程程序仍然由顺序、选择、循环这 3 种基本结构组成，但它却有自己的特点，主要体现在主程序与子程序之间的数据输入、输出，即主程序与子程序之间的数据传递。

在 Visual Basic 中，除了系统提供的内部函数过程和事件过程外，用户可自定义下列 4 种过程：

● Sub 保留字开始的为子过程，不返回值；

● Function 保留字开始的为函数过程，返回一函数值；

● Property 保留字开始的为属性过程，返回并指定值，以及设置对象引用；

● Event 保留字开始的事件过程。本章主要介绍 Sub 子过程和 Function 函数过程。

5.2　Sub 过程

在 Visual Basic 中，有两类子过程（Sub）：事件过程和自定义过程（也称通用过程）。

5.2.1　事件过程

当 Visual Basic 中的对象对一个事件的发生作出认定时，便自动用相应的事件名调用该事件的过程。事件名在对象和代码之间建立了一种联系，事件过程是附加在窗体和控件上的程序。

一个控件的事件过程将控件的实际名字（在 Name 属性中规定的）、下画线 (_) 和事件名组合起来。例如，如果希望在单击了一个名为 CmdOk 的命令按钮之后，这个按钮会调用事件过程，则要使用 CmdOk_Click()过程。

一个窗体事件过程将词汇"Form"、下画线和事件名组合起来。例如；如果希望在单击窗体之后，窗体会调用事件过程，则要使用 Form_Click 过程。

控件事件的语法格式如下：

Private Sub 控件名_事件名(参数列表)

    ＜语句组＞

End Sub

窗体事件的语法格式如下：

Private Sub Form_事件名(参数列表)

    ＜语句组＞

End Sub

其中，＜语句组＞就是程序设计者编写的让该事件发生后完成的操作的程序代码。

虽然可以自己编写事件过程，但使用 Visual Basic 提供的代码过程会更方便，这些过程自动将正确的过程名包括进来。从"对象框"中选择一个对象，从"过程框"中选择一个过程，就可在"代码编辑器"窗口中生成一个模板。例如，当对象选择为窗体 Form，过程选择为 Click，则在代码窗口就生成如下模板：

```
Private Sub Form_Click()
End Sub
```

在开始为控件编写事件过程之前，一般应先设置控件的 Name 属性，如果对控件事件过程编写代码之后，又更改控件的名字，那么也必须更改过程名，以符合控件的新名字。否则，Visual Basic 无法自动使控件名和过程名相符。当过程名与控件名不符时，此过程就成为通用过程。

5.2.2　自定义过程（Sub 过程）

当几个不同的过程要执行同样的程序段，为了不必重复编写代码，可以采用子过程来实现。子过程只有在被调用时才起作用，它一般由事件过程来调用。子过程可以保存在窗体模块（.Frm）和标准模块（.Bas）中。

子过程的定义形式如下：

[Public│Private] [Static] Sub 子过程名([形式参数列表])

        <局部变量或常数定义>

        < 语句组 >

        [Exit Sub]

        < 语句组 >

End Sub

说明如下。

（1）Sub 过程以 Sub 开头，以 End Sub 结束，在 Sub 和 End Sub 之间是描述过程操作的语句块，称为"过程体"或"子程序体"。

（2）子过程名：命名规则与变量名规则相同。子过程名不返回值，而是通过形参与实参的传递得到结果，调用时可返回多个值。

（3）形式参数列表：形式参数通常简称"形参"，仅表示形参的类型、个数、位置，定义时是无值的，只有在过程被调用时，虚实参结合后才获得相应的值。过程可以无形式参数，但括号不能省。

参数的定义形式如下：

[ByVal | ByRef]变量名[( )][As 类型][,…]

ByVal 表示当该过程被调用时，参数是按值传递的；默认或 ByRef 表示当该过程被调用时，参数是按地址传递的。形参可以是简单变量，也可以是数组。

例 5.1　编写程序，实现交换两个整型变量值的子过程。

```
Private Sub Swap( X As Integer, Y As Integer)
    Dim temp As Integer
    Temp=X : X=Y : Y=Temp
End Sub
```

当然也可将其过程的第一语句等价写为

```
Private Sub Swap( X%, Y%)
```

或写为 `Private Sub Swap( ByRef X As Integer, Byref Y As Integer)`

（4）可选项[Public（全局）|Private（局部）] [Static（静态）]：其意义及其作用在 5.6 节中详细讨论。

（5）Exit Sub 语句：表示退出子过程。

5.2.3　子过程的建立

自定义子过程常常创建和保存在窗体文件（.FRM）和标准文件（.BAS）中。可以在窗体的"代码窗口"或标准模块的"代码窗口"中直接按定义形式输入，也可以通过选择"工具"菜单中的"添加过程"命令，出现"添加过程"对话框（见图 5-1），选择过程类型（子过程、函数、属性、事件）及作用范围（公有的 Public、私有的 Private），单击"确定"按钮后得到一个过程或函数定义的结构框架（模板），如

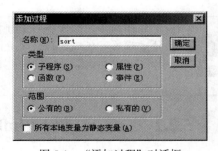

图 5-1　"添加过程"对话框

```
Public Sub Sort( )
    ……
End Sub
```

如果需要形参，则必须在括号中填写形参的定义。过程中的代码当然要由用户自己根据问题的要求来写入。

5.2.4　过程的调用

Visual Basic 中过程的调用有以下两种方法：

过程名[实参数列表]
Call　过程名（实参数列表）

例如，调用上面定义的 Sawp 子过程的形式为

```
Swap a,b
Call Swap(a,b)
```

 注意　　使用过程名调用时必须省略参数两边的( )。使用 Call 语句调用时，参数必须在括号内，除非没有参数，则( )也能省。在调用时实参和形参的数据类型、顺序、个数必须匹配。调用时的参数是实参，实参可以是变量、常数、表达式和数组。如果希望传递地址，实参应是变量或数组。

根据过程的调用关系，如果过程 A 调用过程 B，将过程 A 称为主调用过程，过程 B 称为被调过程。主调过程与被调过程是相对的，一般来说，一个过程既可作主调过程又可以作被调过程。图 5-2 所表示的是过程调用的执行过程。

在图 5-2 中，主调过程 CmdOk 第一次调用子过程 Swap，从第一个调用语句 Call Swap(a,b)处转到执行子过程 Swap，在子过程中从第一条 Sub（或函数过程 Function）语句开始执行子过程 Sawp 中的程序代码，

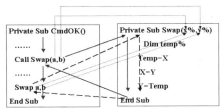

图 5-2　调用子过程的示意图

当执行到子过程的 End sub（或函数过程 End Function）语句时，便返回到主过程中调用本次子过程语句的下一条语句，并由此继续执行本程序。从 Call Swap 语句开始的调用与返回如图中的实箭头线表示。当程序流程执行主过程 CmdOK 中子过程调用语句 Swap a,b 时，程序流程则再次转去执行子过程 Swap，从子程序的 End Sub 语句返回到本次调用子过程语句的下一条语句，再继续执行主过程中的其他语句，如图 5-2 中的长虚箭头线表示，图中细点画线表示参数的传递。

5.3　函 数 过 程

Visual Basic 函数分为内部函数和外部函数。内部函数是系统预先编好的、能完成特定功能的一段程序，如 Sqr、Sin、Len 等。关于内部函数请参阅 2.5 节。外部函数是用户根据需要用 Function 关键字定义的函数过程，与子过程不同的是函数过程将返回一个值。

5.3.1　函数过程的定义

和子过程一样，函数过程（Function 过程）也是用来执行一个特定任务的独立程序代码。与

Sub 子过程不同的是，函数过程返回一个值到调用的表达式。

函数过程的定义形式如下：

[Public│Private][Static]Function 函数名([<参数列表>])[As<类型>]

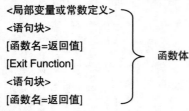

            函数体

End Function

说明如下。

（1）函数名：命名规则与变量命名规则相同。但不能与系统的内部函数或其他通用子过程同名，也不能与已定义的全局变量和本模块中模块级变量同名。

（2）在函数体内，函数名可以当变量使用，函数的返回值就是通过对函数名的赋值语句来实现的，即函数值通过函数名返回，因此在函数过程中至少要对函数名赋值一次。

（3）AS 类型：是指函数返回值的类型，若省略，则函数返回变体类型值（Variant）。

（4）Exit Function：表示退出函数过程，常常是与选择结构（If 或 Select Case 语句）联用，即当满足一定条件时，退出函数过程。

（5）形参数列表：形参的定义与子过程完全相同。

例 5.2 将第 3 章的例 3.13 判断一个整数是不是素数的程序改写成函数过程。如果给定的整数是素数，则返回逻辑值 True，否则返回 False。程序代码如下：

```
Private Function Prime(n As Integer)  As Boolean
   Dim k As Integer,Yes As Boolean
   Yes=True
   For k=2 to Int(Tqr(n))
      IF n mod k =0 Then Yes=False : Exit For
   Next k
   Prime=Yes                    '给函数名赋值，作为函数的返回值
 End Function
```

思考与讨论

（1）为什么要将变量 Yes 的初值赋值为 True?

（2）调用该函数来实现例 3.13 判断一个整数是不是素数的程序为

```
Private Sub Form_Click()
   Dim N As Integer
   N = Val(InputBox("输入一个正整数 N=? "))
   If prime(N) Then        '此处也可写成 If prime(N)=True Then
      Print N; " 是素数"
   Else
      Print N; " 不是素数"
   End If
End Sub
```

5.3.2　函数的调用

通常，调用自定义函数过程的方法和调用 Visual Basic 内部函数过程（如 Sqr）的方法一样，即在表达式中写上它的名字。调用形式如下：

函数名（实参列表）

 在调用时实参和形参的数据类型、顺序、个数必须匹配。函数调用只能出现在表达式中，其功能是求得函数的返回值。

例 5.3　用例 5.2 中 prime 函数，改写第 3 章例 3.14 "验证哥德巴赫猜想——大于 6 的偶数可以分为两个素的和" 的程序。将程序写在窗体的单击事件中，代码如下：

```
Private Sub Form_Click()
    Dim  n As Integer,n1 As Integer,n2 As Integer
    n=Val(InputBox("输入大于 6 的偶数"))
    For n1=3 to n\2 Step 2              '让 n1 从 3 开始分解
        n2=n-n1                        '求得 n2
        If  prime(n1) And prime(n2) Then    '如果 n1 和 n2 都是素数，则打印输出
            Print n & "=" & n1 & "+" & n2
            Exit For                   '结束循环
        End If
    Next n1
End Sub
```

思考与讨论

（1）程序中的 Exit For 语句的作用是结束循环，如果不用此语句，程序将输出结果所有可能的分解情况。

（2）程序可改写成如下形式，请读者分析它们执行过程的异同。

```
Private Sub Form_Click()
    Dim  n As Integer,n1 As Integer,n2 As Integer
    n=Val(InputBox("输入大于 6 的偶数"))
    For n1=3 to n\2 Step 2              '让 n1 从 3 开始分解
        If  prime(n1) Then             '如果 n1 素数
            n2=n-n1                     '求得 n2
            If  prime(n2) Then         '如果 n1 和 n2 都是素数，则打印输出
                Print n & "=" & n1 & "+" & n2
                Exit For               '结束循环
            End If
        End If
    Next  n1
End  Sub
```

5.4   过程之间参数的传递

Visual Basic 中不同模块（过程）之间数据的传递有两种方式：

- 通过过程调用实参与形参的结合实现；
- 使用全局变量来实现各过程中共享数据。

关于全局变量，将在 5.6 节专门讨论，本节讨论使用参数实现过程间数据的传递。

5.4.1   形式参数与实际参数

1. 形式参数

形式参数是指在定义通用过程时，出现在 Sub 或 Function 语句中过程名或函数名后面圆括号内的参数，是用来接收传送给子过程的数据，形参表中的各个变量之间用逗号分隔。

2. 实际参数

实际参数是指在调用 Sub 或 Function 过程时，写入子过程名或函数名后括号内的参数，其作用是将它们的数据（数值或地址）传送给 Sub 或 Function 过程与其对应的形参变量。实参表可由常量、表达式、有效的变量名、数组名（后加左、右括号，如 A()）组成，实参表中各参数用逗号分隔。

5.4.2   参数传递（虚实结合）

参数传递指主调过程的实参（调用时已有确定值和内存地址的参数）传递给被调过程的形参，参数的传递有两种方式：按值传递、按地址传递。形参前加"ByVal"关键字的是按值传递，默认或加"ByRef"关键字的是按地址传递。

（1）按值传递：将实参的数值传递给过程中对应的形参变量。按值传递参数时，Visual Basic 给传递的形参分配一个临时的内存单元，将实参的值传递到这个临时单元中去。

按值传递是单向的，如果在被调用的过程中改变了形参变量的值，则只是临时单元的值变动，不会影响实参变量本身，当被调过程结束返回主调过程时，Visual Basic 将释放形参变量的临时内存单元，实参变量的值不变。

（2）按地址传递：形参前没有 ByVal 关键字或用 ByRef 关键字说明的，是一种将实参数的地址传递给过程中对应形参变量的方式，形参变量和实参变量具有相同的地址，即形参、实参共用一存储单元。如果在被调过程中改变形参变量的值，则返回后相应实参变量的值也被改变。因此，按地址传递是双向传递。利用这一特点可以通过传地址的形参返回数据。

下面通过一个例子来说明。

例 5.4   分别用"传值"、"传址"编写交换两变量 x、y 的子过程 Swap1 和 Swap2。在 Form_Click() 事件中分别调用 Swap1 和 Swap2 过程，并输出交换后的值。程序代码如下：

```
'Swap1 过程的形参定义为按传值方式
Public Sub swap1(ByVal x As Integer, ByVal y As Integer)
    Dim t As Integer
    t = x: x = y: y = t
End Sub
'形 Swap2 过程的参定义为按传地址方式
```

```
Public Sub swap2(x As Integer,y As Integer)
    Dim t As Integer
    t = x: x = y: y = t
End Sub
Private Sub Form_Click()                    '窗体的单击事件
    Dim a As Integer, b As Integer
    a = Val(InputBox("输入 A=? "))
    b = Val(InputBox("输入 B=? "))
    Print "交换前:",  "a="; a, "b="; b
    Swap1 a, b                              '调用子过程 Swap1
    Print "交换后:",  "a="; a, "b="; b
End Sub
```

程序运行后，单击窗体，输入两个值，如 10 和 20，输出结果如图 5-3 所示，若将单击事件中的 Swap1 a,b 改为 Swap2 a,b，其输出结果如图 5-4 所示。

图 5-3　调用 Swap1 的输出结果

图 5-4　调用 Swap2 的输出结果

从输出结果可以看到，调用子过程 Swap1 没能交换变量的值，其原因是：过程 Swap1 采用传值形参，过程被调用时系统给形参分配临时内存单元 x 和 y，将实参 a 和 b 的值分别传递（赋值）给 x 和 y（见图 5-5(b)），在过程 Swap1 中，变量 a、b 不可使用，x、y 通过临时变量 t 实现交换（见图 5-5(c)），调用结束返回主调过程后形参 x、y 的临时内存单元将释放，实参单元 a 和 b 仍保留原值（见图 5-5(d)）。值传递的执行过程如图 5-5 所示。

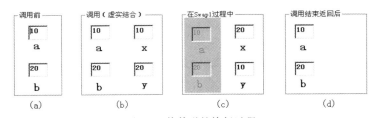

图 5-5　值传递的执行过程

子过程 Swap2 采用传地址形参，当调用子过程 Swap2 时，通过虚实结合，形参 x、y 获得实参 a、b 的地址，即 x 和 a 使用同一存储单元，y 和 b 使用同一存储单元（见图 5-6（b））。因此，在被调子过程 Swap2 中 x、y 通过临时变量 t 实现交换后，实参 a 和 b 的值也同样被交换（见图 5-6（c）），当调用结束运行返回后，x、y 被释放，实参 a、b 的值就是交换后的值。通过地址传递数据的执行过程如图 5-6 所示。

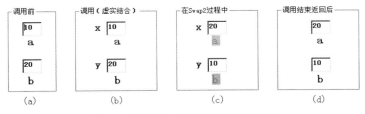

图 5-6　通过地址传递数据的执行过程

5.4.3　有关过程之间数据传递的几点说明

1.　参数的数据类型

在定义子过程和函数过程时，一般要求说明形参变量的数据类型，若形参被默认类型说明，则此时形参为 Variant 数据类型。由调用时实参的数据类型来确定，这样程序的执行效率低，且容易出错。关于 Visual Basic 的数据类型，请参阅第 2 章有关内容。

2.　形参与实参数据类型要求相同

当按地址传递时，实参与形参的数据类型必须相同，否则就会出错。当按值传递时，实参数据类型如与形参类型不同，系统将实参的数据类型转换为形参的数据类型，然后再传递（赋值）给形参，如果实参的数据类型不能转换，就会出错。

3.　实参使用形式决定数据的传递方式

在子过程和函数过程调用时，如果实参是常量（包括系统常量、用 Const 自定义的符号常量）或表达式，无论在定义时使用值传递还是地址传递，此时都是按值传递方式将常量或表达式计算的值传递给形参变量。

如果形参定义是按传地址方式，但调用时想使实参变量按值方式传递，可以把实参变量加上括号，将其转换成表达式即可。

例 5.5　下面程序是在窗体的单击事件中，5 次调用子过程 Sabc，每次使用了不同的实参数。请读者认真阅读此程序，分析程序的输出结果。

```vb
Private Sub Sabc(a As Integer)
   a = a + 5
   Print "      a="; a,
End Sub
Private Sub Form_Click()
   Dim x As Integer, y As Integer, z As Integer
   x = 10: y = 20
   Print "    1:...x="; x;
   Sabc x + y                    '实参是用表达式，按值传方式传递
   Print "....x="; x
   Print
   z = x + y
   Print "    2:...z="; z;
   Sabc z                        '实参用变量，按地址方式传递
   Print "....z="; z
   Print
   Print "    3:...x="; x;
   Sabc x + 5                    '实参是用表达式，按值传方式传递
   Print "....x="; x
   Print
   Print "    4:...x="; x;
   Sabc (x)                      '实参变量用括号强行转换表达式，按值传方式传递
   Print "....x="; x
   Print
   Print "    5:...x="; x;
   Sabc x                        '实参用变量，按地址方式传递
   Print "....x="; x
End Sub
```

程序的运行结果如图 5.7 所示。

4．子过程与函数过程的讨论

解决一个问题既可以使用子过程，也可以使用函数过程，是使用子过程还是使用函数过程呢？如果是需要求得一个值，一般情况使用函数过程，如不是为了求一个值，而是完成一些操作，或需要返回多个值，则使用子过程比较方便。

```
1:...x= 10        a= 35   ....x= 10
2:...z= 30        a= 35   ....z= 35
3:...x= 10        a= 20   ....x= 10
4:...x= 10        a= 15   ....x= 10
5:...x= 10        a= 15   ....x= 15
```

图 5-7　例 5.5 程序运行结果

例 5.6　分别编写计算下面级数的子过程和函数过程，并在窗体的单击事件中调用。

级数为 $s = \dfrac{x}{2!} + \dfrac{x^3}{4!} + \cdots + \dfrac{x^{(2n-1)}}{(2n)!}$，要求精度为：$\left| \dfrac{x^n}{(2n)!} \right| < 10^{-6}$。

```
Function Funs1(x As Single, eps As Double) As Double    '函数过程
    Dim n%, k#, t#, f#
    n = 2: k = x
    t = 2: f = 0
    Do While k / t > eps                    '当要累加的项比 eps 大，则继续循环累加
      f = f + k / t
      n = n + 2
      t = t * (n - 1)*n
      k = k * x * x
    Loop
    Funs1 = f                               '将计算结果赋值给函数名返回
End Function


Sub Funs2(s As Double, x As Single, eps As Double)      '子过程
    Dim n%, k#, t#, f#
    n = 2: k = x
    t = 2: f = 0
    Do While k / t > eps                    '当要累加的项比 eps 大，则继续循环累加
      f = f + k / t
      n = n + 2
      t = t * (n - 1)*n
      k = k * x * x
    Loop
    s = f                                   '将计算结果赋值给形参 s 返回
  End Sub


Private Sub Form_Click()                    '主调程序调用函数过程和子过程
    Dim f1#, f2#
    f1 = Funs1(2.5, 0.000001)               '调用函数过程
    Call Funs2(f2, 2.5, 0.000001)           '调用子过程或 Funs2 f2,2.5,0.000001
    Print "f1="; f1, "f2 = "; f2
End Sub
```

思考与讨论

从上面的例题可以看到，一个可以用函数实现的过程，也可以使用子过程来完成，但必须通过传地址方式的形参变量来带回函数值，如上面 Funs2 中的 s 参数。子过程与函数过程调用方式不同，读者应分清两者的异同。

5.4.4　数组作为过程的参数

Visual Basic 允许把数组作为实参传送到过程中。如前所述，数组是通过传地址方式传送。在传送数组时，除遵守参数传送的一般规则外，还应注意以下几点。

（1）为了把一个数组的全部元素传送给一个过程，应将数组名分别写入形参表中，并略去数组的上下界，但括号不能省略。

```
Private Sub Sort( a( ) As single)
    ……
End Sub
```

其中形参 "a( )" 即为数组。

（2）被调过程可通过 Lbound 和 Ubound 函数确定实参数组的上、下界。

（3）当用数组作形参时，对应的实参必须也是数组，且类型一致。

（4）实参和形参结合是按地址传递，即形参数组和实参数组共用一段内存单元。

例如，定义了实参数组 b(1 to 8)，给它们赋了值，调用 Sort()函数过程的形式如下：

```
Sort b() 或 Call Sort(b() )
```

实参数组后面的括号可以省略，但为便于阅读，建议不要省略为好。

调用时形参数组 a 和实参数组 b 虚实结合，共用一段内存单元，如图 5-8 所示。因此，在 Sort() 过程中改变数组 a 的各元素值，也就相当于改变了实参数组 b 中对应的元素的值，当调用结束时，形参数组 a 成为无定义。

b(1)	b(2)	b(3)	b(4)	b(5)	b(6)	b(7)	b(8)
1	2	3	4	5	6	7	8
a(1)	a(2)	a(3)	a(4)	a(5)	a(6)	a(7)	a(8)

图 5-8　参数为数组时虚实结合示意图

例 5.7　改写上章例 4.3 的排序程序，分别将排序用子过程 Sort()，产生 N 个随机整数用子过程 GetData()，输出 N 个数组元素用 PrData()子过程来完成。

```
Private Sub Form_Click()              '窗体的单击事件过程
    Dim x(1 To 10) As Integer
    Print
    GetData x()
    Print "排序前的数据："
    PrData x()
    Print
    Sort x()
    Print "排序后的数据："
    PrData x()
End Sub

Private Sub Sort(a() As Integer)      '排序子过程
    Dim i%, j%, p%, n%, temp!
    n = UBound(a)
    k = LBound(a)
    For i = k To n - 1
```

```
        p = i
        For j = i + 1 To n
            If a(p) > a(j) Then p = j
        Next j
        temp = a(i)
        a(i) = a(p)
        a(p) = temp
     Next i
End Sub
Private Sub GetData(a() As Integer)        '产生数据子过程
    Dim i As Integer, n As Integer
    n = UBound(a)
    k = LBound(a)
    For i = k To n
        a(i) = Int(Rnd * 90) + 10
    Next i
End Sub
Private Sub PrData(a() As Integer)         '打印输出子过程
    Dim i As Integer, n As Integer
    n = UBound(a)
    k = LBound(a)
    For i = k To n
      Print a(i); " ";
    Next i
    Print
End Sub
```

思考与讨论

（1）本题的窗体单击事件 Form_Click 是主调过程，先调用 GetData()产生 N 个随机整数存入数组 x 中，调用输出子过程 PrData()来输出排序前的数组元素，然后调用排序子过程 Sort()对数组 x 排序，最后再一次调用输出子过程 PrData()来输出排序后的数组元素。

（2）产生数组 x 的元素个数是由什么来决定？

5.5　过程的嵌套和递归调用

5.5.1　过程的嵌套

Visual Basic 的过程定义都是互相平行和相对独立的，也就是说在定义过程时，一个过程内不能包含另一个过程。Visual Basic 虽然不能嵌套定义过程，但可以嵌套调用过程，也就是主程序可以调用子过程，在子过程中还可以调用另外的子过程，这种程序结构称为过程的嵌套。过程的嵌套调用执行过程如图 5-9 所示。

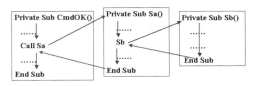

图 5-9　过程的嵌套调用执行过程

5.5.2　过程的递归调用

用自身的结构来描述自身，称为递归。例如，对阶乘的定义：

$$n! = n*(n-1)!$$
$$(n-1)! = (n-1)*(n-2)!$$

Visual Basic 允许在一个 Sub 子过程和 Function 过程的定义内部调用自己，即递归 Sub 子过程和递归 Function 函数。

例 5.8 编求阶乘 fac(n)=n! 的递归函数。

```
Private Function fac(n As Integer) As Integer
    If n = 1 Then
        fac = 1
    Else
        fac = n * fac(n - 1)
    End If
End Function
Private Sub Form_Click()
    Print "fac(4)="; fac(4)
End Sub
```

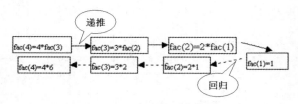

图 5-10　递归调用执行过程

递归处理一般用栈来实现，分为递推和回归两个过程，如图 5-10 所示。

递推过程：每调用一次自身，把当前参数（形参、局部变量、返回地址等）压入栈，直到递归结束条件成立。

回归过程：从栈中弹出当前参数，直到栈空。

递归算法设计简单，解决同一问题，使用递归算法消耗的机时和占据的内存空间要比使用非递归算法大。

使用递归算法必须要满足以下的递归条件：

（1）存在递归结束条件及结束时的值；

（2）能用递归形式表示，且递归向终止条件发展。

5.6　过程与变量的作用域

一个 Visual Basic 工程可以由若干个窗体模块和标准模块组成，每个模块又可以包含多个过程。同一模块中的过程之间是可以相互调用的，那么不同模块中的过程之间是否可以相互调用呢？每个过程中都包含多个变量，一个变量可以在定义它的过程中使用，那么能否在其他过程中使用呢？本节将与大家讨论这些问题。

5.6.1　过程的作用域

1. Visual Basic 工程的组成

一个 Visual Basic 工程至少包含一个窗体模块，还可以根据需要包含若干个标准模块和类模块，本书将只讨论窗体模块和标准模块的使用方法。通过图 5-11 可以清楚地看出 Visual Basic 工程的模块层次关系。

（1）窗体模块。

窗体模块文件的扩展名为.Frm，其中可以包含用户编写的事件过程、子过程、函数过程和一些变量、常量、用户自定义类型等内容的声明。可以通过执行"工程"菜单中的"添加窗体"命令，为工程添加多个窗体，每个窗体都有一个相对应的窗体模块，窗体文件的扩展名为.Frm，包含窗体中各个对象的属性信息、事件过程等。

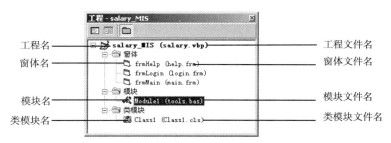

图 5-11　Visual Basic 工程的组成

（2）标准模块。

标准模块文件的扩展名为.Bas，其中可以包含用户编写的子过程、函数过程和一些变量、常量、用户自定义类型等内容的声明。可以执行"工程"菜单中的"添加模块"命令，为工程新建或添加已有模块文件（见图 5-12）。一般将常用的子过程、函数过程等写在模块文件中（见图 5-13）。例如，可以把实现与数组操作相关的排序、查找、插入、删除过程放在一个模块文件中，如果以后编程中涉及此类操作，就可以把此模块添加到工程中，从而提高了代码编写效率。

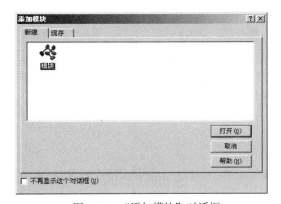

图 5-12　"添加模块"对话框

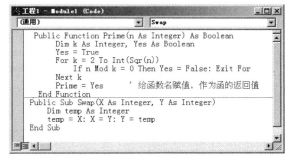

图 5-13　标准模块编辑的通用过程

（3）类模块。

在 Visual Basic 中类模块（文件扩展名为 .CLS）是面向对象编程的基础。可在类模块中编写代码建立新对象。这些新对象可以包含自定义的属性和方法，可在应用程序内的过程中使用。

类模块保存在文件扩展名为.CLS 的文件中，默认时应用程序中不包含类模块。给工程添加类模块的方法与添加标准模块相同。

类模块和标准模块的不同点在于存储数据方法不同。标准模块的数据只有一个备份。这意味着标准模块中一个公共变量的值改变以后，在后面的程序中再读取该变量时，将得到同一个值。而类模块的数据，是相对于类实例（也就是由类创建的每一对象）而独立存在的。同样的，标准模块中的数据在程序作用域内存在，也就是说，它存在于程序的存活期中；而类实例中的数据只存在于对象的存活期，它随对象的创建而创建，随对象的撤销而消失。最后，当变量在标准模块中声明为 Public 时，则它在工程中任何地方都是可见的；而类模块中的 Public 变量，只有当对象变量含有对某一类实例的引用时才能访问。

关于类模块的使用，属于 VB 的高级编程，本书将不作深入讨论。若读者想继续深入学习，请参阅系统的帮助或相关资料。

2．过程作用域

在前面章节的学习中，我们提到事件过程只能被本窗体中的过程调用。仔细观察事件过程框架，不难发现每个过程的定义都是 Private，也正是这个关键字决定了事件过程的"活动范围"仅局限于本窗体中。

这种过程可以被调用的范围被称为过程作用域，过程的作用域有两种。

（1）窗体/模块级。可以在用户自定义的子过程和函数过程前加上 Private 关键字，使得该子过程或函数过程只能被本窗体或本模块中的过程调用。

（2）全局级。如果在用户自定义的子过程和函数过程前不加任何关键字，或者加上 Public 关键字，则该子过程或函数过程可以被本工程中任何窗体和模块的任何过程调用。

不同作用域过程的调用规则如表 5-1 所示。

表 5-1　　　　　　　　　　　　　　　不同作用域的过程的调用规则

定义位置	窗体/模块级		全　局　级	
	窗体	标准模块	窗体	标准模块
定义方式	过程名前加 Private 关键字		过程名前加 Public 关键字或省略	
能否被本模块中其他过程调用	能	能	能	能
能否被本工程中其他模块调用	不能	不能	能，但必须以窗体名.过程名的形式调用，如 Call Form1.Swap (a,b)或 Form1.Swap a,b	能，但过程名必须唯一，否则要以模块名.过程名的形式调用，如 Call Module1.Sort (a)或 Module1.Sort a

5.6.2　变量的作用域

变量的作用域决定了哪些过程能够访问该变量，Visual Basic 中的变量有 3 种作用域：过程级、窗体/模块级和全局级。

1．过程级变量——局部变量

在过程体内定义的变量，只能在本过程内使用，这种变量称为过程级变量或局部变量。过程的形参也可以看做该过程的局部变量。

2．窗体/模块级变量

在窗体或模块的通用声明部分使用 Dim 语句或 Private 语句定义的变量，可以被本窗体或模块中的任何过程使用，这种变量称为窗体或模块级变量。窗体/模块级变量不能被其他窗体或模块使用。

3．工程级变量——全局变量

在窗体或模块的通用声明部分使用 Public 语句定义的变量，可以被本工程中任何过程使用，这种变量称为工程级变量或全局变量。如果是在模块中定义的全局变量，则可在任何过程中通过变量名直接访问。如果是在窗体中定义的全局变量，在其他窗体和模块中访问该变量的形式为

定义该变量的窗体名.变量名

　　通过窗体/模块级变量和全局变量可以在不同过程之间共享数据，这在一定程度上方便了编程。但是，如果在一个过程中改变了变量的值，则当其他过程再访问该变量时，都将使用改变后的值，这就给程序运行带来了极大的风险，因为这种改变可能是无意的。

　　因此，除特殊情况外，建议读者尽量少用窗体/模块级变量和全局变量，多使用局部变量，尽量把变量的作用域缩小，从而便于程序的调试，增加程序可读性。如果需要在过程之间共享数据，也尽量通过参数传递来实现。

　　不同作用域变量的使用规则如表 5-2 所示。

表 5-2　　　　　　　　　　　　　　不同作用域变量的使用规则

	局部变量	窗体/模块级变量	全　局　级	
定义位置	标准模块	窗体	窗体	标准模块
声明方式	Dim、Static	Dim、Private	Public	
声明位置	在过程中	窗体/模块的"通用声明"段	窗体/模块的"通用声明"段	
能否被本模块的其他过程存取	不能	能	能	
能否被其他模块的过程存取	不能	不能	能，但要在变量名前加窗体名	能

4．关于变量同名问题的几点说明

（1）不同过程内的局部变量可以同名，因其作用域不同而互不影响。

（2）不同窗体或模块间的窗体/模块级变量也可以同名，因为它们分别作用于不同的窗体或模块。

（3）不同窗体或模块中定义的全局变量也可以同名，但在使用时应在变量名前加上定义该变量的窗体或模块名。

（4）如果局部变量与同一窗体或模块中定义的窗体/模块级变量同名，则在定义该局部变量的过程中优先访问该局部变量。如果局部变量与不同窗体或模块中定义的窗体/模块级变量同名，因其作用域不同而互不影响。

（5）如果局部变量与全局变量同名，则在定义该局部变量的过程中优先访问该局部变量，如果要访问同名的全局变量，应该在全局变量名前加上全局变量所在窗体或模块的名字。

　　虽然向大家介绍了许多变量同名时的处理原则，但是为了避免混淆，应该尽量将局部变量的名字与窗体/模块级变量以及全局变量的名字区别开来。

　　例 5.9　写出下列程序运行时分别单击窗体和命令按钮后的输出结果。

```
Public x As Integer              '定义全局变量 x
Private Sub Form_Load()
    x = 10                       '将全局变量 x 的值设置为 10
End Sub
Private Sub Form_Click()
    Dim x As Integer             '定义局部变量 x
    x = 20                       '将局部变量 x 的值设置为 20
    Print x                      '输出局部变量 x 的值 20
    Print Form1.x                '输出全局变量 x 的值 10
End Sub
Private Sub Command1_Click()
```

```
    Print x                      '输出全局变量 x 的值为 10
End Sub
```

5.6.3 变量的生存期

变量的作用域是考虑变量可以在哪些过程中使用的问题，而变量的生存期则考虑变量可以在哪段时间内使用的问题。

1. 动态变量

在过程中使用 Dim 语句定义的局部变量称为动态变量。只有当过程被调用时，系统才为动态变量分配存储空间，动态变量才能够在本过程中使用。当过程调用结束后，动态变量的存储空间被系统重新收回，动态变量又无法使用了，下次调用过程时，系统又重新为其分配存储空间。因此，动态变量的生存期就是过程的调用期。

2. 静态变量

窗体/模块级变量和全局变量在整个程序运行期间都可以被其作用域内的过程访问，因此，它们的生存期就是程序的运行期。

此外，还可以在过程中使用 Static 语句定义局部变量，这种局部变量称为静态变量。静态变量在过程初次被调用时，由系统分配存储空间，当过程调用结束后，系统并不收回其存储空间。这就意味着在下一次调用该过程时，静态变量仍然保留着上次调用结束时的值。需要注意的是，静态变量仍然是局部变量，它只能被本过程使用。

> 定义过程时，如果在 Sub 之前加了 Static 关键字，则在过程体中所有的局部变量不管是否使用 Static 定义，均为静态变量。

静态变量对于解决一些统计次数的问题很有帮助。

例 5.10　编写一个验证密码的程序，要求每单击一次命令按钮 cmdOK 就验证一次用户在文本框 txtInput 中输入的密码，只允许用户输入 3 次密码，3 次都错则自动退出。

分析：初看似乎应该使用循环来处理，但在"循环体"中重复的操作是单击命令按钮，而这本身是一个事件，无法出现在过程体中。因此，应该使用其他的方法来实现这种"循环"。

代码如下：

```
Const PWD = "pass"                '预先设定密码
Private Sub cmdOK_Click()
    Static times As Integer       '定义静态变量统计验证次数
    If txtInput <> PWD Then
        times = times + 1         'times 的初始值为 0
        MsgBox "Invalid Password!"
        If times = 3 Then End
    Else
        MsgBox "Welcome!"
        times = 0
    End If
End Sub
```

思考与讨论

如果使用 Dim 语句定义 times，则程序执行情况如何？为什么在验证成功后，要把 times 赋值为 0？

5.7　多重窗体与多模块程序设计

5.7.1　设置启动对象

在程序运行时，首先被加载并执行的对象，称为程序的启动对象。一个程序的启动对象可以是一个窗体，也可以是标准模块中名为 Main 的自定义 Sub 过程。默认情况下，第一个创建的窗体被指定为启动对象。

要设定工程的启动对象，可选择"工程"菜单中的最后一项"**属性"（这里**表示工程名），弹出"**—工程属性"对话框，如图 5-14 所示。

在"启动对象"组合框中选择要作为启动对象的窗体或"Sub Main"过程。如果选择 Sub Main 作为启动对象，必须保证当前工程已经在标准模块中定义了一个 Sub Main 过程。

有时要求应用程序启动时不加载任何窗体。例如，想先运行装入数据文件的代码，然后再根

图 5-14　在"工程属性"对话框设置启动对象

据数据文件的内容决定启动几个不同窗体中的哪一个。要做到这一点，可在标准模块中创建一个名为 Main 的子过程，如下面的例子所示。

```
Sub Main()
    Dim Userstr As String
    Open "C:\MyDir\Insys.dat" For Input As 1
    Input #1, Userstr
    If Userstr = "Muser1" Then
      frmMain.Show
    ElseIf Userstr = "Muser2" Then
      frmPassword.Show
    Else
        End
    End If
End Sub
```

上段程序运行后，打开文件 C:\MyDir\Insys.dat。如果读入的第一行内容是"Muser1"则启动"frmMain"窗体，如果第一行内容是"Muser2"则启动"frmPassword"窗体，否则不启动任何窗体。关于文件的操作读者可参阅第 8 章相关内容。

5.7.2　窗体的加载与卸载过程

在一个窗体显示在屏幕之前，必须先建立，接着被装入内存（Load 语句），最后显示（Show 方法）在屏幕上。同样，当窗体要结束之前，会先从屏幕上隐藏（Hide 方法），接着从内存中删除（Unload 方法）。图 5-15 和图 5-16 分别说明了在窗体加载和卸载过程的各阶段所用的语句或方法以及所触发的事件。

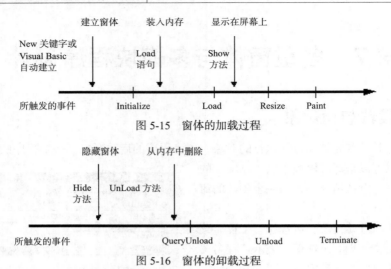

图 5-15　窗体的加载过程

图 5-16　窗体的卸载过程

1. 窗体的加载与显示

（1）Load 语句

使用 Load 语句把指定窗体件加载到内存，其使用格式如下：

Load 〈窗体名〉

说明如下。

① 执行 Load 语句后，窗体并不显示出来，但可引用该窗体中的控件及各种属性。

② 格式中的窗体名称是窗体的 Name 属性，而不是窗体的文件名，以下相同。

③ 除非在加载窗体时不需要显示窗体，否则对于一般窗体不需要使用 Load 语句。在窗体还未被加载时，对窗体的任何引用会自动加载该窗体。例如，Show 方法在显示窗体前会先加载它。

④ 当 Visual Basic 加载 Form 对象时，先把窗体属性设置为初始值，再执行 Load 事件过程。当应用程序开始运行时，Visual Basic 自动加载并显示应用程序的启动窗体。

（2）Show 方法

Show 方法用于在屏幕上显示一个窗体，使指定的窗体在屏幕上可见，调用 Show 方法与设置窗体 Visible 属性为 True 具有相同的效果。如果要显示的窗体事先未加载，该方法会自动加载该窗体（相当于先执行 Load 语句）再显示。此方法的使用请参阅 1.4.3 小节。

　除非使用 Show 方法或将窗体的 Visible 属性设置为 True，否则，一个用 Load 语句加载的窗体是不可见的。

2. 窗体的隐藏与卸载

（1）Hide 方法

在多窗体的应用程序中，各窗体之间的切换可使用窗体的 Show 方法或 Hide 方法。用 Hide 方法使指定的窗体不显示，但不从内存中删除窗体。这与将窗体的 Visible 属性设置为 False 的效果相同。此方法的使用请参阅 1.4.3 小节。

（2）Unload 语句

Unload 语句用于把窗体从内存中卸载，具体的格式如下：

Unload 〈窗体名〉

说明如下。

① 当窗体卸载之后，所有在运行时放到该窗体上的控件都不再是可访问的。在设计时放到该窗体上的控件将保持不变。

② 在卸载窗体时，只有显示的部件被卸载，与该窗体模块相关联的代码还保持在内存中。

5.7.3　与窗体加载与卸载过程的相关的事件

窗体对象的事件有很多，在其加载与卸载过程中，系统将自动引发一系列事件，这里仅介绍与窗体对象被加载与卸载过程有关的几个事件。

1. Initialize 事件

当应用程序根据用户在设计阶段设计的窗体创建真正的窗体（Form 类的实例）时，会发生 Initialize 事件。在程序运行阶段，一个窗体可能多次被加载或卸载，但 Initialize 事件只会发生一次。

2. Load 事件

此事件在一个窗体被装载时发生。当使用 Load 语句启动应用程序，或引用未装载的窗体属性或控件时，此事件发生。通常，Load 事件过程用来对窗体进行初始化操作。

3. Paint 事件

当一个窗体被移动或放大之后，或当一个覆盖在窗体上的其他窗体被移开之后，此事件发生。可通过将窗体的 AutoRedraw 属性设置为 True，使得重新绘图自动进行，此时系统将不触发 Paint 事件。

4. QueryUnLoad 事件

在一个窗体关闭之前，该窗体的 QueryUnload 事件先于该窗体的 Unload 事件发生。此事件的典型应用是在关闭一个应用程序之前，用来确保包含在该应用程序的窗体中没有未完成的任务。例如，如果还未保存某一窗体中的新数据，则应用程序会提示保存该数据。将该事件过程的 Cancel 参数设置为 True 可防止该窗体或应用程序的关闭。

5. UnLoad 事件

从内存中卸载窗体时会触发该窗体的 UnLoad 事件。将该事件过程的 Cancel 参数设置为 True 可防止窗体被卸载。

6. Activate 事件

当一个窗体成为活动窗口时触发该窗体的 Activate 事件，Activate 事件在 GotFocus 事件之前发生。

7. Terminate 事件

Terminate 事件是窗体对象从内存删除之前最后一个触发的事件，即该事件在 Unload 事件之后发生。

（1）窗体从内存删除，若是因为应用程序非正常结束。例如，使用 Ctrl+Break 组合键或出错而被中断，则不会触发 Terminate 事件，也不触发 QueryUnLoad 事件和 UnLoad 事件。

（2）应用程序在从内存中删除窗体之前，若是调用 End 语句结束程序，虽然窗体对象也将从内存中删除，但不会触发 Terminate 事件、QueryUnLoad 事件和 UnLoad 事件。

例 5.11　验证与窗体加载与卸载过程相关的事件被触发的先后顺序。

通过在窗体模块的相应事件中编写代码，在立即窗口（Debug）打印输出信息。根据输出信息的先后顺序来判断相关事件的触发顺序。

```
Private Sub Form_Click()
    Unload Me
```

```
End Sub
Private Sub Form_Activate()
    Debug.Print "Form_Activate"
End Sub
Private Sub Form_GotFocus()
    Debug.Print "Form_GotFocus"
End Sub
Private Sub Form_Initialize()
    Debug.Print "Form_Initialize"
End Sub
Private Sub Form_Load()
    Debug.Print "Form_Load"
End Sub
Private Sub Form_Paint()
    Debug.Print "Form_Paint"
End Sub
Private Sub Form_QueryUnload(Cancel As Integer, UnloadMode As Integer)
    Debug.Print "Form_QueryUnload"
End Sub
Private Sub Form_Resize()
    Debug.Print "Form_Resize"
End Sub
Private Sub Form_Terminate()
    Debug.Print "Form_Terminate"
End Sub
Private Sub Form_Unload(Cancel As Integer)
    Debug.Print "Form_UnLoad"
End Sub
```

思考与讨论

（1）程序运行后，单击窗体结束程序，实际上就完成了一次窗体的加载与卸载过程，打开立即窗口，可看到如图 5-17 所示的结果。

（2）如果将窗体单击事件改写为 End 语句结束程序，运行程序结束后在立即窗口的输出结果，有什么不同，分析其原因。

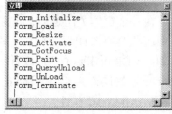

图 5-17　程序运行结果

（3）读者可上机调试，程序运行后，单击窗体右上角的关闭按钮或使用 Ctrl+Break 组合键中断程序运行，查看立即窗口的输出结果有什么不同，分析其原因。

5.8　应　用　举　例

5.8.1　查找问题

例 5.12　使用顺序查找法，在一组数中查找某给定的数 x。

编程分析：设一组数据存放在数组 $a(1) \sim a(n)$ 中，待查找的数据放在 x 中，顺序查找的算法为：把 x 与 a 数组中的元素从头到尾一一进行比较查找。用变量 p 表示 a 数组元素下标，p 初值为 1，使 x 与 $a(p)$ 比较，如果 x 不等于 $a(p)$，则使 $p=p+1$，不断重复这个过程；一旦 x 等于 $a(p)$ 则退出循环；另外，如果 p 大于数组长度，循环也应该停止，则可由以下语句来实现它。

```
For p=1 to n
  IF x=a(P)Then Exit For
Next P
```

将其写成一查找函数 Find()，若找到则返回下标值，找不到返回–1：

```
Option Base 1
Private Function Find( a( ) As Single, x As Single)  As Integer
    Dim n%,p%
    n=Ubound( a )
    For p=1 to n
      IF x=a(P) Then Exit For
    Next P
    If  p>n then  p=-1
    Find=p
End Function
```

例 5.13　使用折半查找法，在一批有序数列中查找给定的数 x。

编程分析：设 n 个有序数（从小到大）存放在数组 $a(1)\sim a(n)$中，要查找的数为 x。用变量 bot、top、mid 分别表示查找数据范围的底部（数组下界）、顶部（数组的上界）和中间，$mid=(top+bot)/2$，折半查找的算法如下：

（1）$x=a(mid)$，则已找到退出循环，否则进行下面的判断；

（2）$x<a(mid)$，x 必定落在 bot 和 $mid-1$ 的范围之内，即 $top=mid-1$；

（3）$x>a(mid)$，x 必定落在 $mid+1$ 和 top 的范围之内，即 $bot=mid+1$；

（4）在确定了新的查找范围后，重复进行以上比较，直到找到或者 $bot<=top$。

将上面的算法写成如下函数，若找到则返回该数所在的下标值，没找到则返回–1。

```
Function search(a() As Integer, x As Integer) As Integer
    Dim bot%, top%, mid%
    Dim find As Boolean    '代表是否找到
    bot = LBound(a)
    top = UBound(a)
    find = False            '判断是否找到的逻辑变量，初值为 False
    Do While bot <= top And Not find
       mid = (top + bot) \ 2
     If x = a(mid) Then
         find = True
         Exit Do
       ElseIf x < a(mid) Then
           top = mid - 1
         Else
           bot = mid + 1
        End If
     Loop
   If find Then
     search = mid
    Else
     search = -1
   End If
End Function
```

可以在窗体的单击事件中编写如下程序代码，验证上面过程的正确性。

```
Private Sub Form_Click()
  Dim i As Integer, x() As Integer
  Dim y As Integer, k As Integer
  x = Array(1, 4, 8, 10, 20, 30, 40, 46, 50, 55, 60, 64)
  For i = LBound(x) To UBound(x)    '打印输出数组 x 中的数据
```

```
        Print x(i);
    Next i
    Print
    y = Val(InputBox("输入要查找的数"))
    k = search(x, y)    '调用查找函数查找数据 y
    If k = -1 Then
        Print "没找到"; y
    Else
        Print "找到了，它是第" & k & "个数据"
    End If
End Sub
```

思考与讨论

（1）将 search 函数与例 5.11 中 find 函数比较，分析它们的优劣和适用情况。

（2）本例中的 Form1_Click()事件中能否改为 k=Find(x,y)?

5.8.2 插入问题

例 5.14 把一个给定数插到有序数列中，插入后数列仍然有序。

编程分析：设 n 个有序数（从小到大）存放在数组 $a(1) \sim a(n)$ 中，要插入的数为 x。首先确定 x 插在数组中的位置 p，假设要在一个具有 n 个升序排列元素的一维数组中插入一个新的元素 k，算法描述如下。

（1）从第 1 个元素开始逐个与 k 比较，一旦发现第 p 个元素大于 x，则确定插入的位置为 p，如果所有元素均小于 x，则确定插入的位置为 $n+1$。

（2）重新定义数组大小，从第 n 个元素到第 p 个元素逐一向后移动一个位置。

（3）将 x 赋值给第 p 个元素，完成插入操作。

插入过程如图 5-18 所示。

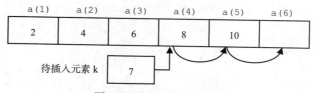

图 5-18　插入过程示意图

将其写成一插入子过程，代码如下：

```
Private Sub Instert(a() As Single, x As Single)
    Dim p As Integer, n As Integer, i As Integer
    p = LBound(a)
    n = UBound(a)
    Do While x > a(p) And p < =n    '确定 x 应插入的位置
        p = p + 1
    Loop
    ReDim Preserve a(n + 1)    '让数组长度增加 1，以便存放插入的数
    For i = n To p Step -1
        a(i + 1) = a(i)
    Next i
    a(p) = x
End Sub
```

可以在窗体的单击事件中编写如下程序代码，验证上面过程的正确性。

```
Private Sub Form_Click()
    Dim i As Integer, x() As Single
    Dim y As Single, k As Integer
    x = Array(1, 4, 8, 10, 20, 30, 40, 46, 50, 55, 60, 64)
    For i = LBound(x) To UBound(x)      '打印输出插入前的数据
        Print x(i);
    Next i
    Print
    y = Val(InputBox("输入要插入的数"))
    Call Instert(x, y)                  '调用插入子过程实现插入操作
    For i = LBound(x) To UBound(x)      '打印输出插入后的数据
        Print x(i);
    Next i
End Sub
```

思考与讨论

（1）如果 *n* 个有序数（从大到小）存放在数组中，如何改写 Instert() 过程？

（2）如何改写 Instert() 过程，使其他既适合数组由小到大（升序）又适合由大到小（降序）的情况？

（3）如果调用时，数组 *x* 没有顺序（由小到大），而是任意顺序的数据，程序运行会出现什么情况？

5.8.3　多模块程序设计

例 5.15　编一个学生成绩处理程序，要求如下。

（1）程序包含 3 个窗体和 1 个标准模块。

（2）主窗体是程序的主界面，提供用户选择操作，并根据用户选择的操作打开对应功能的窗体，主窗体的界面如图 5-19(a) 所示。

（3）在主窗体上单击"输入成绩"按钮后，打开输入成绩窗口，如图 5-19(b) 所示。在窗体中输入一同学 4 门课程的成绩后，单击"返回"按钮，将输入的成绩保存在全局变量中。

（4）在主窗体上单击"计算成绩"按钮后，打开计算成绩窗口，如图 5-19(c) 所示。

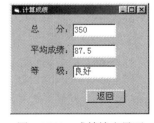

图 5-19(a)　主窗体界面　　　图 5-19(b)　成绩录入界面　　　图 5-19(c)　成绩输出界面

（5）在标准模块中，定义存放学生 4 门课程成绩的全局变量，*Math*、*Chinses*、*English*、*Computer*。

（6）评价学生的等级：平均成绩>=90 为优秀、80~89 为良好、70~79 为中等、60~69 为及格、60 分以下为不合格。将评价程序写成一函数过程 Function FunDj(x%) As String，并存放在标准模块中。

根据题的要求，本题为一个多窗体多模块程序。Form1（主窗体）中有 3 个按钮、1 个标签框；窗体 Form2（成绩录入）上有 4 个标签框、4 个文本框（Txtmath、Txtchinese、Txtenglish、Txtcomputer）、1 个命令按钮和 1 个框架；窗体 Form3（成绩输出）上有 3 个标签框、3 个文本框（TxtSum、Txtave、

Txtdj）和 1 个命令按钮。

编写程序代码。

（1）在标准模块 Module1 中定义全局变量，编写评定等级的函数过程如下：

```
Public Math As Integer, Chinese As Integer
Public English As Integer, Computer As Integer   '声明存放四门课程成绩的全局变量
Public Function FumDj(X%) As String                '评定等级的函数过程
    Select Case X
    Case Is >= 90
        FumDj = "优秀"
    Case Is >= 80
        FumDj = "良好"
    Case Is >= 70
        FumDj = "中等"
    Case Is >= 60
        FumDj = "及格"
    Case Else
        FumDj = "不及格"
    End Select
End Function
```

（2）在 FrmMain（主窗体）代码编辑窗口编写如下程序代码：

```
Private Sub Command1_Click()     '输入成绩
    Me.Hide
    Form2.Show
End Sub
Private Sub Command2_Click()     '计算成绩
    Me.Hide
    Form3.Show
End Sub
Private Sub Command3_Click()     '结束
    End
End Sub
```

（3）在 Form2（成绩录入）代码编辑窗口编写如下程序代码：

```
Private Sub Command1_Click()
    Math = Val(Txtmath)
    Chinese = Val(Txtchinese)
    English = Val(Txtenglish)
    Computer = Val(Txtcomputer)
    Me.Hide
    Form1.Show
End Sub
```

（4）在 Form3（成绩输出）代码编辑窗口编写如下程序代码：

```
Private Sub Form_Load()
    TxtSum.Text = Math + Chinese + English + Computer
    Txtave.Text = Str(Val(TxtSum.Text) / 4)
    Txtdj.Text = FumDj(Val(Txtave.Text))
End Sub
Private Sub Command1_Click()     '返回
```

```
        Unload Me
        FrmMain.Show
    End Sub
```

思考与讨论

（1）4个全局变量 *Math*、*Chinese*、*English* 及 *Computer* 为什么要在标准模块 Module1 中定义？可以在 Form1、Form2 或 Form3 中定义吗？

（2）FumDj 函数过程是否也可以在 Form1、Form2 或 Form3 窗体中定义？若在 Form1 中定义，调用形式如何？

本章小结

本章主要介绍了两类用户自定义过程——子过程和函数过程，前者没有返回值，后者可以返回一个函数值。对一个较大的程序，最好的处理方法就是将其分解成若干个小的功能模块，然后编写过程去实现每一个模块的功能，最终通过一个主程序调用这些过程来实现总体目标。

过程调用时的数据传递主要是通过形参与实参相结合来实现的，因此被调用者需要从调用者处获得多少数据，就应该定义多少个形参。

过程中参数的作用是实现过程与调用者的数据通信。一方面，调用者为子过程或函数过程提供初值，这是通过实参传递给形参实现的；另一方面，子过程或函数过程将结果传递给调用者，这是通过地址传递方式实现的。因此，决定形参的个数就是由上述两方面决定的。

根据过程的作用域（就是过程被调用的范围），过程可分为模块级过程和全局级过程。窗体/模块级过程是使用 Private 关键字定义的过程，只能被定义的窗体模块或标准模块中的过程调用；全局级过程是使用 Public 关键字（或默认）的定义过程，可供该应用程序的所有窗体和所有标准模块中的过程调用。

变量分为过程级变量（局部变量）、窗体/模块级变量和全局级变量。过程级变量在过程中用 Dim 或者 Static 关键字来声明它们；模块级变量在窗体模块和标准模块的"通用"声明段用 Dim 或者 Private 关键字声明模块级变量；全局变量可在窗体模块或标准模块的顶部的"通用"声明段用 Public 关键字声明公用变量。静态变量是在过程结束后仍保留值的变量，即其占用的内存单元未释放，在过程内部用 Static 关键字声明静态变量。

习　　题

一、判断题

1. 定义一个过程时有几个形参，则在调用该过程时就必须提供几个实参。（　　）

2. 因为 Function 过程有返回值，所以其只能在表达式中调用，而不能使用 Call 语句调用。（　　）

3. 事件过程只能由系统调用，在程序中不能直接调用。（　　）

4. 过程可以直接或间接调用自身称为递归调用。（　　）

5. 数组作参数，传递的是地址数据。（　　）

6. 如果在定义过程时，一个形参使用传地址方式说明，则调用过程时与之对应的实参只能按地址方式传递。（　　）

二、选择题

1. 下面子过程说明合法的是（ ）。

　　A. Sub f1(ByVal n%())　　　　　　B. Sub f1(n%) As integer

　　C. Function f1%(f1%)　　　　　　D. Function f1(ByVal n%)

2. 要想从子过程调用后返回两个结果，则子过程语句的说明方法是（ ）。

　　A. Sub f2(ByVal n%,ByVal m%)　　B. Sub f1(n%,ByVal m%)

　　C. Sub f1(n%, m%)　　　　　　　D. Sub f1(ByVal n%,m%)

3. 下面过程运行后显示的结果是（ ）。

```
Public Sub f1(n%,byval m%)        Private sub command1_click()
n=n mod 10                          dim x%,y%
m=m\10                              x=12: y=34
End sub                             call f1(x,y)
                                    print x,y
                                  End sub
```

　　A. 2　34　　　　　B. 12　34　　　　C. 2　3　　　　D. 12　3

4. 如下程序，运行的结果是（ ）。

```
Private sub command1_click()
    Print p1(3,7)
End sub
Public Function p1!(x!,n%)
  If n = 0 then
    p1=1
  Else
    If n mod 2 = 1 then
      p1 = x*p1(x,n\2)
    Else
      p1=p1(x,n\2)\x
    End if
  End if
End function
```

　　A. 18　　　　　　B. 7　　　　　　C. 14　　　　　　D. 27

5. 如下程序，运行的结果是（ ）。

```
Public sub proc(a()As Integer)
  Static i As Integer
  Do a(i)=a(i)+a(i+1)
    i=i+1
  Loop while i<2
End sub
Private sub command1_click()
  Dim m%,i%,x(10) As Integer
  For i = 0 to 4
  x(i)=i+1
  next i
  call proc(x)
  call proc(x)
  For i = 0 to 4
    print x(i)
  next i
End sub
```

　　A. 3 4 7 5 6　　　　B. 3 5 7 4 5　　　　C. 2 3 4 4 5　　　　D. 4 5 6 7 8

三、程序填空题

1. 两质数的差为 2，称此对质数为质数对，下列程序是找出 100 以内的质数对，并成对显示结果。其中，函数 nsp 判断参数 *m* 是否为质数。

```
Public Functiom nsp(m As Integer)as boolean
    Dim i As Integer
        ①
    For i = 2 to int(sqr(m))
      if      ②      then  nsp = false
    Next i
End function
Private Sub command1_click()
    dim i As Integer
    p1=nsp(3)
    for i = 5 to 100 step 2
      p2=nsp(i)
      if          ③          then print i-2, i
      p1     ④
    next i
End Sub
```

2. 下面 total()过程功能是计算 *s*=7+77+777+…+(*n* 个 7 组成的数)。程序代码如下：

```
Public Sub total()
    Const n = 20
    Dim s As Single, i As Integer
    For i = 1 To n
        s = s +      ①
    Next i
    Form1.Print "s="; s
End Sub
Public Function number(      ②      ) As Single
    Dim i As Integer
    number = 0
    For i = 1 To n
          ③
    Next i
End Function
```

四、程序阅读

1. 下面程序运行时单击窗体，输入的数据为 2、4 时，窗体的输出结果是什么？

```
Sub ASay(x As Integer, ByVal y As Integer)
    Dim a As Integer
    a=2*x+ y
    x=a+1
    y=x+10
End Sub
Private Sub Form_Click()
    Dim a As Integer, b As Integer
    a = Val(InputBox("请输入一个整数"))
    b = Val(InputBox("请输入一个整数"))
    Call  Asay(a, b)
    Print " a=";a, "b=";  b
 End Sub
```

2.（1）写出运行以下程序后 Form 1 上的输出结果。

　　（2）写出将标记有①和②的两条语句对调后，重新运行程序时 Form 1 上的输出结果。

```
Private Sub Form_Click()
   Const  n =6
   Dim xx(n) As  Integer
   Forml.cls
   For i =l To  n
     xx(i)=i*i
   Next  i
   Call  fchange(xx(),n)
   For  i =l To  n
     Forml.Print xx(i)
   Next  i
End  Sub
Private Sub fchange(a() As Integer , m As Integer)
    For i=l To m/2
       t=a(i)
       a(i)=a(m-i+l)        '①
       a(m-i+l)=t           '②
    Next  i
 End  Sub
```

3. 分析以下程序运行的输出结果。

```
Public function f(m As Integer,n As Integer)
   Do while m<>n
      Do while m>n
         m=m-n
      Loop
      Do while n>m
         n=n-m
      Loop
   Loop
    f=m
End function
Private sub command1_click()
   Print f(24,18)
End  Sub
```

4. 写出下面程序运行之后窗体上的显示结果。

```
Dim x As Integer, y As Integer, z As Integer
Private Sub Form_Click()
    Dim x As Integer
    x = 1: y = 2: z = 3
    Call SPPA(y)
    z = FunB(x)
    Print x, y, z
End Sub
Public Sub SPPA(z As Integer)
   x = x + y
   y = z + y
End Sub
Public Function FunB(ByVal y As Integer) As Integer
   y = z + 1
   FunB = x + y
End Function
```

五、编程题

1. 编写一个计算表达式 $\dfrac{m!}{n!(m-n)!}$ 值的程序（$m \geq n \geq 0$），要求：用输入对话框输入 m 和 n 的值，用编写函数 Function fact(x as Interger) 求 $x!$ 的值。

2. 编写一子过程 Insertfun(a%(), y%)，它的功能是：把 y 值插入到有序（升序）数组 a 中，插入后数组中的数仍然有序。

3. 编写一个判断字符串是否是回文的函数过程，函数的返回值是一逻辑量，即是回文返回 True，不是回文返回 False。所谓回文是指顺读与倒读都相同，例如"ABCDCBA"。

4. 编程序求表达式 $e = 1 + x + \dfrac{x^2}{2!} + \cdots + \dfrac{x^n}{n!}$ 的值，并在窗体上输出，要求如下：

（1）变量 x 与 n 的值在窗体单击事件中用 InputBox() 函数输入，通过调用函数过程 fe 实现题目要求；

（2）求表达式的值用函数过程 Function　fe (n%, x!) As Single 完成。

5. 编一个函数过程，判断已知数 m 是否为"完数"。所谓"完数"是指该数等于其因子之和，如 $6 = 1 + 2 + 3$，6 就是完数。

上机实验

1. 键盘输入 10 个整数，输出其中的最大数和平均值，并将这 10 个数从小到大排序输出到窗体上。要求分别编写子过程 Maxnum、Avenum 和 ordernum 来求最大数、平均值和排序，然后在窗体的单击事件中调用这些函数。

2. 统计在一个文本框内各英文字母出现的次数（不区分大小写），并按英文字母的先后顺序输出各个字符与其对应的出现次数，要求将统计各字母出现次数的运算编写为过程。程序界面自定。

自定义统计过程 CharCount，各形参定义如下，其中，str1 为被统计文本，数组 a 存放各个字符出现次数。

```
Sub  CharCount(Str1 as string,a() as integer)
```

3. 设计一个由计算机来当小学低年级学生算术老师的 Visual Basic 应用程序，要求随机给出一系列的两个 10～100 数的加减，一个 10～100 数与一个 1～10 数的乘除（整除）运算的算术题。学生输入该题的答案，计算机根据学生的答案判断正确与否，并给出成绩，单击"结束"命令按钮，退出应用程序。程序运行界面如图 5-20 所示。

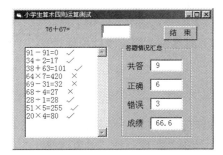

图 5-20　算术四则运行程序运行界面

第6章
常用控件与系统对象

在第1章中已介绍了窗体和标准控件（工具箱中的控件）中的命令按钮、文本框、标签，本章将介绍其他一些标准控件、常用的 ActiveX 控件、Visual Basic 系统对象和鼠标、键盘事件等。本章将从用途、属性、方法和事件4个方面系统地讨论这些控件，并通过例题对主要的知识点加以实际应用，以加深理解。限于篇幅，这里只介绍最常用的内容，如果需要了解更详细的信息，读者可查阅 Visual Basic 的帮助系统。

本章主要任务：

（1）掌握单选按钮、复选框、框架、列表框、组合框、滚动条、时钟等标准控件的常用属性、方法和事件的使用；

（2）掌握鼠标和键盘事件的使用；

（3）了解 ActiveX 控件的使用方法；

（4）了解 App、Clipboard、Screen 等系统对象的使用方法。

6.1　单选钮、检查框及框架

单选钮和检查框提供了两种选择的方式：多个单选钮同处在一个容器中，只能选择其中的一个；而多个检查框可以同时选中多个。框架是一个容器控件，使用框架控件除了可以实现单选钮的分组功能外，在界面设计时，常常将一些功能相近的控件置于同一个框架控件中，使得界面更加清晰。单选钮和检查框及框架在 Windows 对话框界面中使用比较多，图6-1所示为 Visual Basic "工具"菜单下的"选项"对话框中的"通用"选项卡，其中就使用了单选钮、检查框与框架3种控件，下面逐一介绍这3种控件。

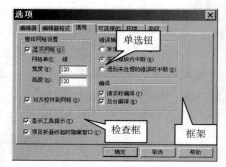

图6-1　"通用"选项卡

6.1.1　单选钮

1．用途

单选钮（OptionButton）也称作选择按钮。一组单选钮控件可以提供一组彼此相互排斥的选项，任何时刻用户只能从中选择一个选项，实现一种"单项选择"的功能，被选中项目左侧圆圈中会出现一黑点。单选钮在工具箱中的图标为 ⊙ 。

注意

同一"容器"中的单选钮提供的选项是相互排斥的，即只要选中某个选项，其余选项就自动取消选中状态。

2. 属性

Value 属性是单选钮控件最重要的属性，为逻辑型值，当为 True 时，表示已选择了该按钮，为 False（默认值）则表示没有选择该按钮。用户可在设计阶段通过属性窗口或在运行阶段通过程序代码设置该属性值，也可在运行阶段通过鼠标单击某单选钮控件将其 Value 属性设置为 True。

3. 方法

SetFocus 方法是单选钮控件最常用的方法，可以在代码中通过该方法将焦点定位于某单选钮控件，从而使其 Value 属性设置为 True。与命令按钮控件相同，使用该方法之前，必须要保证单选钮控件当前处于可见和可用状态（即 Visible 与 Enabled 属性值均为 True）。

4. 事件

单选钮控件最基本的事件是 Click 事件，从前面的叙述可知，当用户单击单选钮控件时，它会自动改变 Value 属性值，因此用户无需为此单独编写单选钮控件的 Click 事件过程。

例 6.1　设计一个字体设置程序，界面如图 6-2 所示。要求：程序运行后，单击"宋体"或"黑体"单选钮，可将所选字体应用于标签，单击"结束"按钮则结束程序。

图 6-2　字体设置

在属性窗口中按表 6-1 所示设置各对象的属性。

表 6-1　　　　　　　　　　　　　各对象的主要属性设置

对　象	属性（属性值）	属性（属性值）	属性（属性值）	属性（属性值）
窗体	Name（Form1）	Caption（"字体设置"）		
标签	Name（lblDisp）	Caption（"字体示例"）	Alignment（2）	BorderStyle（1）
单选钮 1	Name（optSong）	Caption（"宋体"）		
单选钮 2	Name（optHei）	Caption（"黑体"）		
命令按钮	Name（cmdEnd）	Caption（"结束"）		

程序代码如下：

```
Private Sub optSong_Click()        '设置宋体
    lblDisp.FontName = "宋体"
End Sub
Private Sub optHei_Click()         '设置黑体
    lblDisp.FontName = "黑体"
End Sub
Private Sub cmdEnd_Click()         '"结束"按钮的单击事件过程
    End
End Sub
```

思考与讨论

程序运行后，"宋体"单选钮自动处于选中状态，如何使"黑体"单选钮自动处于选中状态？能否使 2 个单选钮均自动处于未选中状态？请读者注意观察属性窗口中 2 个单选钮控件的TabIndex 属性值。

6.1.2　检查框

1. 用途

检查框（CheckBox）也称为复选框、选择框。一组检查框控件可以提供多个选项，它们彼此独立工作，所以用户可以同时选择任意多个选项，实现一种"不定项选择"的功能。选择某一选项后，该控件将显示"√"，而清除此选项后，"√"消失。检查框控件在工具箱中的图标为☑。

2. 属性

Value 属性也是检查框控件最重要的属性，但与单选钮不同，该控件的 Value 属性为数值型数据，可取 3 种值：0 为未选中（默认值），1 为选中，2 为变灰。同样，用户可在设计阶段通过属性窗口或通过程序代码设置该属性值，也可在运行阶段通过鼠标单击来改变该属性值。

 检查框的 Value 属性值为 2 并不意味着用户无法选择该控件，用户依然可以通过鼠标单击或 SetFocus 方法将焦点定位其上，若要禁止用户选择，必须将其 Enabled 属性设置为 False。变灰的检查框往往代表该选项包含进一步的详细内容，而这些内容并未完全选中，如图 6-3 所示。

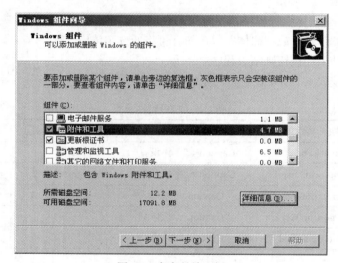

图 6-3　灰色的检查框

3. 事件

检查框控件最基本的事件也是 Click 事件。同样，用户无须为检查框单独编写 Click 事件过程，即可遵循以下规则通过单击检查框自动改变其 Value 属性值：

单击未选中的检查框时，检查框变为选中状态，Value 属性值变为 1；

单击已选中的检查框时，检查框变为未选中状态，Value 属性值变为 0；

单击变灰的检查框时，检查框变为未选中状态，Value 属性值变为 0。

运行时反复单击同一检查框，其只在选中与未选中状态之间进行切换，即 Value 属性值只能在 0 和 1 之间交替变换。

例 6.2　设计一个字体设置程序，界面如图 6-4 所示。要求：程序运行后，单击各检查框，可将所选字形

图 6-4　字形设置

应用于标签，单击"结束"按钮则结束程序。

在属性窗口中按表 6-2 所示设置各对象的属性。

表 6-2　　　　　　　　　　　　　　各对象的主要属性设置

对象	属性（属性值）	属性（属性值）	属性（属性值）	属性（属性值）
窗体	Name（Form1）	Caption（"字形设置"）		
标签	Name（lblDisp）	Caption（"字体示例"）	Alignment（2）	BorderStyle（1）
检查框 1	Name（chkBold）	Caption（"加粗"）		
检查框 2	Name（chkItalic）	Caption（"倾斜"）		
检查框 3	Name（chkUline）	Caption（"下划线"）		
检查框 4	Name（chkSth）	Caption（"删除线"）		
命令按钮	Name（cmdEnd）	Caption（"结束"）		

程序代码如下：

```
Private Sub chkBold_Click()          '设置加粗
    If chkBold.Value = 1 Then
        lblDisp.FontBold = True
    Else
        lblDisp.FontBold = False
    End If
End Sub
Private Sub chkItalic_Click()        '设置倾斜
    If chkItalic.Value = 1 Then
        lblDisp.FontItalic = True
    Else
        lblDisp.FontItalic = False
    End If
End Sub
Private Sub chkUline_Click()         '设置下划线
    If chkUline.Value = 1 Then
        lblDisp.FontUnderline = True
    Else
        lblDisp.FontUnderline = False
    End If
End Sub
Private Sub chkSth_Click()           '设置删除线
    If chkSth.Value = 1 Then
        lblDisp.FontStrikethru = True
    Else
        lblDisp.FontStrikethru = False
    End If
End Sub
Private Sub cmdEnd_Click()           '"结束"按钮的单击事件过程
    End
End Sub
```

思考与讨论

单选钮与检查框的 Click 事件的功能有所区别，单击单选钮将必定选中该控件，而单击检查框则可能选中也可能清除该控件，因此典型的检查框的 Click 事件过程中常使用选择结构来判断检查框的状态以决定下一步的操作，而单选钮的 Click 事件过程中一般无须使用选择结构进行控制。

检查框 Check1 的 Click 事件过程的典型结构如下：

```
Private Sub Check1_Click()
    If Check1.Value = 1 Then
        '选中后要进行的操作
    Else
        '清除后要进行的操作
    End If
End Sub
```

6.1.3 框架

同窗体一样，框架（Frame）控件也是一种"容器"，主要用于为其他控件分组，从而在功能上进一步分割一个窗体。例如，将单选钮分成若干组，这样每组同时只能选择一个单选钮，而整个窗体在同一时刻则可以选择多个单选钮。框架控件在工具箱中的图标为 。

为将控件分组，先要建立"容器"控件，再单击工具箱上的工具按钮，然后在"容器"里面利用拖动方法建立同组的控件。如果希望将已经存在的若干控件放在某个框架中，可以先选择这些控件，将它们剪切到剪贴板上，然后选定框架控件并把它们粘贴到框架上。

除 Caption 属性外，一般情况下框架控件很少使用其他的属性。

例 6.3　设计一个字体属性设置程序，界面如图 6-5 所示。要求：程序运行后，当选择好相应的检查框和单选钮，单击"确定"按钮后，标签的内容会发生相应变化，单击"取消"按钮则恢复默认设置。

在属性窗口中按表 6-3 所示设置各对象的属性。

图 6-5　字体设置窗体

表 6-3　　　　　　　　　各对象的主要属性设置

对象	属性（属性值）	属性（属性值）	属性（属性值）	属性（属性值）
窗体	Name（Form1）	Caption（"字体设置"）		
标签	Name（lblDisp）	Caption（"字体示例"）	Alignment（0）	BorderStyle（1）
框架 1	Name（Frame1）	Caption（"字体"）		
单选钮 1	Name（optSong）	Caption（"宋体"）	Value(True)	
单选钮 2	Name（optHei）	Caption（"黑体"）		
框架 2	Name（Frame2）	Caption("字形")		
检查框 1	Name（chkBold）	Caption（"加粗"）		
检查框 2	Name（chkItalic）	Caption（"倾斜"）		
框架 3	Name（Frame3）	Caption（"字号"）		
单选钮 3	Name（optTen）	Caption（"10 号"）	Value(True)	
单选钮 4	Name（optTwelve）	Caption（"12 号"）		
命令按钮 1	Name（cmdOK）	Caption（"确定"）		
命令按钮 2	Name（cmdCancel）	Caption（"取消"）		

程序代码如下：

```
Private Sub Form_Load()                    '窗体的初始化过程
    lblDisp.FontName = "宋体"
    lblDisp.FontBold = False
    lblDisp.FontItalic = False
    lblDisp.FontSize = 10
    optSong.Value = True
    chkBold.Value = 0
    chkItalic.Value = 0
    optTen.Value = True
End Sub
Private Sub cmdOK_Click()          '"确定"按钮的单击事件过程
    If optSong.Value Then          '设置字体
        lblDisp.FontName = optSong.Caption
    Else
        lblDisp.FontName = optHei.Caption
    End If
    lblDisp.FontBold = chkBold.Value              '设置字形
    lblDisp.FontItalic = chkItalic.Value
    If optTen.Value Then                          '设置字号
        lblDisp.FontSize = 10
    Else
        lblDisp.FontSize = 12
    End If
End Sub
Private Sub cmdCancel_Click()                  '取消按钮的单击事件过程
    Form_Load                                  '调用窗体的初始化过程
End Sub
```

思考与讨论

例 6.2 与例 6.3 中字形设置的方法有何区别？为什么两种方法都可以正确设置标签的字形？在框架内的控件的 Left 和 Top 属性值都是相对于框架边界衡量的，当移动框架时，框架内的控件也随之移动，但其 Left 和 Top 属性值并未改变。当删除框架时，框架内的控件也随之删除。

6.2　滚　动　条

1.　用途

滚动条控件（ScrollBar）分为水平滚动条（HscrollBar）和垂直滚动条（VscrollBar）两种，通常附在窗体上协助观察数据或确定位置，也可用作数据输入工具，用来提供某一范围内的数值供用户选择。水平滚动条控件和垂直滚动条控件在工具箱中的图标分别为 和 。

具体来说，当项目列表很长或者信息量很大时，可以通过滚动条实现简单的定位功能。此外滚动条还可以按比例指示当前位置，以控制程序输入，作为速度、数量的指示器来使用。例如，可以用它来控制多媒体程序的音量，或者查看定时处理中已用的时间等。

　　　　　滚动条是一个独立的控件，它有自己的事件、属性和方法集。文本框、列表框和组合框内部在特定情况下都会出现滚动条，但它们属于这些控件的一部分，不是一个独立的控件。

2．属性

（1）Value 属性。

返回或设置滚动条的当前位置，其返回值始终为介于 Max 和 Min 属性值之间的整数。

（2）Max、Min 属性。

使用滚动条作为数量或速度的指示器，或者作为输入设备时，可以利用 Max 和 Min 属性设置控件的 Value 属性变化范围。

Max 属性：返回或设置当滚动框处于底部或最右位置时，滚动条 Value 属性的最大设置值。取值范围是 −32 768 ~ 32 767 的整数，包括 −32 768 和 32 767，默认设置值为 32 767。

Min 属性：返回或设置当滚动框处于顶部或最左位置时，滚动条 Value 属性的最小设置值。取值范围同 Max 属性，默认设置值为 0。

（3）LargeChange、SmallChange 属性。

LargeChange 属性返回或设置当用户单击滚动框和滚动箭头之间的区域时，滚动条控件 Value 属性值的改变量。

SmallChange 属性返回或设置当用户单击滚动箭头时，滚动条控件 Value 属性值的改变量。LargeChange 与 SmallChange 属性的取值范围是 1 ~ 32 767 的整数，包括 1 和 32 767，默认设置值均为 1。

3．事件

（1）Change 事件。

滚动条的 Change 事件在移动滚动框或通过代码改变其 Value 属性值时发生。可通过编写 Change 事件过程来协调各控件间显示的数据或使它们同步。

（2）Scroll 事件。

当滚动框被重新定位，或按水平方向或垂直方向滚动时，Scroll 事件发生。可通过编写 Scroll 事件过程进行计算或操作必须与滚动条变化同步的控件。

Scroll 事件与 Change 事件的区别在于：当滚动条控件滚动时，Scroll 事件一直发生，而 Change 事件只是在滚动结束之后才发生一次。

例 6.4 设计一个字号设置程序，界面如图 6-6 所示。要求如下。

（1）在文本框中输入 1 ~ 100 范围内的数值后，滚动条的滚动框会滚动到相应位置，同时标签的字号也会相应改变。

（2）当滚动条的滚动框的位置改变后，文本框中也会显示出相应的数值，标签的字号也会相应改变。

在属性窗口中按表 6-4 所示设置各对象的属性。

图 6-6　字号设置

表 6-4　　　　　　　　　　　　各对象的主要属性设置

对　　象	属性（属性值）	属性（属性值）
窗体	Name（Form1）	Caption（"字号设置"）
框架	Name（Frame1）	Caption（"示例文字"）
标签	Name（lblDisp）	Caption（"学"）
水平滚动条	Name（hsbFontSize）	
文本框	Name（txtFontSize）	

程序代码如下：

```
Private Sub Form_Load()                 '窗体初始化过程
    lblDisp.FontSize = 10
    hsbFontSize.Min = 1
    hsbFontSize.Max = 100
    hsbFontSize.SmallChange = 1
    hsbFontSize.LargeChange = 5
    hsbFontSize.Value = 10
    txtFontSize.Text = "10"
End Sub
Private Sub hsbFontSize_Change()      '滚动条的 Change 事件过程
    lblDisp.FontSize = hsbFontSize.Value
    txtFontSize.Text = Str(hsbFontSize.Value)
End Sub
Private Sub txtFontSize_Change()      '文本框的 Change 事件过程
    '判断数据有效性
    If IsNumeric(txtFontSize.Text) And Val(txtFontSize.Text) >= _
        hsbFontSize.Min And Val(txtFontSize.Text) <= hsbFontSize.Max Then
        hsbFontSize.Value = Val(txtFontSize.Text)
    Else
        txtFontSize.Text = "无效数据"
    End If
End Sub
```

思考与讨论

程序运行时，哪些操作能够触发滚动条的 Change 事件？程序最终是通过滚动条的 Change 事件过程来改变标签字号的，如何使程序最终通过文本框的 Change 事件过程来改变标签字号？试将程序中滚动条的 Change 事件过程改写为 Scroll 事件过程，比较运行情况。

6.3　列表框与组合框

当仅需要用户从少量选项中作出选择时，单选钮与检查框就完全能够胜任，但是当需要在有限空间里为用户提供大量选项时，就不适于使用单选钮与检查框了。Visual Basic 为用户提供的列表框与组合框控件是解决这一问题的一种十分有效的方法。由于这两种控件具有许多共同的属性、方法与事件，下面将把它们放在一起介绍。

1. 用途

列表框控件（ListBox）用于显示项目列表，用户可从中选择一个或多个项目。如果项目总数超过了可显示的项目数，Visual Basic 会自动加上滚动条。列表框控件在工具箱中的图标为。列表框有两种风格：标准和复选列表框，通过它的 Style 属性来设置。

组合框控件（ComboBox）将文本框和列表框的功能结合在一起，用户可以在列表中选择某项或在编辑区域中直接输入文本。组合框控件在工具箱中的图标为。同样，如果项目过多时，组合框也会自动出现滚动条。

通常，组合框适于创建建议性的选项列表，即用户除了可以从列表中进行选择外，还可以通过编辑区域将不在列表中的选项输入列表区域中（需编程实现）。而列表框则适用于将用户的选择限制在列表之内的情况。此外，组合框有 3 种风格：下拉式组合框、简单组合框和下拉式列表框。

其中两种下拉风格的组合框，只有单击向下箭头时才会显示全部列表，这样就节省了窗体的空间，所以无法容纳列表框的地方可以很容易地容纳组合框。

注意　　　下拉式列表框与下拉式组合框的区别在于前者不能输入列表中没有的项目。

2. 属性

（1）List、ListCount 和 ListIndex 属性。

① List 属性：字符串数组。与其他只含有单值的控件属性（如标签的 Caption 属性或文本框的 Text 属性）不同，列表框和组合框的 List 属性含有多个值（字符型），这些值构成一个数组，数组的每一项都是一个列表项目。引用列表框和组合框的项目可以按如下形式：

```
对象名.List( i )
```

其中，对象名为列表框或组合框名，i 为项目的索引号，取值范围是 0 ~ 对象名.ListCount-1。

在设计模式下，可以在属性窗口的 List 下拉框中输入项目，如图 6-7 所示。

若要连续输入多个项目，在每输入一项后，可按 Ctrl+回车键，便可继续输入下一项目。当所有项目输入完毕后，再按回车键。

② ListCount 属性：整型数值，用于返回列表框或组合框中列表项目的个数，即 List 数组中的元素个数。

图 6-7　在 List 属性中输入项目

③ ListIndex 属性：整型数值，用于返回或设置列表框控件或组合框控件中当前选择项目的索引，第一个项目的索引为 0 而最后一个项目的索引为对象名.ListCount-1。如果没有选中，则 ListIndex 属性值为-1。

例如，表达式 List1.List(List1.ListIndex) 将返回列表框 List1 当前选择的项目，List1.List(0) 将返回列表框 List1 的第一个项目，List1.List(List1. ListCount-1)将返回列表框 List1 的最后一个项目。

（2）Style 属性。

Style 属性用于指示列表框控件或组合框控件的显示类型和行为，在运行时是只读的。列表框控件与组合框控件 Style 属性的取值及含义分别如表 6-5 和表 6-6 所示。

表 6-5　　　　　　　　　　　　列表框控件的 Style 属性取值及含义

值	内 部 常 数	含　　义
0	vbListBoxStandard	（默认值）标准的文本项列表
1	vbListBoxCheckbox	复选框。在 ListBox 控件中，每一个文本项的边上都有一个复选框，可以选择多项

表 6-6　　　　　　　　　　　　组合框控件的 Style 属性取值及含义

值	内 部 常 数	含　　义
0	vbComboDropDown	（默认值）下拉式组合框，包括一个下拉式列表和一个文本框，可以从列表中选择或在文本框中输入
1	vbComboSimple	简单组合框，包括一个文本框和一个不能下拉的列表，可以从列表中选择或在文本框中输入
2	vbComboDrop-DownList	下拉式列表框，这种样式仅允许从下拉列表中选择

说明：对于列表框控件，当将 Style 属性值设置为 1 时，MultiSelect 属性值只能设置为 0。

各种显示风格的列表框与组合框如图 6-8 所示。

图 6-8　列表框与组合框

（3）MultiSelect 属性。

MultiSelect 属性用于指示能否在列表框控件中进行复选以及如何进行复选，在运行时是只读的，其取值及含义如表 6-7 所示。注意，组合框控件无此属性。

表 6-7　　　　　　　　　　　　　　　　MultiSelect 属性设置值及含义

设　置　值	含　　义
0	（默认值）不允许复选
1	简单复选，通过鼠标单击或按下空格键在列表中选中或取消选中项
2	扩展复选，通过按下 Shift 键并单击鼠标或按下 Shift 键以及一个方向键，将在以前选中项的基础上扩展选择到当前选中项。通过按下 Ctrl 键并单击鼠标，可在列表中选中或取消选中项

（4）Selected 属性。

Selected 属性返回或设置列表框控件中的一个项目的选择状态（注意，组合框控件无此属性）。该属性是一个逻辑类型的数组，数组元素个数与列表框中的项目数相同，其下标的变化范围与 List 属性相同。

例如，List1.Selected（0）=True 表示列表框 List1 的第一个项目被选中。Selected 属性在设计阶段是不可用的，即无法在属性窗口中设置该属性。

注意

Visual Basic 中各种对象的大部分属性既可在设计阶段使用，也可在运行阶段使用。但是也有一部分属性，如 Name 属性，只能在设计阶段设置。还有一些属性则只能在运行阶段设置。

Selected 属性与 ListIndex 属性的区别：如果 MultiSelect 属性被设置为 0,那么可以使用 ListIndex 属性来获得选中项的索引；Selected 属性则对允许复选的列表框十分有用，通过该属性可以快速检查列表中哪些项已被选中，也可以在代码中使用该属性选中或取消选中列表中的指定项。

（5）NewIndex 属性。

NewIndex 属性用于返回最近加入列表框控件或组合框控件的项目的索引。如果在列表中已没有项目或删除了一个项目，该属性将返回-1。

（6）TopIndex 属性。

TopIndex 属性用于返回或设置一个值，该值指定哪个项被显示在列表框控件或组合框控件顶部的位置。该属性的取值范围从 0 到对象名.ListCount-1，在设计阶段不可用。

（7）Sorted 属性。

Sorted 属性返回一个逻辑值，当 Sorted 属性为 True 时列表框控件或组合框控件的项目自动按字母表顺序（升序）排序，为 False 时项目按加入的先后顺序排列显示。该属性只能在设计阶段设置，不能在程序代码中设置。

（8）Text 属性。

对于下拉式组合框与简单组合框，Text 属性返回编辑区域中的文本。对于列表框控件或下拉列表框，Text 属性的返回值总与对象名.List（对象名.ListIndex）的值相同。

3. 方法

（1）AddItem 方法。

用于将项目添加到列表框控件或组合框控件。

语法格式：对象名.AddItem item [, index]

其中：item 参数是一个字符串表达式，用来指定添加到对象的项目；index 参数是一个整数，用来指定新项目在该对象中的位置（首项的 index 为 0）。

例如，将文本框 Text1 中输入的内容添加到列表框 List1 中，并使其成为第 2 项内容，应使用下面的语句：

```
List1.AddItem Text1.Text, 1
```

Index 参数的有效范围与 ListIndex 属性的取值范围相同，如果所给出的 Index 值有效，则 item 将放置在列表框控件或组合框控件中相应的位置。如果省略 index，那么当 Sorted 属性设置为 True 时，item 将添加到恰当的排序位置，当 Sorted 属性设置为 False 时，item 将添加到列表的结尾。

（2）RemoveItem 方法。

用于从列表框控件或组合框控件中删除一项。

语法格式：对象名.RemoveItem index

对 index 参数的规定同 AddItem 方法。

例如，要删除列表框 List1 中所有选中的项目，可使用下面的程序段：

```
Dim i As Integer
i = 0
Do While i <= List1.ListCount - 1
  If List1.Selected(i) Then
      List1.RemoveItem i
  Else
    i = i + 1
  End If
Loop
```

请注意，如果将上面程序中的 Do 循环语句改为 For 循环语句，程序能正常运行吗？为什么？

（3）Clear 方法。

用于清除列表框控件或组合框控件中的所有项目。

语法格式：对象名.Clear

例如，要删除列表框 List1 中所有项目，可使用语句：List1. Clear。

4. 事件

（1）Click 事件。

当单击某一列表项目时，将触发列表框与组合框控件的 Click 事件。该事件发生时系统会自动改变列表框与组合框控件的 ListIndex、Selected、Text 等属性，无须另行编写代码。

（2）DblClick 事件。

当双击某一列表项目时，将触发列表框与简单组合框控件的 DblClick 事件。

（3）Change 事件。

对于下拉组合框或简单组合框控件，当用户通过键盘输入改变了编辑区域的内容时，或者通过代码改变了 Text 属性的设置时，将触发 Change 事件。虽然通过单击列表选项可以改变组合框的 Text 属性值，但这并不会触发组合框的 Change 事件。

例 6.5　设计一个畅销书排行榜程序，界面如图 6-9 所示。要求如下。

（1）在列表框中选择一书名后，单击 "↑" 按钮该书名次上升一位，单击 "↓" 按钮该书名次下降一位，单击 "→" 按钮该书下榜。

（2）在文本框中输入新书名和排行名次后，单击 "←" 按钮可将该书加入列表框指定位次。

（3）单击 "清除" 按钮将清除列表框中所有内容，单击 "结束" 按钮将结束程序。

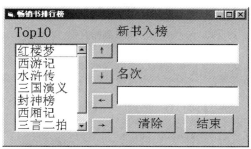

图 6-9　畅销书排行榜窗体

在属性窗口中按表 6-8 所示设置各对象的属性。

表 6-8　　　　　　　　　　　各对象的主要属性设置

对　　象	属性（属性值）	属性（属性值）
窗体	Name（Form1）	Caption（"畅销书排行榜"）
标签 1	Name（Label1）	Caption（"Top10"）
标签 2	Name（Label2）	Caption（"新书入榜"）
标签 3	Name（Label3）	Caption（"名次"）
列表框	Name（lstBook）	
文本框 1	Name（txtNewBook）	Text（""）
文本框 2	Name（txtNo）	Text（""）
命令按钮 1	Name（cmdUp）	Caption（"↑"）
命令按钮 2	Name（cmdDown）	Caption（"↓"）
命令按钮 3	Name（cmdIn）	Caption（"←"）
命令按钮 4	Name（cmdOut）	Caption（"→"）
命令按钮 5	Name（cmdClear）	Caption（"清除"）
命令按钮 6	Name（cmdEnd）	Caption（"结束"）

程序代码如下：

```
Private Sub cmdUp_Click()
    Dim book As String      '定义变量 book 表示排在已选择项目前一位的书名
    Dim index As Integer    '定义变量 index 表示已选择项目原来的排名
    index = lstBook.ListIndex
    '判断是否已选择某一书名且该书目前排名并非第一
    If index = -1 Then
        MsgBox "请先选择书名!", vbExclamation, "畅销书排行榜"
    ElseIf index <> 0 Then
        book = lstBook.List(index - 1)
        lstBook.RemoveItem index-1       '删除已选择项目的前一项
        lstBook.AddItem book, index      '将已删除项目添加到其原来排名
    End If
End Sub
```

```
Private Sub cmdDown_Click()
    Dim book As String, index As Integer
    index = lstBook.ListIndex
    If index = -1 Then
        MsgBox "请先选择书名!", vbExclamation, "畅销书排行榜"
    ElseIf index <> lstBook.ListCount - 1 Then
        book = lstBook.List(index + 1)
        lstBook.RemoveItem index + 1
        lstBook.AddItem book, index
    End If
End Sub
Private Sub cmdIn_Click()
    Dim book As String, index As Integer
    book = txtNewBook.Text
    index = Val(txtNo.Text)
    '判断是否已输入书名和有效的排名
    If book = "" Then
        MsgBox "请输入书名!", vbExclamation, "畅销书排行榜"
    ElseIf index >= 1 And index <= lstBook.ListCount + 1 Then
        lstBook.AddItem book, index - 1
    Else
        MsgBox "请输入一个有效的名次!", vbExclamation, "畅销书排行榜"
    End If
End Sub
Private Sub cmdOut_Click()
    Dim index As Integer
    index = lstBook.ListIndex
    If index <> -1 Then
        lstBook.RemoveItem index
    Else
        MsgBox "请先选择书名!", vbExclamation, "畅销书排行榜"
    End If
End Sub
Private Sub cmdClear_Click()
    lstBook.Clear
End Sub
Private Sub cmdEnd_Click()
    End
End Sub
```

思考与讨论

（1）如果列表框允许复选，如何修改程序，使得单击"→"按钮时，可将当前选择的所有书同时下榜？

（2）在调整所选书的排行名次时，是否必须判断该书的当前名次？能否通过赋值语句交换相邻两项的方法来调整名次？

（3）如何修改程序来避免将重复的书名添加到排行榜中？

（4）读者在进行程序设计时应考虑到 Windows 应用程序的操作习惯，以列表框为例，通常采用两种方式进行操作：先单击选定项目，再单击"确定"按钮进行确认；或者直接双击某个列表项进行操作。因此，在设计程序对选中的列表项进行操作时，通常设计列表框的 DblClick 事件，或者命令按钮的 Click 事件，较少设计列表框的 Click 事件。

例 6.6　设计一个设置字体属性的程序，界面如图 6-10 所示。要求如下。

（1）启动工程后，自动在"字体"简单组合框中列出部分字体供用户选择，用户也可根据需要在编辑区中直接输入字体名称。

（2）"字号"下拉组合框中列出部分字号供用户选择，默认值为 10 磅，用户也可根据需要在编辑区中直接输入字号大小。

（3）所做的任何设置都直接在"示例"标签中显示效果，单击"取消"按钮将恢复初始设置，单击"确定"按钮将结束程序。

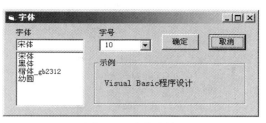

图 6-10　字体窗体

在属性窗口中按表 6-9 所示设置各对象的属性。

表 6-9　　　　　　　　　　　　各对象的主要属性设置

对　　象	属性（属性值）	属性（属性值）
窗体	Name（Form1）	Caption（"字体"）
标签 1	Name（Label1）	Caption（"字体"）
标签 2	Name（Label2）	Caption（"字号"）
标签 3	Name（lblDisp）	Caption（"Visual Basic 6.0 程序设计教程"）
框架	Name（Frame1）	Caption（"示例"）
组合框 1	Name（cboFontName）	
组合框 1	Name（cboFontSize）	
命令按钮 1	Name（cboOK）	Caption（"确定"）
命令按钮 2	Name（cboCancel）	Caption（"取消"）

程序代码如下：

```
Private Sub Form_Load()
    Dim i As Integer
    cboFontName.AddItem "宋体"
    cboFontName.AddItem "黑体"
    cboFontName.AddItem "楷体_gb2312"
    cboFontName.AddItem "幼圆"
    For i = 8 To 30 Step 2                  '初始化字号组合框
        cboFontSize.AddItem Str(i)
    Next i
    '初始设置标签与组合框
    lblDisp.FontName = "宋体"
    lblDisp.FontSize = 10
    cboFontName.Text = "宋体"
    cboFontSize.Text = Str(10)
End Sub
Private Sub cboFontName_Click()            '选择字体的单击事件过程
    lblDisp.FontName = cboFontName.Text
End Sub
Private Sub cboFontName_Change()           '输入字体的处理过程
    lblDisp.FontName = cboFontName.Text
End Sub
Private Sub cboFontSize_Click()            '选择字号的单击事件过程
    lblDisp.FontSize = Val(cboFontSize.Text)
End Sub
```

```
Private Sub cboFontSize_Change()          '输入字号的处理过程
    lblDisp.FontSize = Val(cboFontSize.Text)
End Sub
Private Sub cmdCancel_Click()             '恢复初始设置
    lblDisp.FontName = "宋体"
    lblDisp.FontSize = 10
    cboFontName.Text = "宋体"
    cboFontSize.Text = Str(10)
End Sub
Private Sub cmdOK_Click()                 '结束程序
    End
End Sub
```

思考与讨论

（1）在程序运行过程中，如果在字体组合框的编辑区中输入了一个当前系统中并不存在的字体，将会出现什么情况？如何避免发生这种情况？

（2）在程序运行过程中，如果在字号组合框的编辑区中输入了非法数据（如–10、abc 等），将会出现什么情况？如何避免发生这种情况？

（3）当用户在组合框中单击选中某项时，组合框的 Text 属性是否自动改变？是否会触发组合框的 Change 事件？

6.4 时 钟 控 件

1. 用途

时钟控件（Timer）又称计时器、定时器控件，用于有规律地定时执行指定的工作，适合编写不需要与用户进行交互就可直接执行的代码，如倒计时、动画等。时钟控件在工具箱中的图标为 ![icon]，在程序运行阶段，时钟控件不可见。

2. 属性

（1）Interval 属性。

取值范围为 0 ~ 64 767（包括这两个数值），单位为毫秒（0.001 秒），表示计时间隔。若将 Interval 属性设置为 0 或负数，则时钟控件停止工作。

 时钟控件的时间间隔并不精确，当 Interval 属性值设置过小时，将可能影响系统的性能。

（2）Enabled 属性。

无论何时，只要时钟控件的 Enabled 属性被设置为 True 而且 Interval 属性值大于 0，则时钟控件开始工作（以 Interval 属性值为间隔，触发 Timer 事件）。

通过把 Enabled 属性设置为 False 可使时钟控件无效，即时钟控件停止工作。

3. 方法

Visual Basic 没有为时钟控件提供有关的方法。

4. 事件

时钟控件只能响应 Timer 事件，当 Enabled 属性值为 True 且 Interval 属性值大于 0 时，该事件以 Interval 属性指定的时间间隔发生，需要定时执行的操作即放在该事件过程中完成。

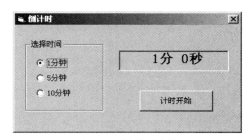

例 6.7　设计一个倒计时程序，界面如图 6-11 所示。要求如下。

（1）程序运行后，通过单选钮选择计时时间（默认为 1 分钟），单击 "计时开始" 按钮进行倒计时。

（2）在标签中显示计时情况，计时结束后在标签中显示 "时间到"。

图 6-11　倒计时窗体

（3）单选钮和 "计时开始" 按钮在计时开始后被禁用，直到计时结束后才可以使用。

在属性窗口中按表 6-10 所示设置各对象的属性。

表 6-10　　　　　　　　　　　　　各对象的主要属性设置

对　象	属性（属性值）	属性（属性值）	属性（属性值）	属性（属性值）
窗体	Name（Form1）	Caption（"倒计时"）	BorderStyle（1）	
框架	Name（Frame1）	Caption（"选择时间"）		
单选钮 1	Name（optOne）	Caption（"1 分钟"）	Value（True）	
单选钮 2	Name（optFive）	Caption（"5 分钟"）		
单选钮 3	Name（optTen）	Caption（"10 分钟"）		
标签	Name（lblTime）	Caption（"1 分 0 秒"）	BorderStyle（1）	Alignment（2）
命令按钮	Name（cmdStart）	Caption（"计时开始"）		
时钟	Name（Timer1）	Interval（1000）	Enabled（False）	

程序代码如下：

```
'声明窗体级变量 pretime, mm, ss 用于存放余下时间的总秒,分钟数及除去整分钟后的秒数
Dim pretime As Integer, mm As Integer, ss As Integer
Private Sub cmdStart_Click()              '开始倒计时
    cmdStart.Enabled = False
    Frame1.Enabled = False                '禁用框架中的所有单选钮
    mm = pretime \ 60
    ss = pretime Mod 60
    lblTime.Caption = Str(mm) & "分" & Str(ss) & "秒"
    Timer1.Enabled = True
End Sub
Private Sub optOne_Click()
    pretime = 60
 End Sub
Private Sub optFive_Click()
    pretime = 300
 End Sub
Private Sub optTen_Click()
    pretime = 600
End Sub
Private Sub Timer1_Timer()
    pretime = pretime - 1                 '减少 1 秒
mm = pretime \ 60                         '计算剩余的分钟
    ss = pretime Mod 60                   '除去整分后的秒数
```

```
        lblTime.Caption = Str(mm) & "分" & Str(ss) & "秒"
        If mm = 0 And ss = 0 Then
            lblTime.Caption = "时间到!"
            Timer1.Enabled = False
            Frame1.Enabled = True
            cmdStart.Enabled = True
        End If
    End Sub
```

思考与讨论

（1）同样是有规律地重复执行特定的操作，循环结构与 Timer 事件过程有什么区别？

（2）为什么要将 pretime、mm 和 ss 定义为窗体级变量？

6.5　控　件　数　组

6.5.1　控件数组的概念

控件数组是一组具有共同名称（Name 属性）的同类型的控件，它们共享同样的事件过程。建立控件数组时，每个元素（控件）被自动赋予一个唯一的索引号（Index 属性）。一个控件数组至少应有一个元素（控件），元素数目可在系统资源和内存允许的范围内增加。在控件数组中可用到的最大索引值为 32 767。同一控件数组中的元素可以有自己的属性设置值。

当希望若干控件共享代码时，可采用控件数组以简化编程。

例如，如果创建了一个包含 3 个命令按钮的控件数组 cmdBotton，则无论单击哪个按钮时都将执行相同的事件过程。在事件过程中通过返回的索引值来区分用户单击的具体是哪一个按钮，以处理不同的操作。

```
    Private Sub cmdBotton_Click(Index As Integer)
            …                    '3 个命令按钮共享代码
        Select Case Index
          Case 0
            ……                '处理第一个命令按钮的操作
          Case 1
            ……                '处理第二个命令按钮的操作
          Case 2
            ……                '处理第三个命令按钮的操作
        End Select
        …
    End Sub
```

6.5.2　控件数组的建立

1．在设计阶段建立控件数组

（1）在窗体上放置控件数组的第一个控件，并进行相关属性设置（此时设置的 Name 属性即控件数组名）。

（2）选中该控件，进行复制操作，然后再进行若干次粘贴操作，即可建立所需个数的控件数组元素。

2．在运行阶段添加控件数组元素

（1）在窗体上放置控件数组的第一个控件，并将该控件的 Index 属性设为 0，表示该控件为控件数组的第一个元素。除设置 Name 属性外，还可以对一些取值相同的属性进行设置，如所有文本框的字体都取一样大小等。

（2）在代码中通过 Load 方法添加其余的若干个元素，也可以通过 Unload 方法删除某个添加的元素。

Load 方法和 Unload 方法的使用格式为

```
Load 控件数组名(<表达式>)
Unload 控件数组名(<表达式>)
```

其中，<表达式>为整型数据，表示控件数组的某个元素。

（3）通过 Left 和 Top 属性确定每个新添加的控件数组元素在窗体上的位置，并将 Visible 属性设置为 True。

6.5.3　应用举例

例 6.8　设计一个类似 Windows 计算器的程序，程序运行界面如图 6-12 所示。

图 6-12　计算器程序运行效果

程序的界面设计：1 个标签控件，用来显示数值及运算结果，2 个 Command 数组控件，10 个数字按钮，表示"+、-、×、÷"运算符按钮，在属性窗口中按表 6-11 所示设置各对象的属性。

表 6-11　　　　　　　　　　　　　　各对象的主要属性设置

对　象	属性（属性值）	属性（属性值）	属性（属性值）
窗体	Name（Form1）	Caption（"计算器"）	
标签	Name（Disp）	Caption（""）	BorderStyle（1）
命令按钮数组 1	Name（CmdNum (0)～CmdNum(9)）	Caption（"0"～"9"）	Index（0～9）
命令按钮数组 2	Name（CmdOp(0)～CmdOp(3)）	Caption（"+、-、×、÷"）	Index（0～3）
命令按钮 1	Name（CmdBack）	Caption（"BackSpace"）	
命令按钮 2	Name（CmdCE）	Caption（"CE"）	
命令按钮 3	Name（CmdClear）	Caption（"C"）	
命令按钮 4	Name（CmdZF）	Caption（"-/+"）	
命令按钮 5	Name（CmdPoint）	Caption（"."）	
命令按钮 6	Name（CmdBack）	Caption（"="）	

程序代码如下：

```
Dim num As String, num1 As String              '存放两个操作数
Dim Op As String                               '存放运算符
Private Sub CmdNum_Click(Index As Integer)  '数值键按钮
    '将每次单击的数值按钮的 Caption 属性，即数值连接形成操作数 num，并在标签上显示
    num = num + CmdNum(Index).Caption
    Disp.Caption = num
End Sub
Private Sub CmdPoint_Click()              '输入小数点
    '用函数 Instr 查找 num 中有没有小数点
    If InStr(num, ".") <> 0 Then
        '已经有一个小数点，退出该事件过程
        Exit Sub
    Else
         num = num + "."   '没有小数点，将小数点加入字符串中
    End If
    Disp.Caption = num
End Sub
Private Sub CmdZF_Click()      '反号，即正数变负数，负数变正数
    If Left(num, 1) <> "-" Then
        num = "-" & num
    Else
        num = Mid(num, 2)
    End If
    Disp.Caption = num
End Sub
Private Sub CmdOp_Click(Index As Integer)  '记录第一个操作数和运算符
    If Disp.Caption <> "" Then      '当标签 Disp 中不是空，即表示已输入一个数据
        num1 = num                       '将第一个操作数存入变量 num1
        '清空 Disp、字符串 num，准备输入第 2 个操作数 num
        Disp.Caption = ""
        num = ""
    End If
    '将你选择的运算符"+、-、×、÷"，保存在模块级变量 Op 中
    Op = CmdOp(Index).Caption
End Sub
Private Sub CmdEq_Click()     '根据运算标志进行计算
    Select Case Op
        Case "+"
            num = CStr(Val(num1) + Val(num))
        Case "-"
            num = CStr(Val(num1) - Val(num))
        Case "×"
            num = CStr(Val(num1) * Val(num))
        Case "÷"
            If Val(num) = 0 Then
                MsgBox ("除数不能为 0，请重新输入")
                num = ""
            Else
                num = CStr(Val(num1) / Val(num))
            End If
    End Select
End Sub
```

例 6.9　设计一个霓虹灯程序，界面如图 6-13 所示。要求：利用时钟控件模拟霓虹灯的效果。

图 6-13　霓虹灯窗体

本例中用 7 个标签构成一个控件数组，在属性窗口中按表 6-12 所示设置各对象的属性。

表 6-12　　　　　　　　　　　　　各对象的主要属性设置

对　象	属性（属性值）	属性（属性值）	属性（属性值）
窗体	Name（Form1）	Caption（"霓虹灯"）	
标签数组	Name（Label1(0)～Label1(7)）	Caption（"V"、" B "、"编"、"程"、"俱 "、"乐"、"部"）	Index（0～6）

程序代码如下：

```
Private Sub Form_Load()
    Dim i As Integer
    For i = 0 To 6
        Label1(i).Visible = False    '开始时隐藏标签控件数组
        Label1(i).ForeColor = vbRed
    Next i
    Timer1.Enabled = True
    Timer1.Interval = 500
End Sub
Private Sub Timer1_Timer()
    Static index As Integer      '定义静态变量 index 表示当前显示的标签编号
    Dim i As Integer
    If index <> 7 Then
        Label1(index).Visible = True
        index = index + 1
    Else
        For i = 0 To 6
            Label1(i).Visible = False
        Next i
        index = 0
    End If
End Sub
```

思考与讨论

（1）此题是通过时钟控件有规律地实现标签控件的隐藏和显示来达到霓虹灯的效果的。

（2）如果将标签控件数组在运行阶段创建，放在什么事件中最好？如何编写程序？

6.6　鼠标、键盘事件

在前面各章节的编程中，已用到了鼠标的 Click 事件、DblClick 事件和键盘的 KeyPress 事件。

Visual Basic 应用程序能够响应多种鼠标事件和键盘事件。例如，窗体、图片框与图像框等控件都能检测鼠标指针的位置，并可判定其左、中、右键是否已按下，还能响应鼠标按钮与键盘的 Shift 键、Ctrl 键或 Alt 键的各种组合。利用键盘事件可以编程响应多种键盘操作，也可以解释、处理 ASCII 字符。此外，Visual Basic 应用程序还可同时支持事件驱动的拖放功能和 OLE 的拖放功能。

6.6.1 鼠标事件

大多数控件能够识别鼠标的 MouseMove、MouseDown 和 MouseUp 事件，通过这些鼠标事件，应用程序能对鼠标位置及状态的变化作出响应操作。

- MouseMove：每当鼠标指针移动到屏幕新位置时发生。
- MouseDown：按下任意鼠标键按钮时发生。
- MouseUp：释放任意鼠标键按钮时发生。

MouseMove、MouseDown 和 MouseUp 3 个事件过程的语法格式如下：

```
Sub Object_MouseMove(Button As Integer, Shift As Integer, X As Single, Y As Single)
Sub Object_MouseDown(Button As Integer, Shift As Integer, X As Single, Y As Single)
Sub Object_MouseUp(Button As Integer, Shift As Integer, X As Single, Y As Single)
```

说明如下。

（1）Object 是可选的一个对象表达式，可以是窗体对象和大多数可视控件。

（2）Button 参数表示按下或松开鼠标哪个按钮，当按下或松开鼠标的不同按钮，得到的值是不同的。如图 6-14 所示，Button 参数所对应的二进制数低 3 位 L、R、M 分别表示左按钮、右按钮和中间按钮的状态，相应二进制位为 0 时表示未按下对应按钮，为 1 时表示按下了对应按钮。因此，按下左键，Button 参数的值为 1（二进制是 001）；按下右键，Button 参数的值为 2（二进制是 010）；按下中间键，Button 参数的值为 4（二进制是 100）。

MouseDown 和 MouseUp 所使用的 Button 参数与 MouseMove 所使用的 button 参数是不同的。对于 MouseDown 和 MouseUp 来说，Button 参数要精确地指出每个事件的一个按钮，而对于 MouseMove 来说，它指示的是所有按钮的当前状态，即一个 MouseMove 事件可指示某些、全部或没有一个按钮被按下。

（3）Shift 参数表示在 Button 参数指定的按钮被按下或者被松开的情况下，键盘的 Shift 键、Ctrl 键和 Alt 键的状态，通过该参数可以处理鼠标与键盘的组合操作。如图 6-15 所示，Shift 参数所对应的二进制数低 3 位 S、C、A，分别表示 Shift 键、Ctrl 键与 Alt 键的状态，相应二进制位为 0 时表示未按下对应键，为 1 时表示按下了对应键。

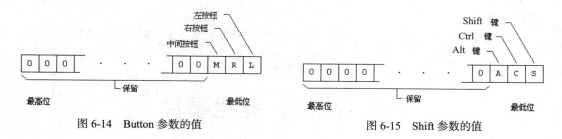

图 6-14　Button 参数的值　　　　　　图 6-15　Shift 参数的值

表 6-13 列出了各可能的按键组合中 Shift 参数的值。

表 6-13　　　　　　　　　　　　　　　Shift 参数的值

二 进 制 值	十 进 制 值	系 统 常 数	意 义
000	0		未按下任何键
011	3	vbShiftMask + vbCtrlMask	同时按下 Shift 键和 Ctrl 键
101	5	vbShiftMask +vbAltMask	同时按下 Shift 键和 Alt 键
110	6	vbCtrlMask +vbAltMask	同时按下 Ctrl 键和 Alt 键
111	7	vbCtrlMask +vbAltMask+ vbShiftMask	同时按下 Ctrl 键、Alt 键和 Shift 键

（4）*x* 和 *y* 为鼠标指针的位置，通过 *x* 和 *y* 参数返回一个指定鼠标指针当前位置的数，鼠标指针的位置使用该对象的坐标系统表示。

　鼠标事件被用来识别和响应各种鼠标状态，并把这些状态看做独立的事件，不应将鼠标事件与 Click 事件和 DblClick 事件混为一谈。在按下鼠标按钮并释放时，Click 事件只能把此过程识别为一个单一的单击操作。鼠标事件不同于 Click 事件和 DblClick 事件之处还在于，鼠标事件能够区分各鼠标按钮及键盘的 Shift 键、Ctrl 键和 Alt 键的状态。

例 6.10　设计一个造字程序，界面如图 6-16 所示。要求程序运行时在图片框中显示 16×16 个标签（使用控件数组实现），鼠标单击某个标签，将使其变黑，右键单击某个标签，将使其变白。

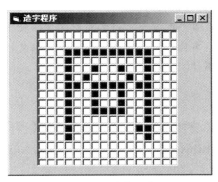

图 6-16　造字程序

在属性窗口中按表 6-14 所示设置各对象的属性。本例中将图片框的宽度和高度均设置为 3200，在窗体上画出标签控件数组的第一个控件，并将该标签的 Index 属性设为 0，宽度和高度均设置为 200。

表 6-14　　　　　　　　　　　　　　各对象的主要属性设置

对　　象	属性（属性值）	属性（属性值）	属性（属性值）
窗体	Name（Form1）	Caption（"造字程序"）	
图片框	Name（Picture1）	Height（3200）	Width（3200）
标签	Name（lblFont）	Height（200）	Width（200）

程序代码如下：

```
Private Sub Form_Load()      '初始化标签控件数组
    Dim i As Integer, j As Integer, n As Integer
    n = 0
```

```
        For i = 0 To 15
            For j = 0 To 15
                lblFont(n).Left = j * 200
                lblFont(n).Top = i * 200
                n = n + 1
                If i * j < 15 * 15 Then
                    Load lblFont(n)
                    lblFont(n).Visible = True
                End If
            Next j
        Next i
    End Sub
    Private Sub lblFont_MouseDown(Index As Integer, Button As Integer, Shift As Integer,
X As Single, Y As Single)
        If Button = vbLeftButton Then              '左键画点
            lblFont(Index).BackColor = vbBlack
        ElseIf Button = vbRightButton Then         '右键清除
            lblFont(Index).BackColor = vbWhite
        End If
    End Sub
```

思考与讨论

（1）在 Form_Load 事件过程中初始化标签控件数组时，为什么要进行 i * j < 15 * 15 的判断？如果去掉 lblFont(n).Visible = True 这句，对程序有何影响？

（2）如果本例只要求单击画点，则完全可以编写标签控件数组的 Click 事件过程，但由于还要求右键单击清除，此时 Click 事件已无法胜任。当需要根据鼠标不同按钮的状态完成不同的操作时，通常需要考虑使用鼠标事件。

6.6.2 键盘事件

虽然 Windows 应用程序，常常使用鼠标操作，但有时也需要使用键盘操作，尤其是对于接收文本输入的控件，如文本框 TextBox，若需要控制文本框中输入的内容，处理 ASCII 字符，这就需要对键盘事件编程。

在 Visual Basic 中，提供 KeyPress、KeyDown 和 KeyUp 3 种键盘事件，窗体和接收键盘输入的控件都能识别这 3 种事件。

只有获得焦点的对象才能够接收键盘事件。

1. KeyPress 事件

在按下与 ASCII 字符对应的键时将触发 KeyPress 事件。ASCII 字符集不仅代表标准键盘的字母、数字和标点符号，而且也代表大多数控制键。但是 KeyPress 事件只能识别 Enter、Tab 和 Backspace 键，不能够检测其他功能键、编辑键和定位键。

KeyPress 事件过程的语法格式如下：

```
Sub Object_KeyPress (KeyAscii As Integer)
```

Object 是指窗体或控件对象名，KeyAscii 参数返回对应于 ASCII 字符代码的整型数值。

如果在应用程序中，通过编程来处理标准 ASCII 字符，应使用 KeyPress 事件。

例如，可通过下面的代码将文本框中输入的所有字符都强制转换为大写字符：

```
Private Sub Text1_KeyPress (KeyAscii As Integer)
   KeyAscii = Asc(Ucase(Chr(KeyAscii)))
End Sub
```

上述过程用 Chr 函数将 ASCII 字符代码转换成对应的字符，然后用 Ucase 函数将字符转换为大写，并用 Asc 函数将结果转换回字符代码。

也可通过判断 ASCII 字符代码来检测是否按下某个键。例如，下面的代码用于检测用户是否正在按 BackSpace 键：

```
Private Sub Text1_KeyPress (KeyAscii As Integer)
   If KeyAscii = 8 Then MsgBox "You pressed the BACKSPACE key."
End Sub
```

也可用 Visual Basic 的键代码常数代替字符代码。上述过程中 BackSpace 键的 ASCII 码为 8，其常数值为 vbKeyBack。

例 6.11　通过编程序，在一个文本框（Text1）中限定只能输入数字、小数点，只能响应 BackSpace 键及回车键。

```
Private Sub Text1_KeyPress (KeyAscii As Integer)
   Select Case KeyAscii
     Case 48 to 57,46,8,13
     Case Else
        KeyAscii=0
   End Select
End Sub
```

思考与讨论

在以上过程中，当输入 0～9 的数字字符（ASCII 码是 48～57）、小数点（ASCII 码是 46），按 BackSpace 键（ASCII 码是 8）及回车键（ASCII 码是 13）时，不作任何操作，即接受该操作，因此在该 Case 分支没有写任何语句。当按其他键，让 KeyAscii=0 时，即不接受该操作。读者可从参数传递的角度思考为什么能够实现上述功能？

2．KeyDown 和 KeyUp 事件

当一个对象具有焦点时按下一个键则触发 KeyDown 事件，松开一个键则触发 KeyUp 事件。与 KeyPress 事件相比，KeyDown 和 KeyUp 事件能够报告键盘本身准确的物理状态：按下键（KeyDown）及松开键（KeyUp），而 KeyPress 事件只能提供键所代表的字符 ASCII 码而不识别键的按下或松开状态。此外，KeyDown 和 KeyUp 事件能够检测各种功能键、编辑键和定位键，而 KeyPress 事件只能识别 Enter 键、Tab 键和 Backspace 键。

KeyUp 和 KeyDown 事件过程的语法格式如下：

```
Sub Object_KeyDown(KeyCode As Integer, Shift As Integer)
Sub Object_KeyUp(KeyCode As Integer, Shift As Integer)
```

说明如下。

（1）Keycode 参数。

Keycode 表示按下的物理键，通过 ASCII 值或键代码常数来识别键。其中，大小字母使用同一键，它们的 Keycode 相同，为大写字母的 ASCII 码，如"A"和"a"的 Keycode 都是由 Asc("A") 返回的数值。上挡键字符和下挡键字符也是使用同一键，它们的 Keycode 值也是相同的，为下挡字符的 ASCII 码，如"："与"；"使用同一键，它们的 Keycode 相同。此外，键盘上的"1"和数字小键盘的"1"被作为不同的键返回，尽管它们生成相同的字符，但它们的 Keycode 值是不相同的。

表 6-15 列出了部分字符的 KeyDown 或 KeyUp 事件的 Keycode 值和 KeyPress 事件的 KeyAscii 值，读者要注意区别它们的异同。

表 6-15   Keycode 和 KeyAscii 值

键（字符）	Keycode 值	KeyAscii 值
"A"	&H41	&H41
"a"	&H41	&H61
"!"	&H31	&H21
"1"(大键盘上)	&H31	&H31
"1"(数字键盘上)	&H61	&H31
HOME 键	&H24	&H24
F10 键	&H79	无

在下例中用 KeyDown 事件判断是否按下了"A"键：

```
Private Sub Text1_KeyDown(KeyCode As Integer, Shift As Integer)
    If KeyCode = vbKeyA Then MsgBox "You pressed the A key."
End Sub
```

KeyDown 和 KeyUp 事件可识别标准键盘上的大多数控制键，其中包括功能键（F1~F16）、编辑键（Home、Pg Up、Delete 等）、定位键（→、←、↑和↓）和数字小键盘上的键。可以通过键代码常数或相应的 ASCII 值检测这些键。例如：

```
Private Sub Text1_KeyDown(KeyCode As Integer, Shift As Integer)
    If  KeyCode = vbKeyHome Then
        MsgBox "You pressed the HOME key."
    End IF
End Sub
```

关于字符代码，可通过 MSDN 的"Visual Basic 文档"→"参考"→"其他信息"→"字符集"中的"字符集(0~127)"和"字符集(128~255)"得到它们的完整列表。也可通过"对象浏览器"搜索 KeyCodeConstants 获得此列表。

（2）Shift 参数。

Shift 键表示 Shift 键、Ctrl 键和 Alt 键的状态，其含义与 MouseMove、MouseDown、MouseUp 事件中的 Shift 参数完全相同。

为区分大小写，KeyDown 和 KeyUp 事件需要使用 Shift 参数，而 KeyPress 事件将字母的大小写作为两个不同的 ASCII 字符处理。

例如，下面的代码利用 Shift 参数判断是否按下了字母的大写形式。

```
Private Sub Text1_KeyDown(KeyCode As Integer, Shift As Integer)
    If  KeyCode = vbKeyA And  Shift = 1 Then
        MsgBox "You pressed the uppercase A key."
    End if
End Sub
```

数字与标点符号键的键代码与键上数字的 ASCII 代码相同，因此"1"和"!"的 Keycode 都是由 Asc("1") 返回的数值。同样，为检测"!"，需使用 Shift 参数。例如：

```
Private Sub Text1_KeyDown(KeyCode As Integer, Shift As Integer)
   If KeyCode = vbKey1 And shift=1 Then MsgBox "You pressed the ! key."
End Sub
```

例 6.12　编写一个龟兔赛跑的小游戏，程序运行时的界面如图 6-17 所示。要求如下。

（1）单击"开始"按钮后，标签显示 5s 倒计时。倒计时结束后，标签显示"RUN"，开始比赛。

（2）用户甲通过交替按下"A"与"S"键控制兔子，用户乙通过交替按下分号和引号键控制乌龟。

（3）任何一方率先到达终点后，比赛结束。标签显示"YOU WIN"，同时显示获胜者图片。命令按钮上显示"再来一次"，此时单击按钮，可重新开始。

图 6-17　龟兔赛跑

在属性窗口中按表 6-16 所示设置各对象的属性。其中，图像框 imgRabbit 和 imgTortoise 分别位于图片框容器 picRabbit 和 picTortoise 中。

表 6-16　　　　　　　　　　　　各对象的主要属性设置

对象	属性（属性值）	属性（属性值）	属性（属性值）
窗体	Name（Form1）	Caption（"龟兔赛跑"）	
时钟	Name（Timer1）	Interval（1000）	
标签	Name（lblTime）	Autosize（True）	BackColor（vbRed）
命令按钮	Name（cmdStart）	Caption（"开始"）	
图像框 1	Name（ImgWinner）	Stretch（True）	
图片框 1	Name（picRabbit）		
图片框 2	Name（picTortoise）		
图像框 2	Name（imgRabbit）	Stretch（True）	
图像框 3	Name（imgTortoise）	Stretch（True）	

程序代码如下：

```
Dim n As Integer                       '倒计时计数器
Private Sub Form_Load()
   Timer1.Enabled = False
   lblTime.Caption = "STOP"
   imgWinner.Visible = False
   imgRabbit.Left = 0
   imgTortoise.Left = 0
```

```vb
        picRabbit.TabStop = False        '禁止定位焦点
        picTortoise.TabStop = False      '禁止定位焦点
        n = 5
End Sub
Private Sub cmdStart_Click()
    If cmdStart.Caption = "开始" Then
        If lblTime.Caption = "STOP" Then
            Timer1.Enabled = True        '开始倒计时
        End If
    Else
        cmdStart.Caption = "开始"
        Form_Load                        '重新开始
    End If
End Sub
Private Sub Timer1_Timer()
    If n <> 0 Then
        lblTime.Caption = LTrim(Str(n))
    Else
        lblTime.Caption = "RUN"          '开始比赛
        Timer1.Enabled = False
    End If
    n = n - 1
End Sub
Private Sub cmdStart_KeyDown(KeyCode As Integer, Shift As Integer)
    Static r As Integer, t As Integer    '判断轮到谁跑
    If lblTime.Caption = "RUN" Then
        Select Case KeyCode
            Case vbKeyA: r = 1                    '按 A 键
            Case vbKeyS: If r = 1 Then r = 2      '按 S 键
            Case 186: t = 1                       '按分号键
            Case 222: If t = 1 Then t = 2         '按引号键
        End Select
        If r = 2 Then                             '兔跑
            imgRabbit.Left = imgRabbit.Left + picRabbit.Width / 20
            r = 0
            '判断是否到达终点
            If imgRabbit.Left >= picRabbit.Width - imgRabbit.Width Then
                imgWinner.Picture = imgRabbit.Picture
                imgWinner.Visible = True
                lblTime.Caption = "YOU WIN"
                cmdStart.Caption = "再来一次"
            End If
        ElseIf t = 2 Then                         '龟跑
            imgTortoise.Left = imgTortoise.Left + picTortoise.Width / 20
            t = 0
            '判断是否到达终点
            If imgTortoise.Left >= picTortoise.Width - imgTortoise.Width Then
                imgWinner.Picture = imgTortoise.Picture
                imgWinner.Visible = True
                lblTime.Caption = "YOU WIN"
                cmdStart.Caption = "再来一次"
            End If
        End If
    End If
End Sub
```

思考与讨论

（1）为什么在 Form_Load 事件过程中将图片框的 TabStop 设置为 False？

（2）如果要求能够判断抢跑，应该如何修改程序？

（3）如果要求显示获胜选手所用时间，应该如何修改程序？

*6.6.3　拖放

在设计 Visual Basic 应用程序时，可能经常要在窗体上拖动控件，改变其位置。但在运行时拖动控件，通常情况下并不能自动改变控件位置，这就必须使用 Visual Basic 的拖放功能，通过编程，才能实现在运行时拖动控件并改变其位置。把按下鼠标按钮并移动控件的操作称为拖动，把释放按钮的操作称为放下。

通常拖动操作要使用到表 6-17 所列的拖放属性、方法和事件。

表 6-17　　　　　　　　　　　　　拖放属性、方法和事件

类　　别	名　　称	描　　述
属性	DragMode	启动自动拖动控件或手工拖动控件
	DragIcon	指定拖动控件时显示的图标
方法	Drag	启动或停止手工拖动
事件	DragDrop	识别何时将控件拖动到对象上
	DragOver	识别何时在控件上拖动对象

说明：

除菜单、时钟、直线、形状控件以外的所有控件均支持 DragMode、DragIcon 属性和 Drag 方法。窗体识别 DragDrop 和 DragOver 事件，但不支持 DragMode、DragIcon 属性或 Drag 方法。

1. DragMode 属性

该属性用来返回或设置一个值，确定在拖放操作中所用的是手动还是自动拖动方式。当 DragMode 属性取默认值 0（内部常数是 vbManual）时，即启动人工拖放模式。这就需要在源控件的 MouseDown 事件中，用源控件的 Drag 方法来启动拖放操作。

当 DragMode 属性设置为 1（内部常数是 vbAutomatic）时，则启动自动拖放模式。在此模式下，当用户在源对象上按下鼠标左键同时拖动鼠标，对象的图标便随指针移动到目标对象上，当释放鼠标时，在目标对象上产生 DragDrop 事件。但是如果没有对目标对象的 DragDrop 事件编程，对象本身不会移动到新位置或被添加到目标对象中。因此，要实现真正拖放就要在目标对象的 DragDrop 事件中编写相应的程序。在源对象被拖到目标对象的过程中，如果经过其他对象，则在这些对象上会产生 DragOver 事件，当然在目标对象上也会产生 DragOver 事件，它发生在 DragDrop 事件之前。

　　　　当 DragMode 属性设置为 1（自动方式）时，控件不能正常响应 Click、DblClick 和 MouseDown 事件；当拖动控件时，该控件不能识别用户发出的其他鼠标或键盘事件（KeyDown、KeyPress 或 KeyUp，MouseDown、MouseMove 或 MouseUp）。

2. DragIcon 属性

该属性用来返回或设置图标，在拖放操作中作为指针显示。设置 DragIcon 属性的最简单方法就是使用属性窗口。选定 DragIcon 属性后单击"属性"按钮，再从"加载图标"对话框中选择包含图形图像的文件。运行时，DragIcon 属性可以设置为任何对象的 DragIcon 属性、Icon 属性、

Picture 属性，或者可以用 LoadPicture 函数将一个.ico 文件返回的图标给它赋值。

例如：

```
Set Image1.DragIcon=Image2.DragIcon
Set Image1.DragIcon=Image3.Picture
Set Image1.DragIcon=LoadPicture("c:\VB60\Icons\Computer\Disk04.ico")
```

3. DragDrop 事件

DragDrop 事件过程用来控制在一个拖动操作完成时将会发生的情况。例如，可将源控件移到一个新的位置或将一个文件从一个位置复制到另一个位置。其使用格式为

```
Private Sub Object_DragDrop(source As Control, x As Single, y As Single)
```

Object 为支持 DragMode 属性的一个对象。

Source 为正在被拖动的控件，可在事件过程中用此参数使用或设置属性，调用其方法。

x 和 y 指定当前鼠标指针在目标窗体或控件中水平（x）和垂直（y）位置。

 注意 应使用 DragMode 属性和 Drag 方法来指定开始拖动的方法。一旦开始拖动，可使用 DragOver 事件过程来处理位于 DragDrop 事件前面的事件。

例 6.13 在窗体上放置 1 个 Image 控件，1 个 Picture 控件，1 个 Label 控件，设计一个如图 6-18 所示的应用程序，实现对象的拖放功能。

将 Image1 作为源控件，给 Image1 加载代表打开状态文件夹的图标文件（Folder04.ico），把它的 DragMode 属性设置为"1-Automatic"，DragIcon 属性设置为处于关闭状态的文件夹的图标文件（Folder01.ico）。拖到图片框 Picture1 中，放开鼠标，源图标将消失，打开状态文件夹的图标将出现在 Picture1 中；将 Label1 拖到图片框图 Picture1 中，放开鼠标，则提示出错信息，源 Label1 不动。当源控件 Image1 被拖动经过 Label1 时，则取消拖放。

图 6-18 对象的拖放

Picture1 控件的 DragDrop 事件代码如下：

```
Private Sub Picture1_DragDrop(Source As Control, X As Single, Y As Single)
    If TypeOf Source Is Image Then
        Picture1.Picture = Image1.Picture
        Source.Visible = False
    Else
        MsgBox ("Error  不能移到该对象中")
    End If
End Sub
Private Sub Label1_MouseDown(Button As Integer, Shift As Integer, _
 X As Single, Y As Single)
    If Button = 1 Then
        Label1.DragIcon = _
    LoadPicture("D:\VB60\Graphics\Icons\Dragdrop\Dragfldr.ico")
        Label1.Drag 1
     End If
    End Sub
Private Sub Label1_DragOver(Source As Control, X As Single, _
    Y As Single, State As Integer)
```

```
        Source.Drag  vbCancel                      '取消拖放操作
End Sub
```

4. OLE 拖放

前面讨论的拖放，是用鼠标将对象从一个地方拖到另一个地方再放下，它是一种普通的拖放。Visual Basic 支持 OLE 拖放，使用这种强大且实用的工具，可以在其他支持 OLE 拖放的应用程序（如 Windows 资源管理器、Word、Excel 等）之间、控件之间移动数据。

例如，在 Windows 资源管理器中选择一组文件，然后按住鼠标左键拖动这些文件，拖到另一文件夹中放开，以实现文件的复制或移动。又如，在 Word 文档中选中一些文本，可将这些文本放到 Excel 的一个单元格中。在 OLE 拖放操作过程中，鼠标指针将改变形状，表明正在进行 OLE 拖放操作。

OLE 拖放操作中用到的两个概念如下。

- 拖动源：从其中移动数据的应用程序或控件统称为拖动源。
- 放落目标：拖放操作可以将数据移动到应用程序或控件中，该应用程序或控件称为放落目标。

OLE 拖放操作使用的属性、方法和事件如表 6-18 所示。

表 6-18　　　　　　　　　　　　　OLE 拖放属性、方法和事件

类别	名　称	描　述
属性	OLEDragMode	设置或返回源对象的 OLE 拖动操作方式：（1）0-Manual（默认），用 OLEDrag 方法人工实现 OLE 拖放操作；（2）1-Automatic，对象自动处理所有的 OLE 拖放操作
	OLEDropMode	返回或设置目标部件的 OLE 放落操作的方式：（1）0-None（默认），目标部件不接受 OLE 放操作，并且显示 No Drop 图标；（2）1-Manual，人工实现"放"操作；（3）2-Automatic，自动方式，如果 DataObject 对象包含目标部件能识别的格式的数据，则自动实现 OLE 放操作
方法	OLEDrag	开始一次 OLE 拖放操作
事件	OLEDragDrop	当源部件决定放操作能发生，且源部件被放到目标部件时，此事件发生。注意，仅当 OLEDropMode 被设置为 1 时，此事件才发生
	OLEDragOver	当数据拖动到放落目标，并且放落目标的 OLEDropMode 属性设置为 1 时发生
	OLEStartDrag	在调用 OLEDrag 方法程序时发生

OLE 拖放操作机制比较复杂，读者要深入学习，可查阅 Visual Basic 系统提供的 MSDN 相关帮助资料。这里通过例子介绍一些最基本的操作。

例 6.14　从 Windows 资源管理器选择一个文件，把它拖到如图 6-19 所示的列表框中。

图 6-19　从 Windows 资源管理器到列表框中 OLE 拖放

在窗体上放置一个列表框 List1，将列表框的 OLEDropMode 属性设置为 1（Manual），然后编

写列表框的 OLEDragDrop 事件过程来实现拖放操作。

```
Private Sub List1_OLEDragDrop(Data As DataObject, Effect As Long,_
 Button As Integer, Shift As Integer, X As Single, Y As Single)
     List1.AddItem Data.Files(1)
     List1.Selected(List1.ListCount - 1) = True
End Sub
```

上面程序中，利用了系统 Data 对象来实现数据的交换。从 Windows 资源管理器中选定文件，当把它拖放时，系统就把所选定的文件名保存在 Data 对象的 Files 属性中，Files 属性是一个数组。通过 AddItem 方法将其添加到列表框中。

*6.7　ActiveX 控件

6.7.1　概述

Visual Basic 的工具箱为用户提供了 20 种标准控件，利用这些控件用户可以十分方便地创建出符合 Windows 界面风格的应用程序。但是利用这些标准控件无法直接设计出工具条、选项卡、进度栏、带图标的组合框等 Windows 应用程序的常见界面。为帮助用户解决这一问题，Microsoft 公司以及一些第三方厂商开发了许多扩展的高级控件，这些控件被称为 ActiveX 控件。

ActiveX 控件的使用方法与标准控件一样，但首先应把需要使用的 ActiveX 控件添加到工具箱中。ActiveX 控件文件的类型名为.ocx，一般情况下 ActiveX 控件被安装和注册在\Windows\ System 或 System32 目录下。

执行"工程"菜单中的"部件"命令，打开"部件"对话框（见图 6-20），该对话框中列出当前系统中所有注册过的 ActiveX 控件、可插入对象和 ActiveX 设计器。

事实上，用户除可以使用已经设计好的 ActiveX 控件外，还可以通过 Visual Basic 提供的 ActiveX 设计器自己设计 ActiveX 控件。限于篇幅，本节只对部分 ActiveX 控件做一个简单介绍。

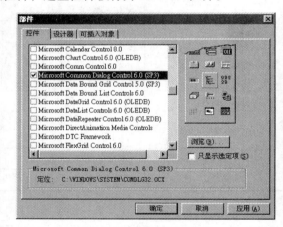

图 6-20　"部件"对话框

6.7.2　ProcessBar 控件

ProcessBar 控件位于 Microsoft Windows Common Controls 6.0 部件中，其添加到工具箱后的图标为 ▥ 。ProcessBar 控件常用于监视一个较长操作完成的进度，它通过从左到右用一些方块填充矩形的形式来表示操作处理的进程。

ProgressBar 控件通过 Min 和 Max 属性设置应用程序完成整个操作的持续时间，通过 Value 属性指明应用程序在完成该操作过程时的进度。ProgressBar 控件的 Height 属性和 Width 属性决定填充控件的方块的数量和大小。方块数量越多，就越能精确地描述操作进度，可通过减少 ProgressBar 控件的 Height 属性或者增加其 Width 属性来增加显示方块的数量。

例 6.15　ProgressBar 控件示例。设计一个进度条，用来指示程序结束的时间进度，其界面如图 6-21 所示。代码如下：

```
Private Sub Form_Load()
    ProgressBar1.Min = 0
    ProgressBar1.Max = 10
    ProgressBar1.Value = 0
    Timer1.Interval = 1000
    Timer1.Enabled = True
End Sub
Private Sub Timer1_Timer()
    If ProgressBar1.Value >= 10 Then End
    ProgressBar1.Value = ProgressBar1.Value + 1
End Sub
```

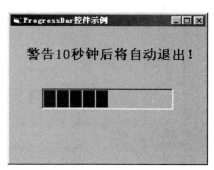

图 6-21　ProgressBar 控件示例

6.7.3　ImageList 控件与 ImageCombo 控件

ImageList 控件与 ImageCombo 控件均位于 Microsoft Windows Common Controls 6.0 部件中，其添加到工具箱后的图标分别为 和 。ImageList 控件不能独立使用，它只是一个向其他控件提供图像的资料中心，运行时不可见。ImageCombo 控件是支持图片的组合框，控件列表中的每一项都可以有一幅图片指定给它。

在属性窗口中选择 ImageList 控件的"自定义"项可以打开该控件的属性页（见图 6-22），在"通用"选项卡中设置图片的大小，在"图像"选项卡中插入图片。每个图片按插入的顺序被分配一个索引号（从 1 开始），图片总数可由 ImageList 控件所包含的 ListImage 对象集合（由列表中的所有项组合起来构成）的 Count 属性获得。

为了在 ImageCombo 控件中显示出 ImageList 控件的图片，需要将 ImageCombo 控件的 ImageList 属性设置为 ImageList 控件的对象名。此外，ImageCombo 控件包括一个 ComboItems 对象的集合（由列表中的所有项组合起来构成），可以采用与组合框类似的 Add、Remove 和 Clear 方法管理控件的列表部分。Add 方法的基本使用格式如下：

ImageCombo 控件名. ComboItems.Add 索引号，关键字，文本内容，图片索引

例 6.16　ImageList 控件与 ImageCombo 控件示例。设计一个程序，运行时自动将 ImageList 控件中的图片与组合框 cboFriend 中对应项目组合在一起添加到 ImageCombo 控件中，且选择 ImageCombo 控件中某一项目后，该项目的文本内容自动在昵称文本框 txtFriend 中显示，其界面如图 6-23 所示。代码如下：

```
Private Sub Form_Load()
    Dim i As Integer
    ImageCombo1.ImageList = ImageList1
    cboFriend.Visible = False        '组合框中的内容可在属性窗口指定
    For i = 1 To ImageList1.ListImages.Count
        ImageCombo1.ComboItems.Add i, , cboFriend.List(i), i
    Next i
End Sub
Private Sub ImageCombo1_Click()
    txtName.Text = ImageCombo1.Text
End Sub
```

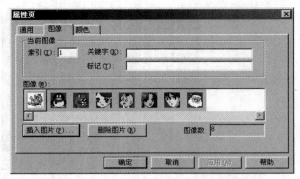

图 6-22　ImageList 控件的属性页

图 6-23　ImageList 控件与 ImageCombo 控件示例

6.7.4　SSTab 控件

SSTab 控件位于 Microsoft Windows Tabbed Dialog Control 6.0 部件中，其添加到工具箱后的图标为 ■。使用 SSTab 控件可以十分方便地创建出类似于图 6-24 所示的包含选项卡的界面。每个选项卡都可作为其他控件的容器，即可以将其他控件放置于选项卡中，放置的方法与在框架中放置控件的方法相同。在 SSTab 控件中，同一时刻只有一个选项卡是活动的，该选项卡向用户显示它本身所包含的控件而隐藏其他选项卡中的控件。

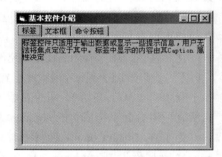

SSTab 控件常用的属性如下。

（1）Style 属性：决定选项卡的样式。0 为 Windows 3.1 的风格，1 为 Windows 95 的风格。

（2）Tabs 属性：决定选项卡的总数。

（3）Rows 属性：决定选项卡的总行数。

（4）TabsPerRow 属性：决定每一行上选项卡的数目。

图 6-24　SSTab 控件示例

（5）Tab 属性：返回或设置 SSTab 控件的当前选项卡。

*6.8　常用系统对象

Visual Basic 提供了许多的系统内部对象，用户可以在应用程序中直接调用这些对象。本节将介绍一些常用的对象。

6.8.1　App 对象

App 对象是通过关键字 App 访问的全局对象。它有十几个属性，最常用的属性如表 6-19 所示。

表 6-19　　　　　　　　　　　　　　　　　APP 对象常用属性

属　　性	类型	作　　用
ExeName	String	返回当前正运行的可执行文件的主名（不带扩展名）。如果是在开发环境下运行，则返回该工程名
Path	String	当从开发环境运行该应用程序时 Path 指定.VBP 工程文件的路径，或者当把应用程序当做一个可执行文件运行时 Path 指定.exe 文件的路径

续表

属　　性	类型	作　　用
PreInstance	Boolean	检查系统是否已有一个实例，可用于限制应用程序只能执行一次
Title	String	返回或设置应用程序的标题，该标题要显示在 Microsoft Windows 的任务列表中。如果在运行时发生改变，那么发生的改变不会与应用程序一起被保存
TaskVisible	Boolean	当前的运行程序是否显示在 Windows 系统的任务栏中

在应用程序中使用 App 对象可获得应用程序的标题、版本信息、可执行文件和帮助文件的路径及名称等信息，以及检查应用程序是否已经运行等。

例 6.17　要限定某应用程序（*.EXE）必须放在 D 盘根目录与应用程序同名的文件夹中才能运行，可在窗体的 Load 事件中写入如下代码：

```
Private Sub Form_Load()
    If App.EXEName = Mid(App.Path, 4) And _
     Ucase(Mid(App.Path, 1, 2)) = "D:" Then
     Exit sub
    Else
      End
    End If
End Sub
```

由于 Windows 是多任务操作系统，同一应用程序也可以运行多次，这就可能造成系统资源不必要的占用，若希望应用程序只能运行一次，可以在启动窗体中加入如下事件过程：

```
Private Sub Form_Load()
    If App.Preinstance Then
        MsgBox    "应用程序已在运行中，你不能再改程序"
        End
    End If
End sub
```

6.8.2　Clipboard 对象

Clipboard 对象用于操作剪贴板上的文本和图形。它使用户能够复制、剪切和粘贴应用程序中的文本和图形。所有 Windows 应用程序共享 Clipboard 对象，当切换到其他应用程序时，剪贴板内容会改变。因此 Clipboard（剪贴板）对象提供了应用程序之间信息的传递。它没有属性，它仅提供了 6 个常用的方法。

1. Clear 方法
在复制信息到剪贴板之前，应使用 Clear 方法清除 Clipboard 对象中的内容，使用格式如下：

Clipboard.Clear

2. SetText 方法
使用 SetText 方法将字符串数据按指定格式存入剪贴板中，使用格式如下：

Clipboard.SetText txtData [,format]

其中，txtData 参数为字符串表达式，是要存入剪贴板中的字符串数据，它可以是任何能转换成字符串类型的变量、常量、对象的属性或表达式。

format 参数指定字符串的格式，其取值及含义如表 6-20 所示。

表 6-20　　　　　　　　　　　SetText 方法中的 format 参数取值及含义

内 部 常 数	值	含　　义
VbCFText	1	（默认值）文本
VbCFRTF	&HBF01	RTF 格式
VbCFLink	&HBF00	DDE 对话信息

例如，要将文本框选中的文字复制到剪贴板，用如下语句实现：

```
Clipboard.SetText  Text1.SelText
```

3. GetText 方法

使用此方法从剪贴板中获得一字符串。其语法格式为

```
Clipboard.GetText([format])
```

其中，format 参数指定从剪贴板上返回的文本格式，必须用括号将参数括起来，它的取值与 SetText 方法中的 format 参数相同，若省略（但其括号不能省），则以纯文本格式返回。如果 Clipboard 对象中没有与期望的格式相匹配的字符串，则返回一个零长度字符串 ("")。

例如，要将剪贴板上的文字粘贴到文本框插入点所在处或替换选中的内容，则可使用如下语句：

```
Text1.SelText=Clipboard.GetText()
```

4. SetData 方法

将图形数据保存到剪贴板上，要使用 SetData 方法，其使用语法格式为

```
Clipboard.SetData data[,format]
```

其中，data 参数是必需的，为要放到 Clipboard 对象中的图形数据。

format 参数是可选的，一个常数或数值，用来指定图片的格式，其取值如表 6-21 所示。如果省略 format，则由系统自动决定图形格式。

表 6-21　　　　　　　　　　SetData 方法中 format 参数的取值及含义

内 部 常 数	值	含　　义
vbCFBitmap	2	位图（.bmp 文件）
vbCFMetafile	3	元文件（.wmf 文件）
vbCFDIB	8	与设备无关的位图（DIB）
vbCFPalette	9	调色板

在应用程序中，通常使用 LoadPicture 函数或 Form、Image 或 PictureBox 的 Picture 属性来建立将放置到 Clipboard 对象中的图形。

5. GetData 方法

用此方法从剪贴板中得到图形，其使用的语法格式如下：

```
Clipboard.GetData([format])
```

其中，format 参数指定从剪贴板上返回的图形格式，必须用括号将参数括起来，它的取值与 SetData 方法中的 format 参数相同，如果 format 为 0 或省略，GetData 将自动使用适当的格式。

例 6.18　要将两个图片框（Picture1、Picture2）中的图片交换，编写如下事件过程：

```
Private Sub Picture1_Click()
```

```
        Clipboard.Clear                        '清除剪贴板内容
        Clipboard.SetData Picture1.Picture     '将 Picture1 的图片复制到剪贴板
        Picture1.Picture = LoadPicture("")     '清除 Picture1 中的图片
        '将 Picture2 的图片复制到 Picture1 中
        Picture1.Picture = Picture2.Picture
     '剪贴板的内容粘贴到 Picture2 中，省略格式 GetData 自动地使用适当的格式
Picture2.Picture = Clipboard.GetData( )
End Sub
Private Sub Picture2_Click()
    Picture1_Click
End Sub
```

在上面的程序中，图片的交换是借助剪贴板来实现的。程序运行后，单击图片框，即可实现两图片框中图片的交换。

6. GetFormat 方法

使用 GetFormat 方法，检查剪贴板中指定格式的数据存在否，它返回一个逻辑值。其语法格式为

Clipboard.GetFormat (format)

其中，format 参数是必需的，其取值只能是前面的 SetData、SetText 方法中的取值。如果剪贴板中有指定类型的数据，返回 True，否则返回 False。

例 6.19　使用 GetFormat 方法确定剪贴板中是否有 Bmp 格式数据，如果有将其粘贴到图片框 picture1 中。

```
Private Sub Form_Click ()
    If Clipboard.GetFormat(vbCFBitmap)  Then
        Picture1.picture= Clipboard.GetData( )
    End if
End Sub
```

6.8.3　Screen 对象

Screen 对象代表了整个 Windows 桌面，它提供了一种不需要知道窗体或控件的名称就能使用它们的方法。同时，通过 Screen 对象，还可以在程序运行期间修改屏幕的鼠标指针。Screen 对象的常用属性如表 6-22 所示。

表 6-22　　　　　　　　　　　　　　　　　　Screen 对象的常用属性

属　　性	作　　用
ActiveControl	返回拥有焦点的控件
ActiveForm	返回拥有焦点的窗体
FontCount	返回屏幕可用的字体数
Fonts	返回当前显示器或活动打印机可用的所有字体名。Fonts 是字符串数组
Height、Width	返回屏幕的高和宽（Twip 为单位）
MouseIcon	返回或设置自定义的鼠标图标
MousePointer	设置或获取鼠标的形状

例 6.20　打印输出计算机系统中显示器或活动打印机可用的所有字体名，其程序如下：

```
Private Sub Command1_Click()
    Dim I As Integer
    For I = 0 To Screen.FontCount - 1
        Print Screen.Fonts(I)
    Next I
End Sub
```

6.8.4 Printer 对象和 Printers 集合对象

在 Visual Basic 中，要将处理结果的数据或图形通过打印机输出，就必须使用系统提供的 Printer 对象和 Printers 集合对象。

1. Printer 对象

Printer 对象常用的属性如表 6-23 所示。

表 6-23　　　　　　　　　　　　　　　　Printer 对象常用的属性

属　　性	含　　义
DeviceName	返回设备名称，每个打印机驱动程序可以支持一个或多个设备
Height、Width	设置的纸张物理尺寸，如果在运行时设置该属性，则不用 PaperSize 属性的设置。即使 PaperSize 属性已设置，则也无效
Page	返回当前页号
PaperSize	返回或设置一个值，该值指出当前打印机的纸张大小

另外，Printer 对象还有一组与字体相关的属性，如 FontName、FontSize、FontBold、FontItalic、FontStrikethru、FontUnderline 等，它们的使用与文本框或其他对象的这些属性相同。

Printer 对象有 4 个很重要对象的方法，如表 6-24 所示。

表 6-24　　　　　　　　　　　　　　　　Printer 对象几个重要的方法

方　　法	含　　义
Print	打印输出，使用与窗体的 Print 方法相同
EndDoc	用于终止发送给 Printer 对象的打印操作，将文档释放到打印设备或后台打印程序
KillDoc	用于立即终止当前打印作业
NewPage	用以结束 Printer 对象中的当前页并前进到下一页

另外，Printer 对象还有 Cricle、Line、Pset 等绘图方法，它们的使用方法同在窗体或图片框对象绘制图形相同（参见第 7 章）。

例 6.21　编程序打印 3 页文本，每页顶部都有当前页号。

```
Private Sub Form_Click ()
    Dim Header%, I%, Y#                            '声明变量
    Print "Now printing..."                       '在窗体上放置注意信息
    Header = "Printing Demo - Page "              '设置页眉字符串
    Printer.FontName="黑体":
    Printer.FontSize=20
    For I = 1 To 3
        Printer.Print Header;                      '打印页眉
        Printer.Print "第 "&Printer.Page&"页"      '打印页号
        Y = Printer.CurrentY + 10                  '设置行位置
```

```
                    '画一条跨页横线
        Printer.Line (0, Y) - (Printer.ScaleWidth, Y) '画线
        For K = 1 To 50
            Printer.Print String(K, " ");              '打印空格字符串
            Printer.Print "Visual Basic ";             '打印文本
            Printer.Print Printer.Page                 '打印页号
        Next
        Printer.NewPage
    Next I
    Printer.EndDoc       '将打印机内容送到打印机缓冲区，准备打印
    End
End Sub
```

2. Printers 集合对象

用 Printers 集合可获取有关系统上所有可用打印机的信息。使用的语法格式如下：

Printers(index)

index 为从 0 到 Printers.Count-1 之间的整数。

例如，若系统安装了 3 台打印机，Printers 就包含了 3 个 Printer 对象。集合类都有一个 Count 属性，表示集合中的元素个数；还有 Add.Remove 方法，限于篇幅这里就不详细介绍了，读者若需编写打印控制程序，可参阅 Visual Basic 系统的帮助。

例 6.22　要显示系统安装的打印机名，程序代码如下：

```
Private Sub Comannd1_Click()
    Dim I As Integer
    For I=0 to Printers.Count-1
        Print Printers(i).DeviceName
    Next I
End Sub
```

说明：Visual Basic 支持一种名为 For Each 循环的特殊形式，特别适合对遍历整个集合进行操作。

6.8.5　其他系统对象

除了上述对象外，系统还提供了 Control 对象、Controls 集合对象、Form 对象、Forms 集合对象等系统对象。关于这些对象的使用，限于篇幅不再展开，读者可以通过 MSDN 获得详细的帮助。下面举例说明 Control 对象、Controls 集合对象的使用，Controls 集合对象包含窗体上的所有控件，如下程序段是在立即窗口中显示窗体上的所有控件名称：

```
Dim x As Control
For Each x In Form1.Controls
    Debug.Print x.Name
Next x
```

本章小结

作为一种可视化的编程工具，Visual Basic 提供了许多控件以方便用户进行面向对象程序设计，这些控件既包括工具箱中的标准控件，还包括高级的 ActiveX 控件。本章系统介绍了单选钮、

检查框、框架、滚动条、列表框、组合框和时钟 7 种标准控件，并简单介绍了 ProcessBar 控件、ImageList 控件、ImageCombo 控件、SSTab 控件等 ActiveX 控件的用法。此外，本章还介绍了 App、Clipboard、Screen、Printer 等一些常用的系统对象。读者在学习这些控件和系统对象时，应当从功能、属性、方法、事件 4 方面入手，注意总结在什么情况下应当考虑使用什么控件的属性、方法或事件来解决相关问题。

鼠标与键盘是操作计算机时经常使用的输入设备，面向对象的程序设计系统的大多数对象都包含有鼠标与键盘事件，用来满足用户设计不同的操作方式。通过编程序可实现键盘的 3 个控制键（Ctrl、Alt、Shift）与鼠标的联合操作，如按下 Ctrl 键移动鼠标或单击鼠标左健，常常只需要编写 MouseMove 或 MouseDown 事件，在代码中使用 Shift 参数即可。当按下键盘并放开，键盘 KeyDown、KeyUp、KeyPress 3 个事件都将被触发，可以根据要求来选择编写事件代码。

习　题

一、判断题

1. 如果要时钟控件每分钟发生一个 Timer 事件，则 Interval 属性应设置为 1；Interval 属性值为 0 时，表示屏蔽计时器。（　　　）

2. 计时器控件在 Visual Basic 应用程序启动后自动计时，无法暂停或关闭。（　　　）

3. 要在同一窗体中建立几组相互独立的单选钮，就要用框架将每一组单选钮框起来。（　　　）

4. 如果将框架控件的 Enabled 属性设为 False，则框架内的控件都不可用。（　　　）

5. 清除 List1 列表框对象的内容的语句是 List1.Cls，清除 Combo1 组合框的内容的语句是 Combo1.Clear。（　　　）

6. 若在列表框中第 5 项之后插入一项目 "ABCD"，则所用语句为 List1.AddItem "ABCD",6。（　　　）

7. 组合框的 Change 事件在用户改变组合框的选中项时被触发。（　　　）

8. 不同控件具有不完全相同的属性集合。一些属性是所有控件共有的，一些属性则是部分控件所特有的。（　　　）

9. 一些属性既可以在属性窗口中设置，又可以在代码中进行修改。另一些属性则是只读的，只能在设计阶段进行设置。（　　　）

10. 除了标准控件以外，Visual Basic 可以使用其他控件、用户自定义控件和第三方厂商研制的控件。（　　　）

11. 移动框架时框架内的控件也跟随移动，并且框架内各控件的 Top 和 Left 属性值也将分别随之改变。（　　　）

12. 在用户拖动滚动滑块时，滚动条的 Change 事件连续发生。（　　　）

13. 触发 KeyPress 事件必定触发 KeyDown 事件。（　　　）

14. 当按下键盘并放开，将依次触发获得焦点对象的 KeyDown、KeyUp、KeyPress 事件。（　　　）

15. 如果在 KeyDown 事件中将 KeyCode 设置为 0，KeyPress 的 KeyAscii 参数不会受影响。（　　　）

16. 当单击鼠标，将依次触发所指向对象的 MouseDown、MouseUp 和 Click 事件。（　　　）

二、填空题

1. 将文本框的 ScrollBars 属性设置为 2（有垂直滚动条），但没有出现垂直滚动条，这是因为没有将_____属性设置为 True。（　　　　）

2. 检查框的_____属性设置为 2-grayed 时，将变成灰色。（　　　　）

3. 列表框中的_____和_____属性是数组。列表框中项目的序号是从_____开始的。列表框 List1 中最后一项的序号用_____表示。（　　　　）

4. 组合框是组合了文本框和列表框的特性而形成的一种控件。_____风格的组合框不允许用户输入列表中没有的项。（　　　　）

5. 当用户单击滚动条的空白处时，滑块移动的增量值由_____属性决定。滚动条产生 Change 事件是因为_____值改变了。（　　　　）

6. 在鼠标事件中（如 MouseMove 事件），Shift 参数为 1 表示在操作鼠标的同时也按下键盘上的 Shift 键，为 2 表示同时也按下了键盘上的 Ctrl 键，那么 Shift 参数为 3 时，表示同时按下键盘上的_____。（　　　　）

7. 要使一个文本框不接收任何键盘输入字符，在 KeyPress 事件使用_____可实现。如果要使一个文本框只接受数字字符输入，在 KeyPress 事件使用_____可实现。（　　　　）

三、程序填空

1. 完成一个字体设置程序的设计，要求分别单击 3 个组合列表框的列表项时，都能实现对标签控件 Label1 "VB 程序设计" 字体的设置。程序启动后，组合列表框 Combo3 的文本框显示为 12，对 Combo3 的相关属性做合理设置。

```
Private Sub Form_Load()    '给组全框 Combo3 中添加字号
    Dim i As Integer
    For i = 4 To 72 Step 4
        Combo3.AddItem Str(i)
    Next i
End Sub
Private Sub Combo1_Click()        '选择并设置字体
        _____①_____
End Sub
Private Sub Combo2_Click()        '选择并设置字形
    Select Case_____②_____
        Case "常规"
            Label1.FontBold = False
            Label1.FontItalic = False
        Case "斜体"
            Label1.FontBold = False
            Label1.FontItalic = True
        Case "粗体"
            Label1.FontBold = True
            Label1.FontItalic = False
        Case "粗体斜体"
            _____③_____
            _____④_____
    End Select
End Sub
```

```
Private Sub Combo3_Click()        '选择并设置字号
        ⑤
End Sub
```

2. 下列程序段的功能是交换如图 6-25 所示的两个列表框中的项目。当双击某个项目时，该项目从本列表框中消失，并出现在另一个列表框中。列表 1 的名称为 List1，列表 2 的名称为 List2。

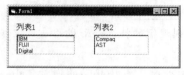

图 6-25 程序界面

```
Private Sub Form_Load()
    List1.AddItem  "IBM"
    List1.AddItem  "Compaq"
    List1.AddItem  "AST"
    ......
End Sub
Private Sub List1_DblClick()
    List2.AddItem        ①
    _____②_____
End Sub
Private Sub List2_DblClick()
        ③
    ____④____  List2.ListIndex
End Sub
```

四、选择题

1. 将数据项 "CHINA" 添加到列表框 List1 中成为第一项，使用（   ）语句。

A. `List1.AddItem "CHINA", 0`　　　B. `List1.AddItem "CHINA" ,1`

C. `List1.AddItem ,0 ,"CHINA"`　　　D. `List1.AddItem, 1, "CHINA"`

2. 执行了下面的程序后，列表框中的数据项为（   ）。

```
Private Sub Form_Click()
    Dim I As Integer
    For I =1 to 6
        List1.AddItem I
    Next I
    For I = 1 to 3
        List1.RemoveItem I
    Next I
End sub
```

A. 1，5，6　　　　B. 2，4，6　　　　C. 4，5，6　　　　D. 1，3，5

3. 如果列表框 List1 中没有被选定的项目，则执行 List1.RemoveItem List1.ListIndex 语句的结果是（   ）。

A. 移去第一项　　　　　　　　B. 移去最后一项

C. 移去最后加入列表的一项　　D. 以上都不对

4. 如果列表框 List1 中只有一个项目被用户选定，则执行 Debug.Print List1.Selected（List1.ListIndex）语句的结果是（   ）。

A. 在 Debug 窗口输出被选定的项目的索引值

B. 在 Debug 窗口输出 True

C. 在窗体上输出被选定的项目的索引值

D. 在窗体上输出 True

5. 假定时钟控件 Timer1 的 Interval 属性 1000，Enabled 属性为 True，并且有下面的事件过程，计算机将发出（　　　）次 Beep 声。

```
Private Sub Timer1_Timer()
    Dim I As Integer
    For I = 1 to 10
        Beep
    Next I
End sub
```

A. 1 000 次　　　　　　B. 10 000 次　　　　C. 10 次　　　　　　D. 以上都不对

6. 在下列说法中，正确的是（　　　）。

A. 通过适当的设置，可以在程序运行期间，可以让时钟控件显示在窗体上

B. 在列表框中不能进行多项选择

C. 在列表框中能够将项目按字母顺序从大到小排列

D. 框架也有 Click 和 DblClick 事件

7. 当程序运行时，在窗体上单击鼠标，以下（　　　）事件是窗体不会接收到的。

A. MouseDown　　　B. MouseUp　　　　C. Load　　　　　D. Click

8. 有下事件过程，程序运行后，为了在窗体上输出"Hello"，应在窗体上执行（　　　）。

A. 同时按下 Shift 键和鼠标左键　　　　B. 同时按下 Shift 键和鼠标右键

C. 同时按下 Ctrl 键、Alt 键和鼠标左键　　D. 同时按下 Ctrl 键、Alt 键和鼠标右键

```
Private Sub Form_MouseDown(Button As Integer, Shift As Integer, X As Single, Y As Single)
    If Shift = 6 And Button = 2 Then
        Print "Hello"
    End If
End Sub
```

五、编程题

1. 设计如图 6-26 所示的添加和删除程序，根据要求编写相应的事件代码。

（1）在组合框中输入内容后，单击"添加"按钮，如果组合框中没有该内容，则将输入内容加入列表中，否则将不添加。另外，要求组合框中内容能自动按字母排序。

（2）在列表中选择某一选项后，单击"删除"按钮，则删除该项。在组合框中输入内容后，单击"删除"按钮，若列表中有与之相同的选项，则删除该项。

（3）单击"清除"按钮，将清除列表中的所有内容。

2. 设计如图 6-27 所示的"偶数迁移"程序。根据要求编写相应的事件代码。

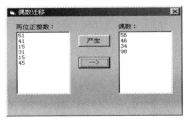

图 6-26　添加和删除程序　　　　　图 6-27　"偶数迁移"程序运行效果

（1）窗体的左边有一个标签 Label1，标题为"两位正整数："，标签的下面是一个列表框 List1。

（2）窗体的右边有一个标签 Label2，标题为"偶数："，标签的下面是一个列表框 List2。

（3）单击"产生"按钮（Command1），计算机产生 10 个两位正整数放入列表框 List1 中。同时清空列表框 List2 中的内容。

（4）单击"-->"按钮（Command2），将列表框 List1 中所有偶数迁移到列表框 List2 中。

3. 设计一个如图 6-28 所示的点歌程序。窗体包含两个列表框，当双击歌谱列表框中的某条歌时，此歌便添加到已点歌曲列表框中，在"已点的歌"列表框双击某歌时，此歌便被删除。

图 6-28　点歌程序

上机练习

1. 设计一个家电提货单管理程序，程序运行界面如图 6-29 所示，具体要求如下。

（1）根据选项中选择的家电及数量，单击"确定"按钮后，将选择的清单及总价在列表框中列出。

（2）每选择一种家电，光标自动定位在相应的文本框中，取消选择时，相应的文本框自动清空。

（3）"清除"按钮用于清空列表框中的项目。

（4）所有文本框只接受数字。

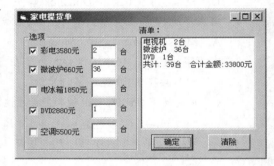

图 6-29　家电提货单管理程序

2. 设计一个"电子钟"程序，程序运行界面如图 6-30 所示，具体要求如下。

图 6-30　"电子钟"程序运行效果

（1）设计两个定时器，Timer1 用于显示系统时间，时间间隔为 1s；Timer2 用于判断闹钟时间，时间间隔为 0.5s，Timer2 设置为不可用。

（2）窗体的上半部是标签 Label1，用于显示时间，设置 Label1 的 Font 为：宋体、粗体、二号，背景白色，文字居中对齐，固定边框。

（3）窗体的下半部有一个标签 Label2，标题为"闹钟时间:"；Label2 的右边是文本框 Text1。

（4）在文本框中输入闹钟时间并按回车后，启动判断闹钟时间的定时器 Timer2，如果 Label1 显示的时间超过闹钟时间，则标签 Label1 的背景色按红白两色交替变换。

3. 设计一个调色板应用程序，使用 3 个滚动条作为 3 种基本颜色的输入工具，合成的颜色显示在右边的颜色区（一个标签框），用合成的颜色设置其背景色（BackColor 属性）。当完成调色以后，用"设置前景颜色"或"设置背景颜色"按钮设置一文本框的前景和背景颜色，程序设计界面如图 6-31 所示。

4. 设计一个个人资料输入窗口，使用单选按钮选择"性别"，组合框列表选择"民族"和"职业"，检查框选择"爱好"，当单击"确定"按钮，列表框列出个人资料信息，程序运行界面如图 6-32 所示。

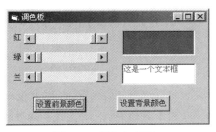
图 6-31 调色板程序

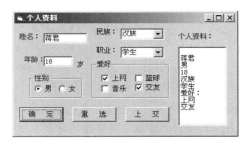
图 6-32 个人资料程序

5. 设计一个 IP 电话拨号程序，界面如图 6-33 所示。要求：单击相应的数字按钮时，标签的内容会发生相应变化。单击"清除"按钮将清除标签中显示的内容，单击"重拨"按钮将再现原来的拨号过程。

6. 在窗体上放一图像框并设置其 Picture 属性，要求用方向键实现图片的移动，移动的范围是窗体的内部。仅使用方向键则移动的步长较小；若同时按住 Ctrl 键，则移动的步长较大。

可编写窗体的 KeyDown 事件，方向键（左"←"、右"→"、上"↑"、下"↓"）的 KeyCode 分别为 37、38、39 和 40，运行效果如图 6-34 所示。

图 6-33 IP 电话拨号程序

图 6-34 图片移动窗口

7. 设计如图 6-35 所示的界面，能够记录鼠标移动、键盘组合键的操作过程。当鼠标在窗体上移动时，能显示出鼠标的当前坐标，单击鼠标及按 Shift 键、Ctrl 键、Alt 键，显示 Shift 和 Button 参数的值。

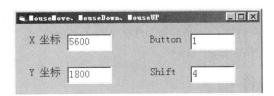
图 6-35 记录鼠标移动、键盘组合键的操作过程

第7章
图形操作

Visual Basic 为用户提供了强大的绘图处理功能。用户不仅可以把图片装入窗体、图片框或图像控件中，还可以直接在窗体、图片框等对象上使用绘图方法，使用画点的 Pset、画直线和矩形的 Line、画圆和椭圆的 Circle 等方法绘制图形，也可以用直线 Line 控件、形状 Shape 控件创建变化灵活的图形。

本章主要任务：

（1）掌握建立图形坐标系统的方法；

（2）掌握 Visual Basic 的图形控件和图形方法及其应用；

（3）掌握使用绘图方法绘制简单的二维几何图形。

7.1 图 形 控 件

Visual Basic 包含的与图形有关的控件有图片框（PictureBox）、图像框（Image）、形状控件（Shape）和直线控件（Line）。

窗体、图形框和图像框可以显示来自图形文件的图形。图形文件的存储形式有多种，常见有以下几种。

（1）位图（bitmap）：用像素表示的图像，将它作为位的集合存储起来，每个位都对应一个像素。在彩色系统中会有多个位对应一个像素。位图通常以.bmp 或 .dib 为文件扩展名。

（2）图标（icon）：对象或概念的图形表示。一般在 Windows 中用来表示最小化的应用程序。图标是位图，最大为 32 像素×32 像素，以.ico 为文件扩展名。

（3）元文件（metafile）：将图像作为线、圆或多边形这样的图形对象来存储，而不是存储其像素。元文件的类型有两种，分别是标准型（.wmf）和增强型（.emf）。在图像的大小改变时，元文件保存图像会比像素更精确。

（4）JPEG 文件：JPEG 是一种支持 8 位和 24 位颜色的压缩位图格式。

（5）GIF 文件：GIF 是一种压缩位图格式，它可支持多达 256 种的颜色。

能作为图形容器的对象有窗体（Form）和图片框（PictureBox），它们既可以作为各种图形控件的载体，也可以作为各种绘图方法的操作对象。

7.1.1 图片框控件

图片框（PictureBox）控件 既可用来显示图形，也可作为其他控件的容器和绘图方法输出或显示 Print 方法输出的文本。

1. 向图片框中加载图形

在图片框中显示的图片是由 Picture 属性决定的，有两种方法向图片框中加载图形。

● 在设计时加载。从控件的"属性"窗口中选择 Picture 属性。单击右边的"…"按钮，就会出现打开文件对话框，找到自己想要的图形文件即可。

在设计时设置的 Picture 属性，当保存窗体时，系统将自动生成一个与窗体文件同名，后缀为.frx 的二进制文件，图形数据就保存在该文件中。如果将应用程序编译成一个可执行文件，图像将保存在 EXE 文件中，因此可以在没有原始图形文件的任何计算机上运行。

● 在运行时显示或替换图片，可使用 LoadPicture 函数设置 Picture 属性，使用格式为

`[object].Picture = LoadPicture ([FileName])`

参数 FileName 为包含全路径名或有效路径名的图片文件名。若省略 FileName 参数，则清除图片框中的图像。

例如，下列代码将在运行时向窗体 Form1 中加载一幅图片：

```
Private Sub form_load()
    Form1.Picture = LoadPicture("C:\windows\flower.gif")
End Sub
```

如果未指定文件名，LoadPicture 函数将清除控件对象中的图片。

例如：`Form1.Picture = LoadPicture( )`

在运行时加载图片，应用程序必须能够访问该图形文件才能显示图像。如果将应用程序编译成一个可执行文件，图像将不会保存在 EXE 文件中，要成功显示图像，运行时必须在宿主计算机上有该图形文件可用。

2. 保存图片

使用 SavePicture 语句，可将对象或控件的 Picture 或 Image 属性保存为图形文件，其使用格式如下：

`SavePicture [Object.]Picture|Image, FileName`

Object：对象表达式。可以是窗体、图片框、影像框及有 Picture 或 Image 属性的对象，如命令按钮等。

Picture|Image：指对象的 Picture 或 Image 属性。注意，对于使用绘图方法和 Print 方法输出在窗体或图片框中的图形和文字，则只能使用 Image 属性保存，而在设计时或在运行时通过 LoadPicture 函数给 Picture 属性加载的图片，则既可使用 Image 属性，也可使用 Picture 属性来保存。若用 Image 属性保存，既包括使用绘图方法和 Print 方法输出在窗体或图片框中的图形和文字，也包括在设计时或在运行时通过 LoadPicture 函数给 Picture 属性加载的图片。

FileName：必选参数。指定将图形保存的文件名，一般包含盘符、路径及文件名。

说明如下。

（1）无论在设计时还是运行时从文件加载到对象 Picture 属性的位图、图标、元文件或增强元文件，图形都将以原始文件同样的格式保存。如果它是 GIF 或 JPEG 文件，则将保存为位图文件。

（2）Image 属性中的图形总是以位图的格式保存，而不管其原始格式。

3. 图片框的两个特有属性

● AutoSize 属性

如果想让图片框能自动扩展到可容纳新图片的大小，可将该图片框的 AutoSize 属性设置为 True。这样，在运行时当向图片框加载或复制图片时，Visual Basic 会自动扩展该控件到恰好能够

显示整个图片。由于窗体不会改变大小，如果加载的图像大于窗体的边距，图像从右边和底部被裁剪后才被显示出来。

也可以使用 AutoSize 属性使图片框自动收缩，以便对新图片的尺寸作出反应。

窗体没有 AutoSize 属性，并且也不能自动扩大以显示整个图片。

- Align 属性

该属性值用来决定图片框出现在窗体上的位置，即决定它的 Height、Width、Left 和 Top 属性的取值。Align 属性的取值及含义如表 7-1 所示。

表 7-1　　　　　　　　　　　　　　Align 属性的取值及含义

内 部 常 数	数　　值	含　　义
VbAlignNone	0	（非 MDI 窗体的默认值），可以在设计时或在程序中确定大小和位置。如果对象在 MDI 窗体上，则忽略该设置值
VbAlignTop	1	（MDI 窗体的默认值），显示在窗体的顶部，其宽度自动等于窗体的 ScaleWidth 属性设置值
VbAlignBottom	2	显示在窗体的底部，其宽度自动等于窗体的 ScaleWidth 属性设置值
VbAlignLeft	3	显示在窗体的左面，其高度自动等于窗体的 ScaleHeight 属性设置值
VbAlignRight	4	显示在窗体的右面，其高度自动为窗体的 ScaleHeight 属性设置值

说明如下。

当 Align 属性的值为 1 或 2 时，设置图片框和窗体的顶部或底部对齐，该图片框的宽度等于窗体内部的宽度，会自动地改变大小以适合窗体的宽度。当 Align 属性的值为 3 和 4 时，设置图片框和窗体的左边或右边对齐，该图片框的高度等于窗体内部的高度。

通常利用这个特点来建立一个图片框，用作位于窗体顶端的工具条和位于底部的状态栏，这就是手工创建工具栏或状态栏的方法（参见第 10 章）。

7.1.2　图像框控件

图像框（Image）控件 与 PictureBox 控件相似，但它只用于显示图片，而不能作为其他控件的容器，也不支持绘图方法和 Print 方法。因此，图像框比图片框占用更少内存。

Image 控件加载图片的方法和 PictureBox 中的方法一样，设计时，将 Picture 属性设置为文件名，运行时，可利用 LoadPicture 函数为图像框加载图片文件，格式与图片框相同。

Image 控件调整大小的行为与 PictureBox 不同，它具有 Stretch（拉伸）属性，该值用来指定一个图形是否要调整大小，以适应 Image 控件的大小。Stretch 属性设为 False（默认值）时，Image 控件可根据图片调整大小；当 Stretch 属性设为 True 时，根据 Image 控件的大小来调整图片的大小，这可能使图片变形。

特别要提出的一点是，使用 Image 控件可创建自己的控钮。因为 Image 控件也可以识别 Click 事件，因此，可在需要用 CommandButton 的任何地方使用该控件。

例 7.1　在窗体上放置 2 个 Image 控件 Image1 和 Image2。在窗体的 Load 事件中编写如下代码：

```
Private Sub Form_Load()
    Image1.Stretch = True              '将 Stretch 属性设置为 True
    '加载图片，不同计算机系统，图形文件的路径可能不同
```

```
    Image1.Picture = LoadPicture("C:\WINDOWS\Bubbles.bmp")
    Image2.Stretch = False                '将 Stretch 属性设置为 False
    Image2.Picture = LoadPicture("C:\WINDOWS\Bubbles.bmp")
End Sub
```

程序运行结果如图 7-1 所示。

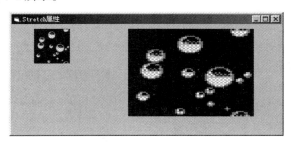

图 7-1　Image 控件的 Stretch 属性应用

7.1.3　形状（Shape）控件

Shape 控件在工具箱中显示为，使用它可在窗体、框架或图片框中创建矩形、正方形、椭圆形、圆形、圆角矩形或圆角正方形等图形。Shape 控件预定义形状是由 Shape 属性的取值决定的。在表 7-2 中列出了所有预定义形状、形状值和相应的 Visual Basic 常数。

表 7-2　　　　　　　　　　　　Shape 控件的 Shape 属性设置

常　　　数	Shape 属性值	显　示　效　果
VbShapeRectangle	0	矩形（默认值）
VbShapeSquare	1	正方形
VbShapeOval	2	椭圆形
VbShapeCircle	3	圆形
VbShapeRoundedRectangle	4	圆角矩形
VbShapeRoundedSquare	5	圆角正方形

例如，将 Shape 控件的 Shape 属性值设置为 0～5 时，对应的图形如图 7-2 所示。

BackStyle 属性：决定形状的背景是否为透明，默认值为 1，显示一不透明形状。

图 7-2　Shape 属性取不同值对应的形状

7.1.4　直线（Line）控件

Line 控件可用来在窗体上显示各种类型和宽度的线条，在工具箱中显示为。

对于直线控件来说，程序运行时最重要的属性是 "X1"、"Y1"、"X2"、"Y2" 属性，这些属性决定着直线显示时的位置坐标，"X1" 属性设置（或返回）了直线的最左端水平位置坐标，"Y1" 属性设置（或返回）了最左端垂直坐标，"X2"、"Y2" 则表示右端的坐标。

 利用线与形状控件，用户可以迅速地显示简单的线与形状或将其打印输出。与其他大部分控件不同的是，这两种控件不会响应任何事件，它们只用来显示或打印。

7.2　坐　标　系　统

7.2.1　默认坐标系统

Visual Basic 中的容器对象，都有一套默认的坐标系统，其坐标原点（0,0）总是在其左上角，X 轴的正向水平向右，Y 轴的正向垂直向下，默认坐标的刻度单位是缇（twips）。图 7-3 所示为窗体和图片框对象的默认坐标系统。

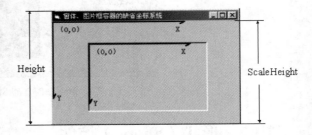

图 7-3　窗体、图片框容器的默认坐标系统

所谓容器对象，就是可以放置其他对象的对象，如在窗体中可以绘制各种控件，窗体就是容器。Visual Basic 中能作容器的对象除窗体外还有图片框、框架控件。系统对象 Screen（屏幕）也是一个容器，窗体就是放置在屏幕中的，此外，系统容器还有 Printer（打印机）。

移动控件或调整控件的大小时，使用控件容器的坐标系统；所有的绘图方法和 Print 方法，也使用容器的坐标系统。例如，那些在窗体上绘制的控件，使用的是窗体的坐标系统，而在图片框里绘制控件，使用的是图片框的坐标系统。窗体是放在屏幕中的对象，因此在编写用来调整窗体大小或移动窗体位置的代码时，则要使用到屏幕坐标系统，应先检查屏幕对象 Screen 的 Height 属性和 Width 属性，以确保窗体在屏幕上大小合适。

7.2.2　用户自定义坐标系统

在 Visual Basic 中，坐标系统坐标轴的方向、原点和坐标系统的刻度单位，都是可以根据需要改变的，从而建立自己的坐标系统。

1．设置坐标系统的刻度单位

用户可用 ScaleMode 属性设置坐标系统的刻度单位。ScaleMode 属性的取值及含义如表 7-3 所示。

表 7-3　　　　　　　　　　　　　　　　　ScaleMode 属性值及含义

内 部 常 数	值	含　　义
VbUser	0	指出 ScaleHeight、ScaleWidth、ScaleLeft 和 ScaleTop 属性中的一个或多个被设置为自定义的值
VbTwips	1	（默认值）单位是缇
VbPoints	2	磅
VbPixels	3	像素（监视器或打印机分辨率的最小单位）
VbCharacters	4	字符（水平每个单位=120 缇；垂直每个单位=240 缇）
VbInches	5	英寸
VbMillimeters	6	毫米
VbCentimeters	7	厘米

说明如下。

（1）当设置容器对象（如窗体或图片框）的 ScaleMode 属性值>0 时，将使容器对象的 ScaleLeft 和 ScaleTop 自动设置为 0，ScaleHeight 和 ScaleWidth 的度量单位也将发生改变。CurrentX 和 CurrentY 的设置值将发生改变以反映当前点的新坐标。在容器中所有控件的 Left、Top、Height、Width 属性的值也将用容器对象新的刻度单位来表示。

（2）用 ScaleMode 属性只能改变刻度单位，不能改变坐标原点及坐标轴的方向。

2. 使用 Scale 属性建立自己的坐标系

容器对象的 Scale 属性共有 4 个，即 ScaleLeft、ScaleTop、ScaleWidth 和 ScaleHeight 属性，可使用这 4 个 Scale 属性来创建用户自定义坐标系统及刻度单位，其含义如表 7-4 所示。

表 7-4　　　　　　　　　　　　　　　　Scale 属性

属　　性	含　　义
ScaleLeft	确定对象左边的水平坐标
ScaleTop	确定对象顶端的垂直坐标
ScaleWidth	确定对象内部水平的宽度，不包括边框
ScaleHeight	确定对象内部垂直的高度，它不包括边框标题（对窗体）和边框

（1）重定义坐标原点。

从表 7-4 可看到属性 ScaleTop、ScaleLeft 的值用于控制对象左上角坐标，所有对象的 ScaleTop、ScaleLeft 属性的默认值为 0，坐标原点在对象的左上角。因此，可以通过 ScaleTop、ScaleLeft 属性来重定义坐标原点。

$$\text{ScaleTop} \begin{cases} = m，\text{表示将 } X \text{ 轴向 } Y \text{ 轴的负方向平移 } m \text{ 个单位} \\ = -m，\text{表示 } X \text{ 轴向 } Y \text{ 轴的正方向平移 } m \text{ 个单位} \end{cases}$$

同样，ScaleLeft 的设置值可向左或向右平移坐标系的 Y 轴。

例如，将窗体坐标系统的 X 轴 Y 轴设为正方向、Y 轴向 X 轴正方向平移分别平移 m 和 n 单位，结果如图 7-4 所示。

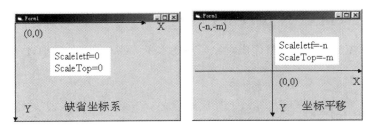

图 7-4　用 ScaleTop，ScaleLeft 属性定义坐标原点

（2）重定义坐标轴方向和度量单位。

使用对象的属性 ScaleWidth、ScaleHeight 的值可确定对象坐标系 X 轴与 Y 轴的正向及最大坐标值。默认时其值均大于 0，此时，X 轴的正向向右，Y 轴的正向向下。对象右下角坐标值为（ScaleLeft+ScaleWidth，ScaleTop+ScaleHeight）。根据左上角和右下角坐标值的大小，就可确定坐标轴的方向。显然，当 ScaleWidth 的值小于 0 时，则 X 轴的正向向左，ScaleHeight 的值小于 0 时，则 Y 轴的正向向上。X 轴与 Y 轴的度量单位分别为 1/ScaleWidth 和 1/ScaleHeight。

例 7.2 将窗体坐标系统的原点定义在其中心，*X* 轴的正向向右，*Y* 轴的正向向上，窗体高与宽分别为 200 和 300 单位长度。则应将 4 个 Scale 属性设置如下，建立的笛卡儿坐标系如图 7-5 所示。

```
Form1.ScaleLeft = -150
Form1.ScaleTop = 100
Form1.ScaleWidth = 300
Form1.ScaleHeight = -200
```

（3）使用 Scale 方法设置坐标系。

Scale 方法是建立用户坐标系最方便的方法，其使用格式如下：

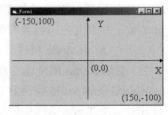

图 7-5　自定义的笛卡儿坐标系

```
[Object.]Scale [(x1, y1) - (x2, y2)]
```

Object：是可选的一个对象表达式。如果省略 Object，则指带有焦点的 Form 对象。

x1、*y1*：是可选的，均为单精度数值，指示定义对象左上角的水平（*X* 轴）和垂直（*Y* 轴）坐标。这些数值必须用括号括起。*x1*、*y1* 就是 ScaleLeft、ScaleTop。

x2、*y2*：是可选的，均为单精度数值，指示定义对象右下角的水平和垂直坐标。这些数值必须用括号括起。*x2*−*x1*、*y2*−*y1* 就是 ScaleWidth、ScaleHeight。

Scale 方法能够将坐标系统重置到所选择的任意刻度。Scale 对运行时的图形语句以及控件位置的坐标系统都有影响。如果使用不带参数的 Scale（两组坐标都省略），对象的坐标系统将重置为默认坐标系统。

例如，将窗体设置为如图 7-5 所示笛卡儿坐标系统，使用 Scale 方法的语句如下：

```
Form1.Scale (-150, 100)-(150,-100)
```

7.3　绘图属性与事件

上一节介绍了建立用户自定义坐标系统的几个属性，本节将再集中介绍与绘图有关的一些其他常用属性。

7.3.1　CurrentX、CurrentY 属性

返回或设置窗体、图形框或打印机对象当前的水平（CurrentX）或垂直（CurrentY）坐标，设计时不可用。

使用格式如下：

```
object.CurrentX [= x]
object.CurrentY [= y]
```

说明：当前坐标总是相对于对象的坐标原点的。在默认坐标系中，在对象的左边 CurrentX 属性值为 0，上边的 CurrentY 为 0。坐标以缇为单位表示，或以用户自定义的坐标系统度量单位来表示。

当使用某些图形方法后，对象的 CurrentX 和 CurrentY 的设置值将发生变化，其具体的改变如表 7-5 所示。

表 7-5　　　　　　　　　　　　　　　　图形方法与当前坐标

图 形 方 法	设置 CurrentX, CurrentY 的值
Circle	对象的中心
Cls	0, 0
Line	线终点
NewPage	0, 0
Print	下一个打印位置
Pset	画出的点

例 7.3　编程序，当单击窗体时在窗体中的随机位置打印输出 1 个不同颜色（随机确定）的任意大写字母，程序运行界面如图 7-6 所示。

程序代码如下：

```
Private Sub Form_Click()
    Dim Ch As String
    '设置当前坐标
    CurrentX = Form1.ScaleWidth * Rnd
    CurrentY = Form1.ScaleHeight * Rnd
    '设置前景颜色
    Form1.ForeColor = QBColor(Int(16 * Rnd))
    Ch = Chr(Int(Rnd * 26) + 65)
    Print Ch
End Sub
```

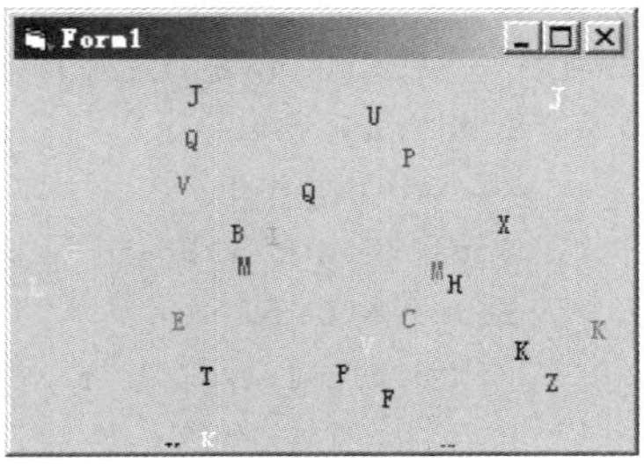

图 7-6　例 7.3 的运行结果

程序使用颜色函数 QBColor 来设置窗体的前景颜色，即输出字符的颜色。

7.3.2　线宽与线型

1. DrawWidth 属性

DrawWidth 属性返回或设置图形方法（Line、Pset、Circle）输出的线宽。使用格式如下：

[Object.]DrawWidth [= Size]

Object：对象表达式，可以是窗体、图片框和打印机对象。

Size：数值表达式，其范围从 1～32 767。该值以像素为单位表示线宽。默认值为 1，即一个像素宽。

2. DrawStyle 属性

返回或设置一个值，以决定图形方法输出的线型的样式。使用格式如下：

Object.DrawStyle [= *number*]

Object：对象表达式，可以是窗体、图片框和打印机对象。

Number：整型表达式，值的范围是 0～6，用来指定图形方法输出的线型，具体含义如表 7-6 所示。

表 7-6　　　　　　　　　　　　DrawStyle 属性设置及含义

内 部 常 数	数 值	描 述
VbSolid	0	（默认值）实线
VbDash	1	虚线

内 部 常 数	数 值	描 述
VbDot	2	点线
VbDashDot	3	点划线
VbDashDotDot	4	双点划线
VbInvisible	5	透明线（不可见）
VbInsideSolid	6	内收实线

例 7.4 用不同的 DrawStyle 属性值，在窗体中画直线。

将程序代码写在窗体的单击事件中：

```
Private Sub Form_Click()
    Dim I As Integer
    DrawWidth = 1
    ScaleHeight = 8                  '将窗高设置为 8 个单位
    For I = 0 To 6
        DrawStyle = I                '改变线形
        Line (0,I+ 1)-(ScaleWidth*2/3, I+1)    '画新线
        CurrentY =CurrentY-0.25      '在当前点 Y 坐标向上移 0.25 个刻度单位
        Print " DrawStyle="; DrawStyle          '在当前点输出 DrawStyle
    Next I
End Sub
```

程序运行的输出结果如图 7-7（a）所示，如果将第 3 行改为 DrawWidth = 2，即 DrawWidth 属性设置为大于 1，不论 DrawStyle 属性设置值为何值，都只能产生实线效果，如图 7-7（b）所示。

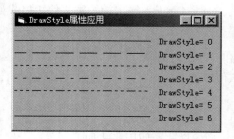
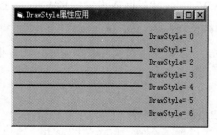

（a）DrawWidth=1 的输出结果 （b）DrawWidth=2 的输出结果

图 7-7 例 7.4 的输出结果

7.3.3 图形的填充

封闭图形的填充方式由 FillStyle 决定，填充颜色和线条颜色由 FillColor 属性决定。

1. FillStyle 属性

用来设置填充 Shape 控件以及由 Circle 和 Line 图形方法生成的圆和方框的方式，为数值数据，具体取值及含义如表 7-7 所示。

表 7-7　　　　　　　　　　　　　　FillStyle 属性设置及含义

FillStyle 属性值	效　果	FillStyle 属性值	效　果
0	绘制实心图形	4	左上到右下斜线
1	透明（默认方式）	5	右上到左下斜线
2	水平线	6	网状格线
3	垂直线	7	网状斜线

例如，图 7-8 所示为形状控件的 FillStyle 属性设置为 0～8 时的填充效果。

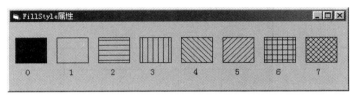

图 7-8　FillStyle 属性设置的填充效果

说明如下。

（1）FillStyle 为 0 是实填充，1 为透明方式。填充图案的颜色由 FillColor 属性来决定。

（2）对于窗体和图片框对象，FillStyle 属性设置后，并不能看到其填充效果，而只能在使用 Circle 和 Line 图形方法生成的圆和方框时，在圆和方框中显示其填充效果。

2．FillColor 属性

用于设置填充形状的颜色，默认情况下，FillColor 设置为 0（黑色）。

7.3.4　AutoRedraw 属性

AutoRedraw 属性用于设置和返回对象或控件是否能自动重绘。若值为 True，使 Form 对象或 PictureBox 控件的自动重绘有效，图形和文本输出到屏幕，并存储在内存中，该对象不接受绘制事件（Paint 事件），必要时用存储在内存中的图像进行重绘。若值为 False（默认值），使对象的自动重绘无效，且将图形或文本只写到屏幕上。当需要重画该对象时，Visual Basic 会激活对象的 Paint 事件。使用如 Circle、Cls、Line、Print、Pset 等图形方法工作时，该属性极为重要。利用这些方法，在改变对象大小或隐藏在另一个对象后又重新显示的情况下，设置 AutoRedraw 为 True，将在 Form 或 PictureBox 控件中自动重绘输出。

7.3.5　图形颜色

在 Visual Basic 系统中，所有的颜色属性都由一个 Long 整数表示。在运行时有 4 种方式可指定颜色值。

- 使用 RGB 函数。
- 使用 QBColor 函数，选择 16 种 Qbasic 颜色中的一种。
- 使用系统提供的颜色常数。
- 直接使用 Long 型颜色值。

1．使用 RGB 函数

RGB 函数可返回一个 Long 整数，用来表示一个 RGB 颜色值。其使用格式如下：

```
RGB(red, green, blue)
```

说明：可以用 RGB 函数来指定任何颜色，因为每一种可视的颜色，都可由红、绿、蓝 3 种主要颜色组合产生。为了用 RGB 函数指定颜色，要对 3 种主要颜色中的每种颜色，赋予从 0～255 的一个亮度值（0 表示亮度最低，255 表示亮度最高），将结果赋予颜色属性或颜色参数。例如：

```
Form1.BackColor = RGB(255, 0, 0)      '设定背景为红色
```

2. 使用 QBColor 函数

QBColor 函数可返回一个 Long 值，用来表示所对应颜色值的 RGB 颜色码，其使用格式如下：

QBColor(color)

其中，color 参数是一个界于 0～15 的整型数，分别代表 16 种颜色，如表 7-8 所示。

表 7-8 　　　　　　　　　　　　　QBColor 函数的 color 参数

参　数　值	颜　　色	参　数　值	颜　　色
0	黑色	8	灰色
1	蓝色	9	亮蓝色
2	绿色	10	亮绿色
3	青色	11	亮青色
4	红色	12	亮红色
5	洋红色	13	亮洋红色
6	黄色	14	亮黄色
7	白色	15	亮白色

3. 使用系统定义的颜色常数

在 Visual Basic 6.0 中，系统已经预先定义了常用颜色的颜色常数，如常数 VbRed 就代表红色，vbGreen 代表绿色等。可在"对象浏览器"中查询常数列表，表 7-9 所示为系统预定义的最常用的颜色常数。

表 7-9 　　　　　　　　　　　　　常用颜色常数

内　部　常　数	值	颜　　色
VbBlack	&H0	黑色
VbRed	&HFF	红色
VbGreen	&HFF00	绿色
VbYellow	&HFFFF	黄色
VbBlue	&HFF0000	蓝色
VbMagenta	&HFF00FF	洋红
VbCyan	&HFFFF00	青色
VbWhite	&HFFFFFF	白色

例如，要将窗体的背景色设为红色，则可使用如下语句：

```
Form1.BackColor = vbRed
```

4. 直接使用颜色设置值

Visual Basic 可以直接使用数值来指定颜色，给颜色参数和属性指定一个值，通常使用十六进

制数。用十六进制数指定颜色的格式如下：

&HBBGGRR

其中，BB 指定蓝颜色的值，GG 指定绿颜色的值，RR 指定红颜色的值。每个数段都是两位十六进制数，即从 00～FF。例如，将窗体背景指定为蓝颜色可用下面的语句：

```
Form1.BackColor = &HFF0000
```

它相当于

```
Form1.BackColor = RGB(0, 0, 255)
```

7.4　绘 图 方 法

7.4.1　Point 方法

格式：**[Object.] Point(x,y)**

功能：Point 方法用于获取对象上指定位置的点的 RGB 颜色值，即读一个像素。

说明：式中 Object 为对象表达式，可以是窗体、图片框和打印机对象，如果默认的话，则当前窗体成为作用对象。

7.4.2　Pset 方法

Pset 方法用于画点，其语法格式如下：

[Object.]Pset [Step] (X, Y) [, 颜色]

其中，参数（X，Y）为所画点的坐标，关键字 Step 表示采用当前作图位置的相对值。采用背景颜色可清除某个位置上的点。利用 Pset 方法可画任意曲线。

例 7.5　编程序将图片框 1（Pic1）中的图像复制到图片框 2（Pic2）中，要求保持色彩、纵横比例不变，程序运行效果如图 7-9 所示。

编程分析：本例可通过 Point 方法将图片框 1 中从

图 7-9　图片复制的运行效果

左到右，从上到下逐点取出对应颜色值，在图片框 2 中对应点使用 Pset 方法用同样的颜色画点。

实现的程序代码如下：

```
Private Sub Command1_Click()
    Dim i As Integer, j As Integer    'i,j 代表图片框 1 中的坐标点
    Dim x As Single, y As Single      'x,y 代表图片框 2 中的坐标点
    Dim Color As Long                 '代表颜色值
    For i = 1 To Pic1.ScaleWidth
        For j = 1 To Pic1.ScaleHeight
            Color = Pic1.Point(i, j)      '取出(i,j)处的颜色值
            '按比例计算图片框 1 中坐标点(i,j)对应于图片框 2 中的坐标点(x,y)
            x = Pic2.ScaleWidth / Pic1.ScaleWidth * i
            y = Pic2.ScaleHeight / Pic1.ScaleHeight * j
```

```
            Pic2.PSet (x, y), Color      '在图片框 2 中的坐标点(x,y)画点
        Next j
    Next i
End Sub
```

思考与讨论

（1）由于图片框使用的是默认坐标单位（Twip），循环次数很大，图片框 2 中的图像将会慢慢显示出来。分析上面的程序运行时，图片框的图像是从上到下显示还是从左到右显示？

（2）如果直接使用语句"Pic2.Picture = Pic1.Picture"，即将图片框 1 的 Picture 属性赋予图片框 1 的 Picture 实现图片复制，与使用本例程序实现的复制有何不同？

7.4.3　Line 方法

Line 方法用于画直线或矩形，其使用格式如下：

[Object.]Line [[Step](X1，Y1)]-(X2，Y2)[，Color][，B[F]]

Object：对象表达式，它可以是窗体或图片框，默认时为当前窗体。

关键字 Step：表示采用当前作图位置的相对值，即从当前坐标移动相应的步长后所得的点为画线起点。

（X1，Y1）：线段的起点坐标或矩形的左上角坐标，（X2，Y2）为线段的终点坐标或矩形的右下角坐标。如果省略（X1，Y1），则表示从当前坐标点（CurrentX，CurrentY）到（X2，Y2）画线。

Color：可选参数，指定画线的颜色，默认值取对象的前景颜色，即 ForeColor。

关键字 B 表示画矩形，关键字 F 表示用画矩形的颜色来填充矩形。默认为 F，则矩形的填充由"FillColor"和"FillStyle"属性决定。

　　　　各参数可根据实际要求进行取舍，但如果舍去的是中间参数，参数的位置分隔符不能舍去。

例如：

```
Line (250,300)-(400,500)     '画一条从(250,300)到(400,500)点的直线
Line - (400,500)             '从当前位置（由 CurrentX，CurrentY 决定）画到(400,500)
Line (150,250) - Step (150,50)  '出发点是(150,250)，终点是向 X 轴正向走 150，向 Y
                                '轴正向走 50 的点。等同于: Line (150,250) - (300,300)
Line (20,40) - (150,200) , , B  '画一个左上角在(20,40)，右下角在(150,200)
                                '的矩形，注意在 color 参数省略时，逗号并不省略
Line (20,40) - Step (50,70), RGB(255,0,0), BF  '用红色从（20,40）到（70,110）
                                '画一个实心的矩形
```

7.4.4　Circle 方法

Circle 方法用于画圆、椭圆、圆弧和扇形，其语法格式如下：

[Object] Circle [[Step](X，Y)，r[，color[，start[，end[，aspect]]]]

Object：对象表达式，它可以是窗体、图片框或打印机，默认时为当前窗体。

（X，Y）：圆心坐标，如前面加关键字 Step，则表示相对于当前坐标点（由 CurrentX、CurrentY

决定）的增量值。

r：是不能省略的参数，表示半径。

color：是可以省略的参数，表示所画图形的颜色。

start、end：也是可以省略的参数，用于画圆弧和扇形的起始角、终止角，单位是弧度，取值在 0～2π 时为圆弧，以 X 轴下为基准，方向为逆时针，如图 7-10 所示；当起始角、终止角取值前加一负号，负号表示画圆心到圆弧的径向线，即可画扇形。

aspect：可选参数，控制画椭圆的长短轴比率，默认值为 1，即画圆。

例如，图 7-11 所示为 Circle 画圆、椭圆、圆弧和扇形的示例（绘图对象的 "ScaleMode" 属性设置为 7，单位为厘米）。

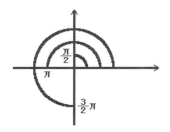

图 7-10　起始角、终止角的表示

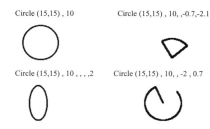

图 7-11　Circle 方法应用示例

7.5　应用举例

7.5.1　绘制函数曲线

例 7.6　在窗体上画出[-π，π]区间的正弦曲线。要求将图片框的坐标系重新定义，左上角坐标为（-π，1），右下角坐标为（π，-1），并在窗体上画出坐标的 X 轴和 Y 轴。

程序代码如下：

```
Const pi = 3.1415926            '定义符号常量pi
Private Sub Form_Click()
 Dim i As Single
   Form1.Scale (-pi, 1)-(pi, -1.01)    '定义用户的坐标系
   Form1.Line (-pi, 0)-(pi, 0)         '画出 X 轴直线
   Form1.Line (0, 1)-(0, -1)           '画出 Y 轴直线
   Form1.CurrentX = -pi                '以下语句对坐标轴进行标注
   Form1.CurrentY = -0.1
   Form1.Print "-π"
   Form1.CurrentX = pi - 0.3
   Form1.CurrentY = -0.1
   Form1.Print "π"
   Form1.CurrentX = 0.2
   Form1.CurrentY = -0.1
   Form1.Print "0";
   Form1.CurrentX = 0.2
   Form1.CurrentY = 1 - 0.1
```

```
      Form1.Print "1"
      Form1.CurrentX = 0.2
      Form1.CurrentY = -1 + 0.1
      Form1.Print "-1"
      For i = -pi To pi Step 0.001            '画[－π，π]区间的正弦曲线
         Form1.PSet (i, Sin(i)), RGB(255, 0, 0)
      Next i
      Form1.CurrentX = 0.6         '设置当前坐标
      Form1.CurrentY = 0.4
      Form1.Print "y=sin(x)"
End Sub
Private Sub Form_Paint()   '当窗体的大小改变时，将重画
      Form1.Cls
      Call Form_Click
End Sub
```

程序运行界面如图 7-12 所示。

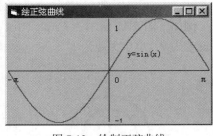

图 7-12　绘制正弦曲线

思考与讨论

编写 Form_Paint 事件过程，是为了当窗体大小发生改变时，重画曲线，但这必须将窗体的 AutoRedraw 属性设置为 False，否则将不触发该事件。当然也可以通过编写 Form_Resize 事件过程来实现重画曲线。

7.5.2　简单动画设计

在程序设计中，简单动画设计就是有规律地改变对象的形状、尺寸或位置，形成的动态效果。动画的速度通常使用时钟控件来控制。

例 7.7　设置一个模拟行星绕太阳运动的程序，程序的运行结果如图 7-13 所示。

编程分析：行星运动的椭圆方程为：$x = x0 + rx*\cos(alfa)$，$y = y0 + ry*\sin(alfa)$。其中，$x0$、$y0$ 为椭圆圆心坐标，rx 为水平半径，ry 为垂直半径，$alfa$ 为圆心角。

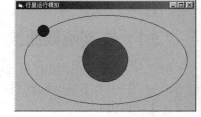

图 7-13　行星运行模拟

在窗体中引入两个合适大小的形状控件 Shape1、Shape2。将 Shape1 的 Shape 属性设置为圆形，显示填充色为红色，用它代表太阳。将 Shape2 的 Shape 属性设置为圆形，显示填充色为蓝色，用它代表行星。用时钟 Timer1 来控制行星运行速度。将 Timer1 的时间间隔设置为 0.1s。

窗体模块代码窗口的程序代码如下：

```
Dim rx As Single, ry As Single      '定义窗体级变量
Dim alfa As Single
Private Sub Form_Load()
'窗体最大化充满屏幕，窗体的宽度、高度与屏幕同宽、同高
      Form1.Left = 0
      Form1.Top = 0
      Form1.Width = Screen.Width
      Form1.Height = Screen.Height
'让 Shape1 位于窗体中央
      Shape1.Left = Form1.ScaleWidth/2 - Shape1.Width/2
      Shape1.Top = Form1.ScaleHeight/2 - Shape1.Height/2
      rx =Form1.ScaleWidth/2 - Shape2.Width/2      '计算椭圆轨道的水平半径
```

```
    ry =Form1.ScaleHeight/2 - Shape2.Height/2      '计算椭圆轨道的垂直半径
'画行星的运行轨迹
    Circle(Form1.ScaleWidth/2, Form1.ScaleHeight/2), rx, , , , ry/rx
'将 shape2 的起始位置定位在水平轴的 0 度位置上
    Shape2.Left = Form1.ScaleWidth/2 + rx - Shape2.Width/2
    Shape2.Top = Form1.ScaleHeight/2 - Shape2.Height/2
End Sub
Private Sub Timer1_Timer()
    alfa = alfa + 0.05
    x = Form1.ScaleWidth/2 + rx * Cos(alfa)      '椭圆的 x 坐标
    y = Form1.ScaleHeight/2 + ry * Sin(alfa)     '椭圆的 y 坐标
    Shape2.Left = x - Shape2.Width / 2
    Shape2.Top = y - Shape2.Height / 2
End Sub
```

思考与讨论

（1）为什么要将 rx、ry 定义为模块级变量？

（2）如果在窗体上添加"启动"和"停止"两个命令按钮，来控制小球运动，如何修改程序？

（3）小球运动轨迹与设计时小球的初始位置是否有关？

本章小结

本章学习了 Visual Basic 系统的图形操作，主要包括 4 个图形控件和图形方法的使用。

Visual Basic 坐标系统是画图和进行图形处理的基础。默认的坐标系统的原点（0，0）始终位于各个容器对象的左上角，X 轴的正方向水平向右，Y 轴的正方向垂直向下。Visual Basic 允许用户自定义坐标系，方法有两种。

（1）使用 ScaleLeft、ScaleTop、ScaleWidth、ScaleHeight、ScaleMode 属性设计置坐标原点，坐标轴方向和刻度单位。

（2）使用 Scale 方法可以改变其坐标原点、单位长度。

图形控件还包括影像框、形状控件和直线控件。图片框控件不仅可用以显示图片，也可以作为其他对象的容器、显示图形方法的输出结果和 Print 方法输出的文本。影像框只能用以显示图片，由于它能够响应 Click 事件，一般用来作为图形命令按钮使用；形状控件可以很方便地画出如圆、矩形等简单的图形，相比之下，利用图形方法可以画出更多、更高级的图形。

使用图形方法绘制指定颜色的点 Pset、画直线或矩形 Line、画圆、椭圆、圆弧和扇形 Circle、获取指定位置的点的 RGB 颜色值 Point 可以编制各种平面图形的程序。

习   题

一、判断题

1. 窗体、图片框和图像框控件都可以显示图片。（   ）

2. 图像框控件的 Stretch 属性设置为 True 时，允许使控件中的图片变大或变小。（   ）

3. Picture 图片框既可以用来显示图片和绘制图形，也可用 Print 方法来显示文字。（　　　）

4. *.Bmp 格式的图片，如果在 Autosize 设为 False 的图片框中，它会以图片大小完整显示出来。（　　　）

5. 已知窗体的 Fillcolor = rgb(255,0,0)红，Forecolor = rgb(0,255,0)绿，Fillstyle = 0(solid)语句 Circle(200,100),500…2 的输出结果是红边绿心的长椭圆。（　　　）

6. Image 与 PictureBox 的 Autosize 属性功能一样。（　　　）

7. 用 Cls 方法能清除窗体或图片框中用 Print 方法打印的文本或用 Circle 或 Line 方法绘制的图形。（　　　）

8. 用长整型数表示的颜色数要比使用 RGB 函数返回的颜色数多。（　　　）

二、填空题

1. 在 Visual Basic 中可作为其他控件的容器的，除窗体外，还有_____和_____控件。

2. 设 Picture1.ScaleLeft=-200，Picture1.ScaleTop=250，Picture1.ScaleWidth=500，Picture1.ScaleHeight=-400，则 Picture1 右下角坐标为_____。

3. 窗体 From1 在左上角坐标为（-200，250），窗体 From1 在右下角坐标为（300，-150）。X 轴的正向向_____，Y 轴的正向向_____。

4. 当 Scale 方法不带参数时，则采用_____坐标系。

5. PictureBox 控件的 Autosize 属性设置为 True 时，_____能自动调整大小。

6. Circle 方法绘画采用_____时针方向。

三、选择题

1. 坐标度量单位可通过（　　　）来改变。

　　A. DrawStyle 属性　　　　　　　　　B. DrawWidth 属性

　　C. ScaleWidth 属性　　　　　　　　　D. ScaleMode 属性

2. 以下的属性和方法中（　　　）可重定义坐标系。

　　A. DrawStyle 属性　　　　　　　　　B. DrawWidth 属性

　　C. Scale 方法　　　　　　　　　　　D. ScaleMode 属性

3. 当使用 Line 方法画直线后，当前坐标在（　　　）。

　　A.（0，0）　　　　　B. 直线起点　　　　C. 直线终点　　　　D. 容器的中心

4. 语句 Circle(1000,1000),500,8,-6,-3 将绘制（　　　）。

　　A. 圆　　　　　　　B. 椭圆　　　　　　C. 圆弧　　　　　　　D. 扇形

5. 执行指令"Line(1200,1200)-Step(1000,500),B"后，CurrentX=（　　　）。

　　A. 2200　　　　　　B. 1200　　　　　　C. 1000　　　　　　　D. 1700

6. 下列（　　　）途径在程序运行时不能将图片添加到窗体、图片框或图像框的 Picture 属性。

　　A. 使用 LoadPicture 方法　　　　　　B. 对象间图片的复制

　　C. 通过剪贴板复制图片　　　　　　　D. 使用拖放操作

7. 设计时添加到图片框或图像框的图片数据保存在（　　　）。

　　A. 窗体的 Frm 文件　　　　　　　　　B. 窗体的 Frx 文件

　　C. 图片的原始文件内　　　　　　　　D. 编译后创建的 Exe 文件

8. 当窗体的 AutoRedraw 属性采用默认值时，若在窗体装入时使用绘图方法绘制图形，则应将程序放在（　　　）。

　　A. Paint 事件　　　　B. Load 事件　　　　C. Initialize 事件　　D. Click 事件

9. 当对 DrawWidth 进行设置后，将影响（　　）。

    A. Line、Circle、Pset 方法　　　　　　B. Line、Shape 控件

    C. Line、Circle、Point 方法　　　　　　D. Line、Circle、Pset 方法和 Line、Shape 控件

10. 窗体 From1 在左上角坐标为（−200，250），窗体 From1 在右下角坐标为（300，−150）。

X 轴和 Y 轴的正向分别为（　　）。

    A. 向右、向下　　　B. 向左、向上　　　C. 向右、向上　　　D. 向左、向下

四、编程题

1. 编程序，分别用 Pset 方法和 Line 方法，在窗体的中央绘制曲线 $y = \sin x - \cos 2x$。要求曲线的高度为窗体高度的一半，绘制 2 个周期（x 取值为 $0 \sim 4\pi$）。

2. 编程序，以窗体中心为原点，随机向各个方向绘 200 条直线，如图 7-14 所示。

3. 编程序，在窗体的中央绘制 100 个半径随机、色彩随机的同心圆，如图 7-15 所示。

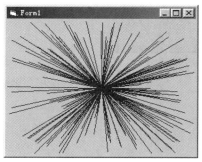　　　　　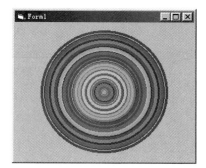

图 7-14　程序的运行效果　　　　　　　图 7-15　程序运行情况

上机实验

1. 设计一个"作图"程序，程序运行结果如图 7-16，具体要求如下。

（1）窗体的标题为"作图"，窗体的右边是一个图片框 Picture1，用于绘制图形。

（2）单击"坐标系"按钮（Command1），将图片框的坐标系统设置为原点在中央，X 轴[-10, 10]，Y 轴[-10, 10]，并在图片框中画出该坐标系统示意图。

（3）单击"扇形"按钮（Command2），在图片框中画一个圆心在原点，半径为 5，圆周为红色，线宽为 2，内部为绿色，起始角为 $\pi/6$，终止角为 $5\pi/6$ 的扇形。

2. 设计一个"反弹球"程序，程序运行界面如图 7-17 所示，具体要求如下。

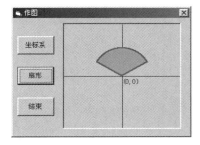　　　　　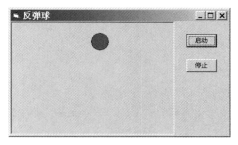

图 7-16　作图程序运行效果　　　　　　　图 7-17　图片欣赏运行效果

（1）在窗体中添加一个图片框控件（Picture1），在图片框控件中引入一个形状控件 Shape1，填充色为红色。定时器（Timer1）的时间间隔为0.1s。

（2）单击"启动"按钮，圆球先向右上角方向运动，碰壁后改变方向。每个时间间隔水平方向改变量 bx 和垂直方向改变量 by 都是100Twips。单击"停止"按钮，圆球停止运动。再单击"启动"按钮，圆球继续运动。

3. 用鼠标单击窗体时，在窗体上绘制10个大小颜色都随机变化的等边三角形，每次单击时重绘，双击鼠标时清除。程序运行情况如图7-18所示。

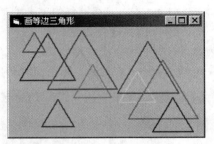

图 7-18　程序运行效果

第8章
文件及应用

前面编写的应用程序，其数据的输入都是通过使用键盘在文本框或 InputBox 对话框中实现的，程序的运行结果是打印到窗体上或其他可用于显示的控件上。但如果要再次查看结果，就必须重新运行程序，并重新输入数据。另外，当计算机关闭或退出应用程序时，其相应的数据也将全部丢失，无法重复使用这些数据。因此，为了长期保存数据，方便修改和供其他程序调用，就必须将其以文件的形式保存在磁盘中。

Visual Basic 具有较强的文件处理能力，同时又提供了用于操作文件的系统控件和与文件管理有关的语句、函数，使用户既可以直接读写文件，又可以方便地访问文件系统。

本章主要任务：

（1）理解 Visual Basic 文件系统的基本概念；

（2）掌握文件系统控件的使用；

（3）掌握顺序文件、随机文件以及二进制文件的特点及它们的打开、关闭和读写操作；

（4）掌握与文件管理有关的常用语句、函数的使用。

8.1 文件的概念

文件是存储在外部介质上的数据的集合。计算机处理的数据一般都以文件的形式存放在外部介质上（如磁盘），操作系统以文件为单位进行数据管理。用户要识别数据，必须先按文件名找到指定文件，再对文件中的数据进行读写等操作。

磁盘文件是由数据记录组成的。记录是计算机处理数据的基本单位，它由一组具有共同属性相互关联的数据项组成。

根据计算机访问文件的方式可将文件分成 3 类：顺序文件、随机文件和二进制文件。

1. 顺序文件

顺序文件（Sequential File）是普通的文本文件。顺序文件中的记录按顺序一个接一个地排列。读写文件存取记录时，都必须按记录顺序逐个进行。所以要在顺序文件中找一个记录必须从第一个记录开始读取，直到找到该记录为止。例如，要读取文件中的第 10 个记录，就必须先读出前 9 条记录，写入记录也是如此。顺序文件中的每一行字符串就是一条记录，每条记录可长可短，并且记录本之间是以"换行"字符为分隔符的。

顺序文件的优点是文件结构简单，且容易使用；缺点是如果要修改数据，必须将所有数据读入计算机内存（RAM）中进行修改，然后再将修改好的数据重新写入磁盘。由于无法灵活地随意存取，它只适用于有规律的、不经常修改的数据，如文本文件。

2. 随机文件

随机文件（Random Access File）是可以按任意次序读写的文件，其中每个记录的长度必须相同。在这种文件结构中，每个记录都有其唯一的一个记录号，所以在读取数据时，只要知道记录号，便可以直接读取记录。随机文件数据是作为二进制信息存储的。随机文件的优点是存取数据快，更新容易；缺点是所占空间较大，设计程序较烦琐。

3. 二进制文件

二进制文件（Binaryfile）是字节的集合，它直接把二进制码存放在文件中。除了没有数据类型或者记录长度的含义以外，它与随机访问很相似。二进制访问模式以字节数来定位数据，在程序中可以按任何方式组织和访问数据，对文件中各字节数据直接进行存取。因此，这类文件的灵活性最大，但程序的工作量也最大。

8.2　文件系统控件

Visual Basic 提供了 3 种可直接浏览系统目录结构和文件的常用控件：驱动器列表框（DriveListBox）、目录列表框（DirListBox）和文件列表框（FileListBox）。用户可以使用这 3 种控件建立与文件管理器类似的窗口界面，如图 8-1 所示。

图 8-1　驱动器、目录和文件列表框

8.2.1　驱动器列表框

驱动器列表框（DriveListBox）是下拉式列表框。在默认时显示计算机系统中的当前驱动器。当该控件获得焦点时，用户可输入任何有效的驱动器标识符，或者单击驱动器列表框右侧的箭头，将以下拉列表框形式列出所有的有效驱动器，但不提供网络驱动器，如图 8-2 所示。若用户从中选定新驱动器，则这个驱动器将出现在列表框的顶端。

1. 重要属性

驱动器列表框控件最重要和常用的属性是 Drive 属性，用于返回或设置运行时选择的驱动器，默认值为当前驱动器。该属性在设计时不可用。

使用格式如下：

图 8-2　驱动器列表框

```
Object.Drive [= <字符串表达式>]
```

Object：对象表达式，其值是驱动器列表框对象的名称；

<字符串表达式>：指定所选择的驱动器，如 "A:" 或 "a:"，"C:" 或 "c:"。

驱动器列表框显示可用的有效驱动器。从列表框中选择驱动器并不能使计算机系统自动地变更当前的工作驱动器，必须通过 ChDrive 语句来实现，使用格式如下：

```
ChDrive Drive1.Drive
```

2. 重要事件——Change 事件

在程序运行时，当选择一个新的驱动器或通过代码改变 Drive 属性的设置时都会触发驱动器列表框的 Change 事件发生。例如，要实现驱动器列表框（Drive1）与目录列表框（Dir1）同步，就要在该事件过程中写入如下代码：

```
Dir1.Path=Drive1.drive
```

8.2.2　目录列表框

目录列表框（DirListBox）从最高层目录开始显示用户系统上的当前驱动器目录结构及当前目录下的所有子目录。当前目录名被突出显示，而且当前目录和在目录层次结构中比它更高层的目录一起向根目录方向缩进。在目录列表框中当前目录下的子目录也缩进显示。用户可以通过双击任一个可见目录来显示该目录的所有子目录或关闭显示，并使该目录成为当前目录，如图 8-3 所示。

图 8-3　目录列表框

1. 常用属性

Path 属性是目录列表框控件最常用的属性，用于返回或设置当前路径。该属性在设计时是不可用的。

使用格式如下：

```
Object.Path [= <字符串表达式>]
```

Object：对象表达式，其值是目录列表框的对象名。

<字符串表达式>：用来表示路径名的字符串表达式，如 "C:\Mydir"。默认值是当前路径。

另外，Path 属性也可以直接设置限定的网络路径，如\\网络计算机名\共享目录名\path。

如果要在程序中对指定目录及其他的下级目录进行操作，就要用到 List、ListCount、ListIndex 等属性，这些属性与列表框（ListBox）控件基本相同。

目录列表框中当前目录的 ListIndex 值为-1，紧邻其上的目录 ListIndex 值为-2，再上一个的 ListIndex 值为-3，依次类推。当前目录（Dir1.Path）中的第一个子目录的 ListIndex 值为 0。若第一级子目录有多个目录，则每个目录的 ListIndex 值按 1、2、3…的顺序依次排列，如图 8-4 所示。ListCount 是当前目录的下一级子目录数。List 属性是一字符串数组，其中每个元素就是一个目录路径字符串。当前目录可用目录列表框的 Path 属性设置或返回，也可使用 List 属性来得到当前目录。

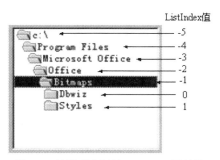

图 8-4　目录列表框的 ListIndex 属性值

例如，图 8-4 中 Dir1.Path 属性和 Dir1.List(Dir1.ListIndex)的值相同，都是

C:\Program Files\Microsoft Office\Office\Bitmaps

单击目录列表框中的某个项目时将突出显示该项目。而双击目录时则把该路径赋值给 Path 属性，同时将其 ListIndex 属性设置为–1，然后重绘目录列表框以显示直接相邻的下级子目录。

目录列表框并不在操作系统级设置当前目录，要设置当前工作目录应使用 ChDir 语句。例如，下列语句将当前目录变成目录列表框中显示的一个目录：

```
ChDir Dir1.Path
```

在应用程序中，也可用 Application 对象将当前目录设置成应用程序的可执行(.exe)文件所在的目录：

```
ChDrive App.Path        '设置当前驱动器
ChDir App.Path          '设置当前目录
```

关于 Application 对象的详细信息，请参阅系统帮助的"App 对象"。

2. 重要事件——Change 事件

与驱动器列表框一样，在程序运行时，每当改变当前目录，即目录列表框的 Path 属性发生变化时，都要触发其 Change 事件。例如，要实现目录列表框（Drive1）与文件列表框（File1）同步，就要在目录列表框的 Change 事件过程中写入如下代码：

```
File1.Path= Dir1.Path
```

8.2.3 文件列表框

文件列表框（FileListBox）以简单列表的形式显示当前目录中的文件列表，如图 8-1 中右边所示为文件列表框。

1. 常用属性

（1）Path 属性。

文件列表框的 Path 属性，用于返回和设置文件列表框当前目录，设计时不可用。使用格式与目录列表框的 Path 属性相似。当 Path 值改变时，会引发一个 PathChange 事件。

（2）Filename 属性。

用于返回或设置被选定文件的文件名，设计时不可用。

Filename 属性不包括路径名，这与通用对话框中的 Filename 属性不同。在程序中要使用文件系统控件浏览文件，要进一步操作如打开、复制等，就必须获得全路径的文件名，如"C:\Windows\Config.sys"。通常采用将文件列表框的"Path"属性值和"File"属性值字符串连接的方法来获取带路径的文件名，但要判断"Path"属性值的最后一个字符是否是目录分隔号"\"，如果不是应添加一个"\"，以保证目录分隔正确。

例如，要从文件列表框（File1）中获得全路径的文件名 Fname$，用下面的程序代码：

```
If  Right(file1.path,1) ="\"  Then
    Fname$=file1.path & file1.filename
Else
    Fname$=file1.path & "\" & file1.filename
End If
```

（3）Pattern 属性。

用于返回或设置文件列表框所显示的文件类型，可在设计状态设置或在程序运行时设置，默认时表示所有文件。设置形式为

Object.Pattern [= value]

其中，value 是一个用来指定文件类型的字符串表达式，并可包含通配符"*"和"？"。

例如：

```
File1.Pattern= "*.txt "          '只显示所有文本文件
File1.Pattern= "*.txt; *.Doc "   '只显示所有文本文件和 Word 文档文件
File1.Pattern= "???.txt"         '只显示文件名包含 3 个字符文本文件
```

（4）文件属性。

文件列表框文件的属性包括 Archive、Normal、System、Hidden 和 ReadOnly。可在文件列表框中用这些属性指定要显示的文件类型。System 和 Hidden 属性的默认值为 False。Normal、Archive 和 ReadOnly 属性的默认值为 True。

例如，为了在列表框中只显示只读文件，可直接将 ReadOnly 属性设置为 True，并把其他属性设置为 False，即

```
File1.ReadOnly = True,        File1.Archive = False
File1.Normal = False,         File1.System = False
File1.Hidden = False
```

当 Normal = True 时将显示无 System 或 Hidden 属性的文件。当 Normal =False 时也仍然可显示具有 ReadOnly 和 Archive 属性的文件，只需将这些属性设置为 True。

（5）MultiSelect 属性。

文件列表框 MultiSelect 属性与 ListBox 控件中的 MultiSelect 属性使用完全相同。默认情况是 0，即不允许选取多项。

（6）List、ListCount 和 ListIndex 属性。

文件列表框中的 List、ListCount 和 ListIndex 属性与列表框(ListBox)控件的 List、ListCount 和 ListIndex 属性的含义和使用方法相同，在程序中对文件列表框中的所有文件进行操作，就会用到这些属性。

例如，下段程序是将文件列表框（File1）中的所有文件名显示在窗体上。

```
For i = 0 To File1.ListCount - 1
    Print File1.List(i)
Next i
```

2. 主要事件

（1）PathChange 事件。

当路径被代码中 FileName 或 Path 属性的设置所改变时，此事件发生。

说明：可使用 PathChange 事件过程来响应 FileListBox 控件中路径的改变。当将包含新路径的字符串给 FileName 属性赋值时，FileListBox 控件就调用 PathChange 事件过程。

（2）PatternChange 事件。

当文件的列表样式（如"*.*"）被代码中对 FileName 或 Path 属性的设置所改变时，此事件发生。

说明：可使用 PatternChange 事件过程来响应在 FileListBox 控件中样式的改变。

（3）Click、DblClick 事件。

在文件列表框中单击，选中所单击的文件，将改变 ListIndex 属性值，并将 Filename 的值设

置为所单击的文件名字符串。

例如，单击输出文件名：

```
Sub File1_Click( )
    MsgBox  File1.FileName
End Sub
```

文件列表框能识别双击事件，常常用于对所双击的文件进行处理。例如，下面的程序段是用来执行双击的应用程序（*.EXE 或*.COM）：

```
Private Sub File1_DblClick( )
    Dim Fname As String
    If  Right(file1.path,1) ="\"  Then
        Fname=file1.path & file1.filename
    Else
        Fname=file1.path & "\" & file1.filename
    End If
    RetVal = Shell(Fname, 1)    '执行程序
End Sub
```

8.2.4　文件系统控件的联动

在类似文件管理器的目录文件窗口中，要使驱动器列表框中当前驱动器的变动引发目录列表框中当前目录的变化，并进一步引发文件列表框目录的变化，则必须在驱动器列表框和目录列表框的 Change 事件过程中设置程序代码，即实现文件系统控件的联动。

例如，要建立图 8-1 所示的文件浏览程序，设驱动器列表框名为 Drive1，目录列表框名为 Dir1，文件列表框名为 File1，程序代码如下：

```
Private Sub Drive1_Change()
    Dir1.Path=Drive1.drive
End Sub
Private Sub Dir1_Change( )
    File1.Path=Dir1.Path
End Sub
```

8.3　顺　序　文　件

在程序中对文件的操作，通常按 3 个步骤进行：打开、读取或写入、关闭。

8.3.1　顺序文件的打开与关闭

1. 打开顺序文件

在 Visual Basic 中，使用 Open 语句打开要操作的文件，其使用格式如下：

Open FileName **For** [**Input**|**Output**|**Append**] [Lock]**As** filenumber [**Len** = Buffersize]

FileName：文件名字符串表达式，该文件名一般应包括盘符、路径及文件名，此参数不可省。

Output：以此方法打开的文件，是用来输出数据的，可将数据写入文件，即写操作。如果 FileName 指定的文件不存在，则创建新文件，如果是已存在的文件，系统则覆盖原文件。不能对此文件进行读操作。

Iuput：以此方法打开的文件，是用来读入数据的，可从文件中把数据读入内存，即读操作。FileName 指定的文件必须是已存在的文件，否则会出错。不能对此文件进行写操作。

Append：以此方法打开的文件，也是用来输出数据的。与用 OUTPUT 方式打开不同的是，如果 FileName 指定的文件已存在，则不覆盖文件原内容，文件原有内容被保留，写入的数据追加到文件末尾，如 FileName 指定的文件不存在，则创建新文件。

filenumber：为每个打开的文件指定一个文件号，在后续程序中可用此文件号来指代相应的文件，参与文件读写和关闭命令。文件号为 1～511 的整数。可用 Freefile 函数获得下一个要利用的文件号。

Buffersize：可选项参数，用于文件与程序之间复制数据时，指定缓冲区的字符数。

Lock：可选项参数，设定要打开文件的共享权限，它可以是下列关键字之一。

- Shared——其他文件可以读写此文件。
- Lock Read——其他文件不能读此文件。
- Lock Write——其他文件不能写此文件。
- Lock Read Write——其他文件不能读也不能写此文件操作。

例如：`OPEN "C:\TEMP\A.TXT"FOR INPUT AS #1`

表示将 C：盘 TEMP 目录下的文件 A.TXT 打开进行读入操作，文件号为 1，此时文件不可写。

2. 关闭顺序文件

在打开一个文件 Input、Output 或 Append 以后，在被其他类型的操作重新打开它之前必须先使用 Close 语句关闭它。Close 语句的使用格式如下：

`Close [filenumberlist]`

filenumberlist：可选项，为文件号列表，如#1, #2, #3，如果省略，则将关闭 Open 语句打开的所有活动文件。

例如：

```
Close #1,#2,#3
Close
```

8.3.2　顺序文件的读写操作

1. 写操作

要向顺序文件中写入（存储）内容，应以 Output 或 Append 方式打开它，然后使用 Print 语句或 Write 语句。

（1）Print 语句

使用格式：

`Print #<文件号>, [<输出列表>]`

文件号为以写方式打开文件的文件号；输出列表为用分号或逗号分隔的变量、常量、空格和定位函数序列。数据写入文件的格式与使用 Print 方法获得的屏幕输出格式相同。

（2）Write 命令

使用格式：

`Write #<文件号>, [<输出列表>]`

各项含义与 Print 命令相同，但输出列表只用逗号分隔，数据写入文件中以紧凑格式存放，各数据项之间插入 "，" 分隔，字符串加上双引号，并在最后一个数据写入后插入一个回车换行符，以此作为记录结束标记。

例 8.1 Print 与 Write 语句输出数据结果比较。

```
Private Sub Form_Click()
    Dim Str As String, Anum As Integer
    Open "D:\Myfile.dat" For Output As 1
    Str = "ABCDEFG"
    Anum = 12345
    Print #1, Str, Anum
    Write #1, Str, Anum
    Close #1
End Sub
```

上面的程序运行后，在 D:盘根目录中，将建立一个 "D:\Myfile.dat" 的文本文件，并写入两行数据。使用记事本打开该文件，可见其输出结果，如图 8-5 所示。

例 8.2 编写程序把一个文本框中的内容，以文件形式存入磁盘。

图 8-5 Print 与 Write 输出结果比较

假定文本框的名称为 Mytxt，文件名为 Myfile.dat。

方法 1：把整个文本框的内容一次性地写入文件。

```
Open "Myfile.dat" For Output As #1
Print #1, Mytxt.Text
Close #1
```

方法 2：把整个文本框的内容一个字符一个字符地写入文件。

```
Open "Myfile.dat" For Output As #1
For i=1 To len(Mytxt.Text)
   Print #1,Mid(Mytxt.Text,i,1);
Next i
Close #1
```

2. 读操作

在程序中，要使用一现存文件中的数据，必须先把它的内容读入程序的变量中，然后操作这些变量。

要从现存文件中读入数据，应以顺序 Input 方式打开该文件，然后使用 Line Input#，Input( ) 函数或者 Input# 语句将文件读入到程序变量中。

（1）Input# 语句。

使用格式：

`Input #<文件号>, <变量列表>`

从文件中依次读出数据，并放在变量列表中对应的变量中；变量的类型与文件中数据的类型要求对应一致。为了能够用 Input # 语句将文件的数据正确读入到变量中，要求文件中各数据项应用分隔符分开。

（2）Line Input 语句。

使用格式：

`Line Input #<文件号>, <字符串变量>`

其功能是：从已打开的顺序文件中读出一行，并将它分配给字符串变量。Line Input # 语句一次只从文件中读出一个字符，直到遇到回车符（Chr(13)）或回车换行符（Chr(13) + Chr(10)）为止。回车/换行符将被跳过，而不会被附加到字符变量中。

（3）Input 函数。

函数引用形式为

Input$（<读取字符数>，#<文件号>）

该函数根据所给定的参数从指定文件读取指定的字符数，以字符串形式返回给调用程序。

（4）与读文件操作有关的几个函数。

① Lof 函数：将返回某文件的字节数。例如，Lof(1)返回#1 文件的长度，如果返回 0 值，则表示该文件是一个空文件。

② Loc 函数：将返回在一个打开文件中读写的记录号；对于二进制文件，它将返回最近读写的一个字节的位置。

③ Eof 函数：将返回一个表示文件指针是否到达文件末尾的标志。如果到了文件末尾，Eof 函数返回 TRUE(-1)，否则返回 FALSE(0)。

例 8.3 编写程序将一文本文件的内容读到文本框中。

假定文本框名称为 txtTest，文件名为 MYFILE.TXT，可以通过下面 3 种方法来实现。

方法 1：一行一行读

```
DIM Instr AS String
txtTest.Text = ""
Open "MYFILE.TXT" For Input As #1
Do While Not EOF(1)
    Line Input #1, Instr
    txtTest.Text = txtTest.Text + Instr + vbCrLf    'vbCrLf 为表示回车换行符的系统常量
Loop
Close #1
```

方法 2：一次性读

```
txtTest.Text = ""
Open "MYFILE.TXT" For Input As #1
txtTest.Text = Input( LOF(1),1)
Close #1
```

方法 3：一个字符一个字符读

```
Dim Instr as String*1
txtTest.Text = ""
Open "MYFILE.TXT" For Input As #1
Do While Not EOF(1)
    Instr = Input(1,#1)
    txtTest.Text = txtTest.Text + Instr
Loop
Close #1
```

例 8.4 利用文件系统控件、组合框、文本框，制作一个文件浏览器，组合框限定文件列表框中显示文件的类型，如选定"*.txt"文件。当在文件列表框选定欲显示的文件时，在文本框显示出该文件的内容，程序运行效果如图 8-6 所示。

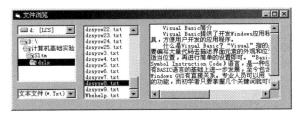

图 8-6 文本浏览器运行界面

各控件的主要属性设置如表 8-1 所示。

表 8-1　　　　　　　　　　　　"文本浏览器"中各控件的主要属性设置

控　　件	属性（属性值）	属性（属性值）	属性（属性值）
窗体	Name(Form1)	Caption（"文件浏览"）	
驱动器列表框 1	Name(Drive1)		
目录列表框 1	Name(Dir1)		
文件列表框 1	Name(File1)		
组合框 1	Name(CboType)	Style(2)	
文本框 1	Name(Text1)	MultiLine(True)	ScrollBox(3)

程序代码如下：

```
Option Explicit
Private Sub Drive1_Change()          '当驱动器 1 改变后，使目录列表框 1 同步
    Dir1.Path = Drive1.Drive
End Sub
Sub dir1_Change()              '当目录改变后，使文件列表 1 框同步
    File1.Path = Dir1.Path
End Sub
Private Sub File1_Click()        '将选中的文件显示在文本 Text1 中
  Dim st As String, Fpath As String
  Text1.Text = ""
  '判断当前目录是否是根目录，并组合得到包含路径的文件名
  If Right(Dir1.Path, 1) = "\" Then
     Fpath = Dir1.Path & File1.FileName
  Else
     Fpath = Dir1.Path & "\" & File1.FileName
  End If
  Open Fpath For Input As #1      '打开文件
  Do While Not EOF(1)                '读入文件，并将其显示在文本框中
     Line Input #1, st
     Text1.Text = Text1.Text + st + vbCrLf
  Loop
  Close #1                '关闭文件
End Sub
Private Sub Form_Load()    '初始化组合列表框
    cboType.AddItem "所有文件(*.*)"
    cboType.AddItem "窗体文件(*.Frm)"
    cboType.AddItem "文本文件(*.Txt)"
    cboType.ListIndex = 2
End Sub
Private Sub cboType_Click()        '选择的文件类型
    Dim FileType As String
    Select Case cboType.Text        '获取选择的文件类型
       Case "所有文件(*.*)"
          FileType = "*.*"
       Case "窗体文件(*.Frm)"
```

```
        FileType = "*.Frm"
    Case "文本文件(*.Txt)"
        FileType = "*.Txt"
End Select
File1.Pattern = FileType        '设置文件列表框中显示文件的类型
End Sub
```

思考与讨论

（1）Form_Load 事件中语句 cboType.ListIndex = 2 的作用是什么？如果没有此语句，运行情况如何？

（2）File1_Click 事件中，打开文件使用语句 Open File1.FileName For Input As #1，可能会出现什么错误？在什么情况下程序能正常运行？

8.4　随　机　文　件

在随机文件中，每个记录都有自己的记录号，可直接通过记录号访问某条记录。同时，每条记录的长度必须相同。

8.4.1　随机文件的打开与关闭

1．打开随机文件

打开随机文件格式为

OPEN FileName FOR Random [Access <Mode>][Lock] As filenumber [Len = reclength]

用 OPEN 命令以 Random 模式打开随机文件，同时指出记录的长度。文件打开后，可同时进行读写操作。

其中：FileName、filenumber、Lock 选项的含义与顺序文件相同；reclength 为记录的长度字节数，默认值是 128 Byte。

Access <Mode>：可选项参数，Access 是关键字，<Mode>是操作模式，说明打开的文件可以进行的操作，有 Read、Write 或 Read Write 操作，默认为 Read Write。

例如：

```
Open "d:\abc.dat" For Random  Access Read As #1 Len = 20
```

2．关闭随机文件

随机文件的关闭与关闭顺序文件相同。

8.4.2　写随机文件

使用 PUT 命令写随机文件，其形式为

PUT#<文件号>，[<记录号>]，<表达式>

<文件号>：是已打开的随机文件的文件号。

<记录号>：是可选参数，指定把数据写到文件中的第几个记录上。如果省略这个参数，则写在上一次读写记录的下一个记录。例如，打开文件，尚未进行读写，则为第一个记录，记录号应为大于等于 1 的整数。

<表达式>：是要写入文件中的数据，可以是变量。

PUT 命令将"表达式"的值写入由记录号指定的记录位置处，同时覆盖原记录内容。如果省略记录号，则表示在当前记录后插入一条记录。随机文件的操作不受当前文件中的记录数的限制。假设当前文件中有 5 条记录，则可使用 PUT 语句把数据写在第 2 条记录上，原来第 2 条记录上的数据被覆盖；也可以使用 PUT 语句把数据写在第 8 条记录上，系统自动在第 6 条和第 7 条记录上写入随机数据。

8.4.3　读随机文件

使用 GET 命令读取随机文件中的记录，其形式为：

GET #文件号，[记录号]，变量名

其功能是：将指定的记录内容存放到变量中。记录号为大于等于 1 的整数，如果省略记录号，则表示读取当前记录。

例 8.5　设计一个简单的学生成绩管理程序，使用随机文件存储学生信息。程序的运行界面如图 8-7 所示。该程序具有数据添加、修改、删除及学生信息顺序查询等功能。

按图 8-7 所示设计程序界面，各控件属性设置如表 8-2 所示。

图 8-7　学生成绩管理程序运行界面

表 8-2　　　　　　　　　　　　　　　　主要控件属性设置

对　象	属性（属性值）	属性（属性值）	说　明
窗体	Name（Form1）	Caption（"学生成绩管理"）	
文本框 1	Name（TxtId）	Text（""）	输入和显示学号
文本框 2	Name（Txtname）	Text（""）	输入和显示姓名
文本框 3	Name（Txtclass）	Text（""）	输入和显示班级
文本框 4	Name（TxtSubject）	Text（""）	输入和显示专业
文本框控件数组	Name（TxtMark）	Index（1～3）	输入加显示 3 门课程成绩
文本框 6	Name（TxtTotal）	Text（""）	显示总成绩
命令按钮 1	Name（CmdAdd）	Caption（"添加"）	向文件中追加记录
命令按钮 2	Name（CmdChange）	Caption（"修改"）	修改当前记录
命令按钮 3	Name（CmdDelete）	Caption（"删除"）	删除当前记录
命令按钮 4	Name（CmdBefore）	Caption（"上一个"）	显示上一个记录
命令按钮 5	Name（CmdNext）	Caption（"下一个"）	显示下一个记录

在标准模块 Module1 中定义学生信息数据类型及全局变量：

```
Type Student        '定义学生信息记录类型
    Id As String * 8
    Name As String * 10
    Class As String * 10
```

```
      Subject As String * 20
      Mark(1 To 3) As Integer
End Type
Public Stu As Student                  '定义 Student 类型的变量存放当前记录内容
Public Filename As String              '定义变量存放学生信息文件名
Public Rec_no  As Integer              '定义变量存放当前记录号
Public Rec_total As Integer            '定义变量存放总记录数
Public Rec_long As Integer             '定义变量存放记录长度
```

窗体模块的程序代码如下：

```
Private Sub Form_Load()                          'Load 事件过程
   Filename = App.Path & "\student.dat"        '给定文件名便于操作
   Rec_long = Len(Stu)              '给定随机文件记录长度
   Call FileOpen
End Sub


Private Sub FileOpen()   '打开学生信息数据文件
   Dim I As Integer
   Open Filename For Random As 1 Len = Rec_long
   Rec_long = Len(Stu)                   '给定随机文件记录长度
   Rec_total = LOF(1) / Rec_long       '初始找开的为全部记录
   '如为空记录,则清除各文本框的内容
   If Rec_total = 0 Then
      Call TxtClear
      Exit Sub
   Else      '如果有学生信息数据,则显示第一条记录
      Rec_no = 1
      Call Display
   End If
End Sub


Private Sub CmdAdd_Click()     '添加记录事件过程
   Dim I As Integer, nmsg As Integer
   '以下循环是查找文件中是否有输入的学生记录
   For I = 1 To Rec_total
      Get #1, I, Stu
      If Trim(Stu.Id) = Trim(TxtId.Text) Then
         nmsg = MsgBox("文件中已有该同学的记录,要显示修改此记录吗? ", vbYesNo)
         If nmsg = vbYes Then
            Rec_no = I
            Call Display
         End If
         Exit Sub
      End If
   Next I
   Call GetData
   Rec_total = Rec_total + 1
   Rec_no = Rec_total                     '在文件的末尾添加记录
   Put #1, Rec_no, Stu
End Sub


Private Sub CmdChange_Click()            '修改当前记录事件过程
```

```
      Call GetData                         '将修改的数据保存到记录变量中
      Put #1, Rec_no, Stu                  '修改原记录
      Call Display
   End Sub

   Private Sub cmdDelete_Click()           '删除当前记录事件过程
      Dim I As Integer
      Dim tempno As Integer
      tempno = Rec_no
      Open Filename & ".temp" For Random As #2 Len = Rec_long
      '删除选定的记录
      For I = 1 To Rec_total
         If I <> tempno Then
            Get #1, I, Stu
            Put #2, , Stu
         End If
      Next I
      Close
      Kill Filename
      Name Filename & ".temp" As Filename
      Call FileOpen
   End Sub

   Private Sub cmdBefore_Click()   '显示上一条记录事件过程
      If Rec_no > 1 Then
         Rec_no = Rec_no - 1
      Else
         MsgBox "现已是首记录！"
         Exit Sub
      End If
      Get #1, Rec_no, Stu
      Call Display
   End Sub

   Private Sub cmdNext_Click()             '显示下一记录事件过程
      Dim nmsg As Integer
      If Rec_no < Rec_total Then           '未到打开记录尾时执行该程序
         Rec_no = Rec_no + 1
         Call Display                      '显示当前记录
      Else
         nmsg = MsgBox("已到最后一记录了！要回到首记录吗？", vbYesNo)
         If nmsg = vbYes Then
            Rec_no = 1                 '回到首记录
            Call Display
         End If
      End If
   End Sub

   Private Sub TxtClear()       '清除各文本框中内容子过程
   Dim I As Integer
   With Stu
      TxtId = "":      TxtName = ""
      TxtClass = "":   TxtSubject = ""
      For I = 1 To 3
         TxtMark(I) = ""
```

```
      Next I
      TxtTotal = ""
  End With
  End Sub


  Private Sub Display()     '显示当前记录子过程
  Dim I As Integer
  Get #1, Rec_no, Stu
  With Stu
      TxtId = .Id :     TxtName = .Name
      TxtClass = .Class :  TxtSubject = .Subject
      For I = 1 To 3
         TxtMark(I) = .Mark(I)
      Next I
      TxtTotal = .Mark(1) + .Mark(2) + .Mark(3)
  End With
  End Sub


  Private Sub GetData()     '将在文本框输入的数据存入到记录变量中
      Dim I As Integer
      Stu.Id = TxtId.Text:   Stu.Name = TxtName.Text
      Stu.Class = TxtClass.Text:   Stu.Subject = TxtSubject.Text
      For I = 1 To 3
         Stu.Mark(I) = Val(TxtMark(I).Text)
      Next I
  End Sub
  Private Sub TxtMark_LostFocus(Index As Integer)
      If Index = 3 Then    '当输入完最后一门课程,则计算并显示成绩
         TxtTotal = Val(TxtMark(1)) + Val(TxtMark(2)) + Val(TxtMark(3))
      End If
  End Sub
```

思考与讨论

（1）本例是一个对随机文件进行读写操作的程序，程序代码比较长，读者只要按功能模块去分析阅读，其实并不难，有条件的读者可修改、调试该程序。

（2）程序在标准模块中定义了学生记录类型、记录变量及几个全局变量，如果将这些变量放到窗体模块中，程序会有什么问题？

（3）程序中使用系统对象 App.Path 来获得应用程序的路径，程序运行时数据文件必须与应用程序在同一个文件夹中。如果要使用本程序放在根目录中也能运行，应如何修改程序？

8.5　二进制文件

二进制文件指以二进制方式存取的文件。一个文件以二进制方式打开就可以认为是二进制文件。二进制文件以字节为单位对文件进行访问操作。二进制文件打开后，可同时进行读写操作。

8.5.1　打开与关闭二进制文件

打开二进制文件格式为

OPEN FileName FOR Binary [Access <Mode>][Lock] As filenumber

可以看到，以二进制方式打开文件和以随机存取方式打开文件不同的是，前者使用 FOR Binary，后者使用 FOR Random；前者不指定 Len = reclength。如果在二进制访问的 Open 语句中

包括了记录长度，则被忽略。

关闭打开的二进制文件的方法与前面相同。

8.5.2 二进制文件的读写操作

1. 写文件操作

访问二进制文件与访问随机文件类似，也是用 GET 和 PUT 语句读写，区别在于二进制文件读写单位是字节，而随机文件的读写单位是记录。

写二进制文件的语句形式为

```
PUT [#]<文件号>, [<位置>], <变量名>
```

PUT 命令从"位置"指定的字节数后开始，一次写入长度等于变量长度的数据。如果忽略位置，则表示从文件指针所指的当前位置开始写入。

2. 读文件操作

读二进制文件的形式为

```
GET #<文件号>, [<位置>], <变量名>
```

GET 命令从指定位置开始读取长度等于变量长度（字节数）的数据并存放到变量中，如果省略位置，则从文件指针所指的位置开始读取，数据读出后移动变量长度位置。

另外，也可使用 INPUT 函数返回从文件指针当前位置开始指定字节数的字符串，通常的使用格式如下：

```
变量名 = INPUT(<字节数>, #<文件号>)
```

例 8.6 编程序实现将 D: 盘根目录中的文件 Abc.dat 复制到 C: 盘，且文件名改为 Myfile.dat。

```
Dim char As Byte
Open "D:\Abc.dat" For Binary As # 1          '打开源文件
Open "C:\Myfile.dat" For Binary As # 2       '打开目标文件
Do While Not EOF(1)
    Get #1, , char          '从源文件读出一个字节
    Put #2, , char          '将一个字节写入目标文件
Loop
Close#1, #2
```

上例仅仅是用来说明二进制文件的读写操作，在 Visual Basic 系统中提供了文件复制命令 FileCopy（参阅 8.6.1 小节），可以完成上面的操作。

8.6 常用的文件操作语句和函数

Visual Basic 系统提供了许多与文件操作操作有关的语句和函数，用户可以方便地应用这些语句和函数对文件或目录进行复制、删除等维护工作。

8.6.1 文件操作语句

1. 改变当前驱动器

改变当前的驱动器使用 ChDrive 语句。其使用语法格式为

```
ChDrive drive
```

必要的 drive 参数是一个字符串表达式，它指定一个存在的驱动器。如果使用零长度的字符串（""），则当前的驱动器将不会改变。如果 drive 参数中有多个字符，则 ChDrive 只会使用首字母指定当前驱动器的盘符。

例如：ChDrive "D" 及 ChDrive "D:\" 和 ChDrive "Dasd" 都是将当前驱动器设为 D:盘。

2．改变当前目录

改变当前的目录或文件夹使用 ChDir 语句。其使用语法格式为

`ChDir path`

必要的 path 参数是一个字符串表达式，它指明哪个目录或文件夹将成为新的默认目录或文件夹。path 可能会包含驱动器。如果没有指定驱动器，则 ChDir 在当前的驱动器上改变默认目录或文件夹。

例如：ChDir "D:\Mydir"

说明：ChDir 语句改变默认目录位置，但不会改变默认驱动器位置。例如，如果默认的驱动器是 C:，则上面的语句将会改变驱动器 D:上的默认目录，但是 C:仍然是默认的驱动器。

3．删除文件

从磁盘中删除文件使用 Kill 语句。其使用语法格式为

`Kill FileName`

必要的 FileName 参数是用来指定一个文件名的字符串表达式。FileName 可以包含目录、文件夹以及驱动器。

说明：在 Windows 中，Kill 支持多字符（*）和单字符（?）的统配符来指定多重文件。

例如：

```
Kill "C:\Mydir\Abc.dat"
Kill "C:\Mydir\*.bak"        '删除 C 盘中 Mydir 文件夹中扩展名为 bak 的所有文件
```

4．建立和删除目录

创建一个新的目录或文件夹使用 MkDir 语句。其使用语法格式：

`MkDir path`

其中，path 参数是必要的，用来指定所要创建的目录或文件夹的字符串表达式，path 可以包含驱动器。如果没有指定驱动器，则 MkDir 会在当前驱动器上创建新的目录或文件夹。

例如：

```
MkDir "D:\Mydir\ABC"        '在 D 盘的 Mydir 文件目录中创建一个 ABC 的子目录
```

RmDir 语句用于删除一个存在的目录或文件夹。

命令格式：RmDir path

其中，path 参数是必要的，为一个字符串表达式，用来指定要删除的目录或文件夹，path 可以包含驱动器。如果没有指定驱动器，则 RmDir 会在当前驱动器上删除目录或文件夹。

例如：

```
RmDir "D:\Mydir\ABC"           '删除在 D 盘的 Mydir 文件目录中名为 ABC 的子目录
```

说明：RmDir 只能删除空子目录，如果想要使用 RmDir 来删除一个含有文件的目录或文件夹，则会发生错误。在试图删除目录或文件夹之前，可先使用 Kill 语句来删除所有文件和用 RmDir 语句删除它的上一级目录。

5. 复制文件

复制一个文件使用 FileCopy 语句。其使用语法格式为

```
FileCopy source, destination
```

source：必要参数。字符串表达式，用来表示要被复制的文件名。source 可以包含目录、文件夹以及驱动器。

destination：必要参数。字符串表达式，用来指定要复制的目地文件名。destination 可以包含目录、文件夹以及驱动器。

例如：

```
FileCopy "D:\Mydir\Test.doc" "C:\MyTest.doc"
```

说明：如果对一个已打开的文件使用 FileCopy 语句，则会产生错误。

6. 文件的更名

重新命名一个文件、目录或文件夹使用 Name 语句。其使用语法格式为

```
Name oldFileName As newFileName
```

oldFileName：必要参数。字符串表达式，指定已存在的文件名和位置，可以包含目录、文件夹以及驱动器。

newFileName：必要参数。字符串表达式，指定新的文件名和位置，可以包含目录、文件夹以及驱动器。newFileName 所指定的文件名不能是已有的文件，否则将出错。

例如：

```
Name "D:\Mydir\Test.doc" As "C:\MyTest.doc"
```

说明如下。

（1）Name 语句重新命名文件并将其移动到一个不同的目录或文件夹中。Name 可跨驱动器移动文件。但当 newFileName 和 oldFileName 都在相同的驱动器中时，Name 只能重新命名已经存在的目录或文件夹，而不能创建新文件、目录或文件夹。

（2）在一个已打开的文件上使用 Name 将会产生错误。必须在改变名称之前，先关闭打开的文件。

（3）Name 参数不能包括多字符（*）和单字符（?）的统配符。

7. 设置文件属性

给一个文件设置属性使用 SetAttr 语句。其使用语法格式为

```
SetAttr FileName, Attributes
```

FileName：必要参数。用来指定一个文件名的字符串表达式，可能包含目录、文件夹以及驱动器。

Attributes：必要参数。常数或数值表达式，其总和用来表示文件的属性。

Attributes 参数设置如表 8-3 所示。

表 8-3   Attributes 参数设置

内 部 常 数	数 值	描 述
vbnormal	0	常规（默认值）
vbreadonly	1	只读
vbhidden	2	隐藏
vbsystem	4	系统文件
vbarchive	32	上次备份以后，文件已经改变

例如，将 C:盘的 Mydir 目录中的 Test.doc 文件设置为只读属性，可使用下面的命令：

```
SetAttr  "C:\Mydir\Test.doc", VbReadOnly
```
说明：如果给一个已打开的文件设置属性，则会产生运行时错误。

8.6.2 文件操作函数

在 8.3.2 小节中已经介绍了 Lof 函数、Loc 函数和 Eof 函数，本小节将介绍一些在编程中用到的其他函数。

1. CurDir 函数

函数功能：获得当前目录。

调用格式：**CurDir[(drive)]**

返回值：返回一个 Variant (String)，用来代表当前的路径。

参数说明：可选的 drive 参数是一个字符串表达式，它指定一个存在的驱动器。如果没有指定驱动器，或 drive 是零长度字符串（""），则 CurDir 会返回当前驱动器的路径。

2. GetAttr 函数

函数功能：获得文件属性。

调用格式：**GetAttr(FileName)**

返回值：由 GetAttr 返回的值及代表的含义如表 8-4 所示。

表 8-4   GetAttr 返回的值

内 部 常 数	数　值	描　述
Vbnormal	0	常规
Vbreadonly	1	只读
Vbhidden	2	隐藏
Vbsystem	4	系统文件
Vbdirectory	16	目录或文件夹
Vbarchive	32	上次备份以后，文件已经改变
Vbalias	64	指定的文件名是别名

参数说明：必要的 FileName 参数是用来指定一个文件名的字符串表达式。FileName 可以包含目录、文件夹以及驱动器。

若要判断是否设置了某个属性，在 GetAttr 函数与想要得知的属性值之间使用 And 运算符逐位比较。如果所得的结果不为零，则表示设置了这个属性值。例如，在下面的 And 表达式中，如果档案（Archive）属性没有设置，则返回值为零。

```
Result = GetAttr(FName) And vbArchive
```
如果文件的档案属性已设置，则返回非零的数值。

3. FileDateTime 函数

函数功能：获得文件的日期和时间。

调用格式：**FileDateTime(FileName)**

返回值：返回一个 Variant (Date)，此值为一个文件被创建或最后修改后的日期和时间。

参数说明：FileName 参数是必要的，它用来指定一个文件名的字符串表达式。FileName 可以包含目录、文件夹以及驱动器。

4. FileLen 函数

函数功能：获得文件的长度。

调用格式：**FileLen(FileName)**

返回值：返回一个 Long 型数据，代表一个文件的长度，单位是字节。

参数说明：FileName 参数是必要的，它用来指定一个文件名的字符串表达式。FileName 可以包含目录、文件夹以及驱动器。

当调用 FileLen 函数时，如果所指定的文件已经打开，则返回的值是这个文件在打开前的大小。

5. Shell 函数

函数功能：调用执行一个可执行文件。

调用格式：**ID=Shell(FileName [,WindowType])**

返回值：返回一个 Variant (Double)，如果成功的话，返回这个程序的任务 ID，它是一个唯一的数值，用来指明正在运行的程序。若不成功，则返回 0。如果不需要返回值，则可使用过程调用形式来执行应用程序，即

```
Shell FileName [,WindowType])
```

参数说明：

FileName——是要执行的应用程序名，包括盘符、路径，它必须是可执行的文件；

WindowType——为整型值，表示执行应用程序打开的窗口类型，其取值如表 8-5 所示。

表 8-5　　　　　　　　　　　窗口类型参数 WindowType 的取值

内 部 常 量	值	描　　　述
VbHide	0	窗口被隐藏，且焦点会移到隐式窗口
VbNormalFocus	1	窗口具有焦点，且会还原到它原来的大小和位置
VbMinimizedFocus	2	（默认）窗口会以一个具有焦点的图标来显示(最小化)
VbMaximizedFocus	3	窗口是一个具有焦点的最大化窗口
VbNormalNoFocus	4	窗口还原到最近使用的大小和位置，而当前活动的窗口仍然保持活动
VbMinimizedNoFocus	6	窗口会以一个图标来显示。而当前活动的的窗口仍然保持活动

在 Visual Basic 中，可以调用在 DOS 下或 Windows 下运行的应用程序。

例如：

```
i = Shell("C:\WINDOWS\NOTEPAD.EXE")     '调用执行 Windows 系统中的记事本
j = Shell("c:\command.com", 1)          '进入 MS_DOS 状态
```

也可按过程形式调用：

```
Shell "C:\WINDOWS\NOTEPAD.EXE"
Shell "c:\command.com", 1
```

上面指定的执行文件，可能因计算机系统、文件路径的不同有所不同。

8.7 应 用 举 例

8.7.1　文件管理

例 8.7　设计应用程序，使用文件系统控件，在文本框中显示当前选中的带路径的文件名，

也可直接输入路径和文件名；建立命令按钮，实现对指定文件的打开、保存和删除操作。

　　界面设计：在窗体上放置 4 个框架、3 个命令按钮、1 个文本框，分别在 4 个框架中放置 1 个文本框、1 个驱动器列表框、1 个目录列表框、1 个文件列表框和 1 个组合框，界面如图 8-8 所示。

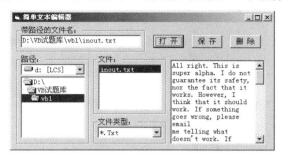

图 8-8　文件操作窗口

主要控件属性如表 8-6 所示。

表 8-6　　　　　　　　　　　　　　　主要控件属性

对　　象	属性（属性值）	属性（属性值）	说明
窗体	Name（Form1）	Caption（"简单文本编辑器"）	
框架 1	Name（Frame1）	Caption（"带路径的文件名："）	
框架 2	Name（Frame2）	Caption（"路径："）	
框架 3	Name（Frame3）	Caption（"文件："）	
框架 4	Name（Frame4）	Caption（"文件类型："）	
文本框 1	Name（txtFile）	Text（""）	显示选中的文件名
文本框 2	Name（txtFilename）	Text（""）	显示打开文件的内容
命令按钮 1	Name（cmdOpen）	Caption（"打开"）	
命令按钮 2	Name（cmdSave）	Caption（"保存"）	
命令按钮 3	Name（cmdDelete）	Caption（"删除"）	
驱动器列表框 1	Name（Drive1）		
目录列表框 1	Name（Dir1）		
文件列表框 1	Name（File1）		
组合框 1	Name（Combo1）	Style（2）	选择显示文件类型

程序代码如下：

```
Private Sub Form_Load()      '初始化部分属性
    TxtFile = ""  :    txtFilename = ""
    Combo1.AddItem "*.Txt"
    Combo1.AddItem "*.Dat"
    Combo1.Text = "*.Txt"
    File1.Pattern = "*.Txt"
End Sub

Private Sub Dir1_Change()        '使文件列表框与目录列表框关联
    File1.Path = Dir1.Path
```

```
End Sub

Private Sub Drive1_Change()    '使目录列表框与驱动器列表框关联
    Dir1.Path = Drive1.Drive
End Sub

Private Sub File1_Click()    '单击选中文件，并将全文件名显示在文本框中
    If Right(File1.Path, 1) = "\" Then
       txtFilename = File1.Path & File1.FileName
    Else
       txtFilename = File1.Path & "\" & File1.FileName
    End If
End Sub

Private Sub Combo1_Click()    '设置文件列表框中显示的文件类型
    File1.Pattern = Combo1.Text
End Sub

Private Sub CmdOpen_Click()    '打开文件，并将其内容显示在文本中
    Dim InputStr As String
    TxtFile = ""
    If txtFilename <> "" Then
       Open txtFilename For Input As #1
       Do While Not EOF(1)
          Line Input #1, InputStr
          TxtFile = TxtFile & InputStr & Chr(13) & Chr(10)
       Loop
    Close #1
    End If
End Sub

Private Sub CmdSave_Click()    '保存文件
    Open txtFilename For Output As #1
    Print #1, TxtFile
    Close #1
    File1.Refresh    '刷新文件列表框的显示
End Sub

Private Sub CmdDelete_Click()    '删除文件
    Kill txtFilename
    txtFilename.Text = ""
    TxtFile = ""
    File1.Refresh
End Sub
```

思考与讨论

（1）目录列表框的"Path"属性字符串中最后一个字符是"\"吗？

（2）语句 File1.Refresh 的功能是什么？

8.7.2　文件加密与解密

例 8.8　设计一个对文件进行加密和解密的程序，密码由用户输入，程序运行界面如图

8-9 所示。

　　加密方法：以二进制打开文件，将密码中每个字符的 ASCII 码值与文件的每个字节进行异或

运算，然后写回原文件原位置即可。这种加密方法是
可逆的，即对明文进行加密得到密文，用相同的密码
对密文进行加密就得到明文。此方法适合各种类型的
文件加密解密。

　　界面设计：在窗体上放置 2 个标签、2 个文本框、
2 个命令按钮，设置窗体外观如图 8-9 所示。通过"工
程"菜单中的"部件"命令，在"部件"对话框中选

图 8-9　程序运行情况

择"Microsoft Common Dialog Control 6.0"，将通用对话框控件添加到工具箱上，再在窗体上放置
一个通用对话框控件。关于通用对话框的使用，将在 9.2 节中介绍。

　　主要控件属性设置如表 8-7 所示。

表 8-7　　　　　　　　　　　　　　　　主要控件属性设置

对　象	属性（属性值）	属性（属性值）	说　明
窗体	Name（Form1）	Caption（"文件加密/解密"）	
文本框 1	Name（TxtFile）	Text（""）	输入文件名
文本框 2	Name（TxtPassword）	Text（""）	输入密码
通用对话框 1	Name（CmmDlog）		
命令按钮 1	Name（CmdBorws）	Caption（"浏览…"）	使用通用对话框选择加密文件
命令按钮 2	Name（Cmdjmjm）	Caption（"文件加密/解密"）	

程序代码如下：

```
Private Sub Form_Load()              '对输入密码文本框初始化
   txtPassword.PasswordChar = "*"
   txtPassword.MaxLength = 10
End Sub


Private Sub CmdBorws_Click()        '浏览打开文件
   CmmDlog.DialogTitle = "打开文件"
   CmmDlog.Filter = "Word 文档(*.doc)|*.doc|文本文件(*.txt)|*.txt|所有文件(*.*)|*.*"
   CmmDlog.Action = 1
   txtFile = CmmDlog.filename
End Sub


Private Sub Cmdjmjm_Click()         '文件加密/解密
   Dim n%, filn$, keym$
   keym = Trim(txtPassword)
   filn = Trim(txtFile.Text)
   Call Filejmjm(filn, keym)        '调用加密过程对文件进行加密
End Sub

Private Function Encrypt(ByVal strSource As Byte, ByVal key1 As Byte) As Byte
   Encrypt = strSource Xor key1         '加密的方法是异或
```

```
End Function

Private Sub Filejmjm(filename As String, keym As String)    '对文件进行加密子过程
    Dim char As Byte, key1 As Byte, fn As Byte
    Dim n As Long, i As Integer
    fn = FreeFile
    Open filename For Binary As #fn          '打开源文件
    For n = 1 To LOF(fn)
        Get #fn, n, char                     '从文件读出一个字节
        For i = 1 To Len(keym)               '循环次数由密码的长度决定
            key1 = Asc(Mid(keym, i, 1))      '取一个密码字符的 ASCII 码
            char = Encrypt(char, key1)       '对文件的一个字节进行加密
        Next i
        Put #fn, n, char                     '写入一字节到原位置
    Next n
    Close #fn
End Sub
```

思考与讨论

（1）本题加密的文件可以在文本框中输入要加密的文件名，也可以单击"浏览…"命令按钮，使用"通用对话框"控件的"打开文件"对话框，选择一个要加密的文件。有关通用对话框控件的使用，请参阅 9.2 节。

（2）为什么在 Filejmjm()过程将 Key1 定义为字节类型？如果定义为整型，程序会出现什么问题？

（3）在输入文件名的文本框输入的文件名，是否需要盘符、路径？如果输入的文件名，计算机中并不存在，程序会出现什么错误？

（4）该程序可以适合任何类型的文件加密吗？

本章小结

本章学习了有关文件的概念，文件系统控件，对文件的操作及有关文件操作的语句和函数。本章的重点是对文件的读写操作。

Visual Basic 中根据访问模式将文件分为顺序文件、随机文件和二进制文件。顺序文件可以按行、按字符和整个文件一次性读 3 种方式读出；随机文件以记录为单位读写；二进制文件以字节为单位读写。

Visual Basic 对文件的操作分为 3 个步骤，首先打开文件，然后进行读或写操作，最后关闭文件。使用 Open 语句打开的顺序文件、随机文件和以二进制方式打开的文件，都是使用 Close 语句关闭。

顺序文件结构简单，其中记录的写入、存放、读取顺序都是一致的，也就是说记录的逻辑顺序与物理顺序相同。顺序文件可以用普通的字处理软件（如记事本）进行建立、显示和编辑。

随机文件由一组长度完全相同的记录组成。每个记录都有唯一的记录号。随机文件以二进制形式存放数据。随机文件适宜对某条记录进行读写操作。

任何格式的文件，都可以按二进制方式访问，即进行读写操作，以二进制方式访问文件，不指定记录长度。

习　　题

一、判断题

1. 驱动器列表框、目录列表框和文件列表框三者之间能够自动实现关联。（　　）

2. 驱动器列表框、目录列表框和文件列表框都具有列表框 ListBox 中的 List、ListCount 和 ListIndex 属性。（　　）

3. 可以使用 AddItem 和 RemoveItem 方法来增加或删除文件列表框中的项目。（　　）

4. 在文件列表框中可以实现多项选择。（　　）

5. 在一个过程中用 Open 语句打开的文件，可以不用 Close 语句关闭，因为当过程执行结束后，系统会自动关闭在本过程中打开的所有文件。（　　）

6. 以操作模式 Append 打开的文件，既可以进行写操作，也可以进行读操作。（　　）

二、选择题

1. 下面关于顺序文件的描述正确的是（　　）。

　　A. 每条记录的长度必须相同

　　B. 可通过编程对文件中的某条记录方便地修改

　　C. 数据只能以 ASCII 码形式存放在文件中，所以可通过文本编辑软件显示

　　D. 文件的组织结构复杂

2. 下面关于随机文件的描述不正确的是（　　）。

　　A. 每条记录的长度必须相同

　　B. 一个文件记录号不必唯一

　　C. 可通过编程对文件中的某条记录方便地修改

　　D. 文件的组织结构比顺序文件复杂

3. 按文件的组织方式分有（　　）。

　　A. 顺序文件和随机文件　　　　　　　　B. ASCII 文件和二进制文件

　　C. 程序文件和数据文件　　　　　　　　D. 磁盘文件和打印文件

4. 文件号最大可取的值为（　　）。

　　A. 255　　　　　　B. 511　　　　　　C. 512　　　　　　D. 256

5. Kill 语句在 Visual Basic 语言中的功能是（　　）。

　　A. 清内存　　　　　　　　　　　　　　B. 清病毒

　　C. 删除磁盘上的文件　　　　　　　　　D. 清屏幕

6. 为了建一个随机文件，其中每一条记录由多个不同的数据类型的数据组成，应使用（　　）。

　　A. 自定义类型　　　　B. 数组　　　　C. 字符串类型　　　　D. 变体类型

7. 要从磁盘上读入一个文件名为"c:\t1.txt"的顺序文件，（　　）正确。

　　A. F="C:\t1.txt"

　　　　Open　F　For　Input　As #1

　　B. F="C:\t1.txt"

　　　　Open　"F"　For　Input　As #2

　　C. Open "C:\t1.txt"　For　Output　As #1

D. Open C:\t1.txt   For   Output   As #2

三、程序填空

1. 顺序文件的建立。要建立的顺序文件名为 "C:\stud1.txt"，内容来自文本框，每按 Enter 键写入一条记录，然后清除文本框的内容，直到文本框内输入 "End" 字符串。

```
Private sub Form_load()
    _____
    text = " "
End sub
Private sub Text1_keyPress(KeyAscii As Integer)
    If  keyAscii = 13  then
        If _____  then
        close # 1
            End
        Else
            _____
            Text = " "
        End if
    End if
End Sub
```

2. 将 C:盘根目录下的一个文本文件 old.dat 复制到新的文件 new.dat 中，并利用文件操作语句将 old.dat 文件从磁盘上删除。

```
Private  Sub  Command1_Click()
    Dim str1 As String
    Open "c:\old.dat" _____ As #1
        Open "new.dat" _____
        Do while _____
        _____
            print #2 ,str1
        Loop
        _____
End sub
```

3. 文本文件合并。将文本文件 "t2.txt" 合并到 "t1.txt" 文件中。

```
Private   Sub Command1_click()
    Dim s As String
    Open "t1.txt" _____
    Open "t2.txt" _____
    Do while  Not EOF (2)
        Line Input #2,s
        Print #1 ,s
    Loop
    Close #1 , #2
End sub
```

四、编程题

1. 编程统计 C:盘 Mydir 文件夹中文本文件 data.txt 中字符'$'出现的次数，并将统计结果写入到文本文件 C:\Mydir\res.txt 中。

2. 在文本文件 "abc.txt" 中，存放有若干个由逗号分隔的数据，编写一程序，求这批数据的平均值，并打印输出大于平均值的那些数据。

3. 设计应用程序，统计某个文本文件（Lcs.txt）中各英文字母（不区分大小写）出现的次数，并将结果输出在另一个文件（Res.dat）中。

4. 编程序，将一个文件（如 C:\A.txt）拆分为两个大小相等的文件（A1.txt，A2.txt）。

上机实验

1. 建立一个文件，写入 50 个 10 ~ 100 的随机整数，然后将其读出，并求出其中的最大值和最小值。

2. 在文件 "C:\student.txt" 中，顺序存放着若干学生的姓名（字符型）和 3 门课程的考试成绩（数值型），存放格式如下：

　　　　张　军，65，89，76

　　　　刘晓壮，75，78，88

　　　　……………………

编写一程序，将文件中的姓名和各门课程的成绩显示在窗体上，同时计算并显示每一个学生的平均成绩（保留 2 位小数）。显示如下：

　　　　张　军　65　89　　76　Aver=76.67

　　　　刘晓壮　75　78　　88　Aver=80.33

　　　　……………………

3. 建立如图 8-10 所示的文件操作窗口，将选中的文件复制到目标文件夹。在源文件部分实现文件的查询；在目标文件夹部分实现文件的查询、删除，并支持新建文件夹。

4. 参照例 8.5，设计如图 8-11 所示的通讯簿管理应用程序，联系人的信息存入随机文件，可实现添加、删除、查询、修改等功能。

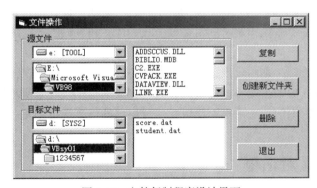

图 8-10　文件复制程序设计界面

图 8-11　程序运行界面

第9章
对话框与菜单程序设计

Visual Basic 语言能够十分方便快捷地设计出标准的 Windows 界面，这也是 Visual Basic 的一大特色。Windows 环境下开发应用程序的一个主要任务就是设计出友好的人机交互界面。Windows 应用程序通常提供两种人机交互工具——对话框和菜单。

本章主要任务：

（1）掌握通用对话框控件的使用；

（2）掌握菜单编辑器的使用，菜单的编程方法；

（3）掌握应用程序界面设计，在应用程序设计中能灵活使用对话框及菜单。

9.1　自定义对话框

所谓"对话框"可以被看做是一种特殊的窗体，它的大小一般不可改变，也没有"最小化"和"最大化"按钮，它只有一个"关闭"按钮（有时还包含一个"帮助"按钮）。如何设计出这种特殊的窗体，Visual Basic 提供了 3 种解决方案：系统预定义的对话框（InputBox 和 MsgBox）、用户自定义对话框和通用对话框控件。

创建用户自定义对话框，一般有两种方法：一是用户根据应用程序的需要，在一个普通窗体上，使用标签、文本框、单选按钮、检查框、命令按钮等控件，通过编写相关的程序代码来实现人机交互功能；二是使用 Visual Basic 系统提供的"对话框"模板，通过简单的修改便可创建一个适合自己程序的自定义对话框。

9.1.1　由普通窗体创建自定义对话框

在 Visual Basic 中，用户可以通过创建包含控件的窗体来自己设计对话框。实际上，创建一个自定义对话框就是创建一个窗体，读者可以将以前学习的设计窗体的方法直接应用到自定义对话框的设计过程中。但是，作为一种特殊的窗体，自定义对话框的设计方法又有其独特性的一面，这中间主要涉及一些窗体对象的相关属性设置。

对话框窗体与一般窗体在外观上是有区别的，需要通过设置以下属性值来自定义窗体外观。

1. BorderStyle 属性

BorderStyle 属性决定了窗体的边框样式，在运行时是只读的。该属性决定了窗体的主要特征，这些特征从外观上就能确定窗体是通用窗口还是对话框，属性设置值及含义见第 1 章 1.4.1 小节中的表 1.1。

作为对话框的窗体，必须将窗体的 BorderStyle 属性值设置为 3（VbFixedDoubleialog）。此时窗体包含控制菜单框和标题栏，不包含最大化和最小化按钮，不能改变窗体尺寸。

2. ControlBox 属性

该属性值为 True 时窗体显示控制菜单框，为 False 时不显示。

3. MaxButton、MinButton 属性

该属性值为 True 时表示窗体具有最大化按钮或最小化按钮，为 False 时表示窗体不具有最大化按钮或最小化按钮。

例如，图 9-1 所示为用户使用窗体设计的一个"设置服务器"的自定义对话框。

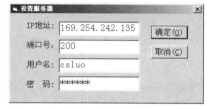

图 9-1　使用窗体设计的自定义对话框

9.1.2　使用对话框模板创建对话框

Visual Basic 6.0 系统提供了多种不同类的"对话框"模板窗体，通过"工程"菜单中的"添加窗体"命令，即可打开"添加窗体"对话框。用户可以选择的对话框有"关于"对话框、登录对话框、日积月累、ODBC 登录、选项对话框等 10 类，如图 9-2 所示。例如，当用户选择"登录对话框"时，即可创建一个如图 9-3 所示的"登录"对话框。

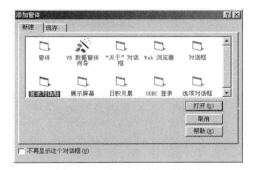

图 9-2　"添加窗体"对话框

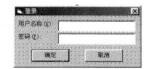

图 9-3　"登录"对话框

在该登录窗体的模块中，系统已有一段程序代码，下面便是选择建立的"登录"对话框的程序代码：

```
Public LoginSucceeded As Boolean
Private Sub cmdCancel_Click()
    '设置全局变量为 false
    '不提示失败的登录
    LoginSucceeded = False
    Me.Hide
End Sub
Private Sub cmdOK_Click()
    '检查正确的密码
    If txtPassword = "password" Then
        '将代码放在这里传递
        '成功到 calling 函数
        LoginSucceeded = True        '设置全局变量
```

```
            Me.Hide
        Else
            MsgBox "无效的密码，请重试!", , "登录"
            txtPassword.SetFocus
            SendKeys "{Home}+{End}"     '将文本框内容全部选中
        End If
    End Sub
```

从上面的程序代码中不难看出，用户只需要将口令 "password" 改为自己想用的口令，将输入口令正确时要调用的程序（如 Call Mymain）或启动的应用程序的主窗体（如 Mainfrm.Show）写在 If txtPassword = "password" Then 语句下面即可。

程序中的 SendKeys 语句是将一个或多个按键消息发送到活动窗口，就如同在键盘上进行输入一样。有关该语句的使用，读者可参阅 Visual Basic 的系统帮助。

9.1.3 显示与关闭自定义对话框

1. 显示自定义对话框

可使用窗体对象的 Show 方法显示自定义对话框，通过设置不同的参数可以显示两种不同类型的对话框。

（1）模式对话框。

模式对话框在焦点可以切换到其他窗体或对话框之前要求用户必须作出响应以关闭对话框，如单击"确定"按钮、"取消"按钮或者直接单击"关闭"按钮。一般来说，显示重要信息的对话框不允许用户无视其存在，因此需要被设置成模式对话框，其显示方法为

窗体名. Show vbModal（其中 **vbModal** 是系统常数，值为 **1**）

（2）无模式对话框。

无模式对话框的焦点可以自由切换到其他窗体或对话框，而无需用户关闭当前对话框，其显示方法为：

窗体名. Show

2. 关闭自定义对话框

可使用 Hide 方法或 UnLoad 语句来关闭自定义对话框，其格式为

Me.Hide 或 **窗体名.Hide**

UnLoad <窗体名>

这里的 "Me" 是一个关键字，它代表正在执行的地方提供引用具体实例，一般指当前窗体。显示或关闭的操作会涉及多重窗体编程，有关的设计问题请参见 5.7 节。

9.2   通用对话框

虽然用户可以根据自己的需要使用工具箱中的标准控件来定制对话框，但这样做开发效率不高。为提高程序开发效率，减轻程序员负担，Visual Basic 提供了多种 ActiveX 控件（参阅 6.7 节），本节介绍一种使用最多的通用对话框控件（CommonDialog）。

使用该控件需先执行 Visual Basic "工程" 菜单中的 "部件" 菜单命令，在 "部件" 对话框中

选择 "Microsoft Common Dialog Control 6.0"，将其添加到工具箱中（图标为 📧 ）。

CommonDialog 控件提供了一组标准的操作对话框，进行诸如打开和保存文件，设置打印选项，以及选择颜色和字体等操作，并且通过运行 Windows 的帮助引擎还能显示帮助信息。

在应用程序中要使用 CommonDialog 控件，可将其添加到窗体中并设置其属性。在设计阶段，CommonDialog 控件是以图标的形式显示在窗体中，并且图标的大小不能改变。在运行阶段，通过调用相应的方法或将 Action 属性设置为相关值，确定显示哪种对话框，具体设置如表 9-1 所示。

表 9-1　　　　　　　　　　　　　通用对话框的 Action 属性与方法

类　　　型	Action 属性	方　　　法
无对话框	0	—
"打开" 对话框	1	ShowOpen
"另存为" 对话框	2	ShowSave
"颜色" 对话框	3	ShowColor
"字体" 对话框	4	ShowFont
"打印" 对话框	5	ShowPrinter
"帮助" 对话框	6	ShowHelp

　　　　　通用对话框仅提供了一个用户和应用程序的信息交互界面，具体功能的实现还需编写相应的程序。

除了 Action 属性外，CommonDialog 控件还具有一个公共属性——DialogTitle 属性，该属性用于设置对话框标题。

　　　　　当显示 "颜色"、"字体" 或 "打印" 对话框时，CommonDialog 控件忽略 DialogTitle 属性的设置。"打开" 与 "另存为" 对话框的默认标题为 "打开" 与 "另存为"。

除了具有相同的公共属性外，不同对话框还有自己特有的属性。下面逐一介绍这 6 种对话框的使用方法。

9.2.1　"打开" / "另存为" 对话框

"打开" 对话框与 "另存为" 对话框为用户提供了一个标准的文件打开与保存的界面，如图 9-4、图 9-5 所示。因为这两种对话框具有许多共同的属性，故放在一起介绍。

图 9-4　"打开" 对话框　　　　　　　　　　图 9-5　"另存为" 对话框

（1）FileName 属性：字符型，用于返回或设置用户要打开或保存的文件名（含路径）。

（2）FileTitle 属性：字符型，用于返回或设置用户要打开或保存的文件名（不含路径）。FileTitle 属性为在运行阶段，用户选定的文件名或在"文件名"文本框中输入的文件名，而 FileName 属性则由文件名及其路径共同组成。

（3）Filter 属性：确定文件类型或保存类型列表框中显示的文件类型。Filter 属性设置的格式为

　　文件说明字符 ｜类型描述｜ 文件说明字符 ｜类型描述

例如：

```
CommonDialog1.Filter ="Word文档(*.doc)|*.doc|文本文件(*.txt)|*.txt|所有文件(*.*)|*.*"
```

则在文件类型列表框中显示"Word 文档(*.doc)"、"文本文件(*.txt)"和"所有文件(*.*)"3 种类型。"|"为管道符号，它将描述文件类型的字符串表达式（如"Word 文档(*.doc)"）与指定文件扩展名的字符串表达式（如"*.doc"）分隔开。

（4）FilterIndex 属性：整型，用于确定选择了何种文件类型，默认设置为 0，系统取 Filter 属性设置中的第一项，相当于 FilterIndex 属性值设置为 1。在上例中，如选择"Word 文档(*.doc)"，则可以不设置，也可将 FilterIndex 属性值设为 1。

（5）InitDir 属性：字符型，用于确定初始化打开或保存的路径。例如：

```
CommonDialog1. InitDir ="D:\LCSFile"
```

如果不设置初始化路径或指定的路径不存在，系统则默认为"C:\My Documents\"。

（6）DefaultExt 属性：字符型，用于确定保存文件的默认扩展名。

（7）CancelError 属性：逻辑型值，表示用户在与对话框进行信息交换时，按下"取消"按钮时是否产生出错信息。

当该属性设置为 True 时，无论何时选取"取消"按钮，都将出现错误警告，同时系统将 Err 对象的 Number 属性值置为 32 755 (cdlCancel)。

当该属性设置为 False（默认）时，选择"取消"按钮，没有错误警告。

　　　　上述属性若在程序中设置，都必须放在使用 Action 属性或 ShowOpen 和 ShowSave 方法调用"打开"或"另存为"对话框语句之前。否则起不到其功能。

例 9.1　设计一个窗体（见图 9-6），包含 1 个文本框（Text1）和 6 个分别为 "打开"（cmdOpen）、"另存为"（cmdSave）、"颜色"（cmdColor）、"字体"（cmdFont）、"打印"（cmdPrinter）和"帮助"（cmdHelp）的命令按钮。本例中仅涉及前两种对话框的使用，当用户单击"打开"按钮时就弹出打开对话框，当用户选择一文本文件，便可将该文件内容读入文本框中；当单击"另存为"按钮时就打开另存为对话框。用户输入文件名后，便可以新的文件名保存文本框的内容。

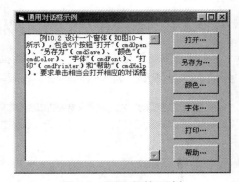
图 9-6　通用对话框示例

"打开"按钮的单击事件过程如下：

```
Private Sub cmdOpen_Click()
    On Error Resume Next    '当出现错误时，不提示，继续执行下一语句
    Dim StrTxt$
    CommonDialog1.DialogTitle = "通过对话框示例——打开对话框"
    CommonDialog1.InitDir = "c:\"
```

```
    CommonDialog1.Filter = "Word 文档(*.doc)|*.doc|文本文件_
(*.txt)|*.txt|所有文件(*.*)|*.*"
    CommonDialog1.FilterIndex = 2
    Text1.Text = ""
    CommonDialog1.ShowOpen    '或使用 CommonDialog1.Action = 1
    Open CommonDialog1.FileName For Input As #1
    If Err.Number = 0 Then    '如果打开文件正确
        Do While Not EOF(1)
            Line Input #1, StrTxt
            Text1 = Text1 + StrTxt + vbCrLf
        Loop
        Close #1
    End If
End Sub
```

"另存为"按钮的单击事件过程如下：

```
Private Sub cmdSave_Click()
    CommonDialog1.DialogTitle = "通过对话框示例——另存为对话框"
    CommonDialog1.InitDir = "c:\"
    CommonDialog1.Filter="Word 文档(*.doc)|*.doc|文本文件_
                    (*.txt)|*.txt|所有文件(*.*)|*.*"
    CommonDialog1.FilterIndex = 2
    CommonDialog1.DefaultExt = "*.Txt"
    'CommonDialog1.ShowSave          /或使用 CommonDialog1.Action = 2
    Open CommonDialog1.FileName For Output As #2
        For i = 1 To Len(Text1)
            Print #2, Mid$(Text1, i, 1);
        Next i
    Close #2
End Sub
```

以上代码中，vbCrLf 是 Visual Basic 系统常量，为回车换行符，等价于"Chr(13)+Chr(10)"。

9.2.2　"颜色"对话框

"颜色"对话框是当 Action 值为 3 时的通用对话框，它为用户提供了一个标准的调色板界面，如图 9-7 所示。用户可以使用其中的基本颜色，也可以自己调色。当用户选中某一种颜色后，该颜色值（长整型）赋予 Color 属性。

例 9.2　为例 9.1 中的"颜色"按钮编写事件过程，通过"颜色"对话框来设置文本框的前景色，即文本框中文字的颜色。

```
'"颜色"按钮的单击事件过程
Private Sub cmdColor_Click()
    CommonDialog1.ShowColor
    'CommonDialog1.Action = 3
    Text1.ForeColor = CommonDialog1.Color  '设置文本框的前景色
End Sub
```

图 9-7　"颜色"对话框

9.2.3　"字体"对话框

"字体"对话框为用户提供了一个标准的进行字体设置的界面，如图 9-8 所示。通过该对话框，用户可以选择字体、字体样式、字体大小、字体效果以及字体颜色。

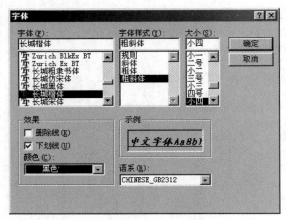

图 9-8　"字体"对话框

（1）Flags 属性：确定对话框中显示字体的类型。在显示字体对话框前必须设置该属性，否则会发生不存在字体的错误，常用的设置如表 9-2 所示。使用 Or 运算符可以为一个对话框设置多个标志，如 cdlCFScreenFonts Or cdlCFEffects。

表 9-2　　　　　　　　　　　　　　　　　"字体"对话框的 Flags 属性

系 统 常 数	值	说　　　明
cdlCFScreenFonts	&H1	使对话框只列出系统支持的屏幕字体
cdlCFPrinterFonts	&H2	使对话框只列出打印机支持的字体
cdlCFBoth	&H3	使对话框列出可用的打印机和屏幕字体
cdlCFEffects	&H100	指定对话框允许删除线、下画线以及颜色效果

（2）FontName、FontSize、FontBold、FontItalic、FontStrikethru、FontUnderline 属性的用法与标准控件的字体属性相同。

（3）Color 属性：表示字体颜色。

（4）Min、Max 属性：确定字体大小的选择范围，单位为点（point）。

例 9.3　为例 9.1 中的"字体"按钮编写事件过程，通过"字体"对话框来设置文本框中的字体。

```
' "字体"按钮的单击事件过程

Private Sub cmdFont_Click()
    CommonDialog1.Flags = cdlCFScreenFonts Or cdlCFEffects
    CommonDialog1.Max = 100
    CommonDialog1.Min = 1
    CommonDialog1.ShowFont          'CommonDialog1.Action =4
    Text1.FontName = CommonDialog1.FontName
    Text1.FontSize = CommonDialog1.FontSize
    Text1.FontBold = CommonDialog1.FontBold
    Text1.ForeColor = CommonDialog1.Color
    Text1.FontItalic = CommonDialog1.FontItalic
    Text1.FontStrikethru = CommonDialog1.FontStrikethru
    Text1.FontUnderline = CommonDialog1.FontUnderline
End Sub
```

9.2.4　"打印"对话框

"打印"对话框是一个标准的打印窗口界面（见图 9-9），同样该对话框不能直接处理打印工作，它仅仅为用户提供了一个选择打印参数的界面，这些参数被存放在相关的属性中，可通过这些属性来编程完成打印操作。"打印"对话框的常用属性如下。

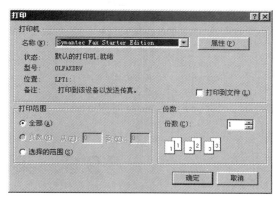

（1）Copies 属性：整型，用于确定打印的份数。

（2）FromPage 和 ToPage 属性：整型，用于确定打印的起始页号和终止页号。

例 9.4　为例 9.1 中的"打印"按钮编写事件过程，通过"打印"对话框来设置打印参数，然后打印文本框中的内容。

图 9-9　"打印"对话框

有关打印机对象 Printer 的用法请读者参阅 Visual Basic 的帮助系统。

```
'"打印"按钮的单击事件过程

Private Sub cmdPrinter_Click()
    Dim i As Integer
    CommonDialog1.ShowPrinter
    'CommonDialog1.Action =5
    For i = 1 To CommonDialog1.Copies
        Printer.Print Text1.text
    Next i
    Printer.EndDoc        '结束打印
End Sub
```

9.2.5　"帮助"对话框

"帮助"对话框是一个标准的帮助窗口（见图 9-10），可以用于制作应用程序的在线帮助。同样，"帮助"对话框本身不能制作应用程序的帮助文件，它只是将已经制作好的帮助文件打开并与界面相连，从而达到显示并检索帮助信息的目的。

制作帮助文件需要使用 Help 文件编辑器（Microsoft Windows Help Compiler），有关 Help 文件编辑器的详细用法请读者参阅有关资料，本书限于篇幅不再介绍。

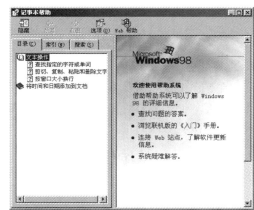

"帮助"对话框有下列常用属性。

（1）HelpCommand 属性：返回或设置需要的联机帮助的类型，具体设置请参阅 Visual Basic 帮助系统。

（2）HelpFile 属性：确定 Microsoft Windows Help 文件的路径和文件名，应用程序使用这个文件显示 Help 或联机文档。

图 9-10　"帮助"对话框

（3）HelpKey 属性：返回或设置标识请求的帮助主题的关键字。

（4）HelpContext 属性：该属性与 HelpCommand 属性一起使用（设置 HelpCommand = cdlHelpContext），返回或设置请求的帮助主题的上下文 ID 以指定要显示的帮助主题。

例 9.5　为例 9.1 中的"帮助"按钮编写事件过程，通过"帮助"对话框来显示记事本程序的帮助文件。

```
'"帮助"按钮的单击事件过程
Private Sub cmdHelp_Click()
    CommonDialog1.HelpCommand = cdlHelpContents
    CommonDialog1.HelpFile = "c:\windows\help\notepad.hlp"
    CommonDialog1.ShowHelp
    'CommonDialog1.Action =6
End Sub
```

9.3　菜 单 设 计

在 Windows 环境中，几乎所有应用软件都提供菜单，通过这些菜单便可方便地实现各种操作。菜单一方面提供了人机对话的接口，以便让用户选择应用系统的各种功能；同时借助菜单，能有效地组织和控制应用程序各功能模块的运行。

9.3.1　菜单的类型

菜单是图形化界面一个必不可少的组成元素，通过菜单对各种命令按功能进行分组，使用户能够更加方便、直观地访问这些命令。Windows 环境下的应用程序一般为用户提供 3 种菜单：窗体控制菜单、下拉菜单与快捷菜单。图 9-11 所示为 Windows 应用程序的下拉菜单和快捷菜单及菜单项中的相关项目说明。

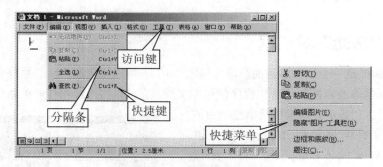

图 9-11　下拉菜单和快捷菜单

在 Visual Basic 中，每一个菜单项就是一个控件。与其他控件一样，用户可以定义它的外观和行为的属性。在设计或运行时可设置 Caption 属性、Enabled 属性、Visible 属性、Checked 属性等。菜单控件只能识别一个事件，即 Click 事件，当用鼠标或键盘选中某个菜单控件时，将引发该事件。

9.3.2　菜单编辑器

Visual Basic 6.0 没有菜单控件，但提供了建立菜单的菜单编辑器。在 Visual Basic 6.0 集成开发环境中，选择"工具"菜单中的"菜单编辑器"选项，可以打开菜单编辑器，为窗体编辑菜单，如图 9-12 所示。

（1）标题：运行时各项菜单的字面解释，即在菜单中显示的文本，由用户自定义。

（2）名称：菜单名称，用来唯一识别该菜单，也是运行时单击该菜单项所执行的事件过程的名称。

例如，标题为"打开文件"，名称为"Fopen"，程序运行时单击菜单项"打开文件"所执行的事件过程为 Fopen_Click。

（3）索引：如果建立菜单数组，必须使用该属性。

（4）快捷键：在该下拉列表框中可以为调用事件过程确定快捷键，缺省的表项是 None。快捷键将显示在菜单项后面，如"打开文件　Ctrl+O"。

（5）帮助上下文 ID：在高该文框中输入一个数值，该值用来在帮助文件（用 HelpFile 属性设置）中查找相应的帮助主题。

图 9-12　Visual Basic 的菜单编辑器

（6）协调位置：该属性决定窗体菜单栏的单个菜单与窗体活动对象的菜单共用菜单栏空间。当设置为非零值时，该菜单与活动对象的菜单在窗体的菜单栏上一起显示。

（7）复选：设置下拉菜单项的 Checked 属性。

当该属性值为 True 时，在下拉菜单项前面显示一个复选标志。若某菜单项有复选标志，再选时希望无复选标志，除在设计时设置该菜单项具有复选功能外，还必须在相应事件过程中写入如下代码：

```
菜单名.Checked= Not 菜单名.Checked
```

（8）有效：设置下拉菜单项的 Enabled 属性，缺省值为 True。若要在程序运行时使某个菜单项不可选，可设置为 False。

（9）可见：设置下拉菜单项的 Visible 属性，缺省值为 True。若要在程序运行时使某个菜单项不可见，可设置为 False。

（10）菜单项移动按钮。

左移、右移按钮可以使编辑器窗口选定的菜单项左边减少或增加 4 个点，若某菜单项比它上 1 行的菜单项多 4 个点，则该选项作为上 1 菜单项的子菜单（Visual Basic 允许最多 6 级菜单）。

上移按钮可以使编辑器窗口选定的菜单项移动到上 1 行菜单项的上边，下移按钮可以使编辑器窗口选定的菜单项移动到下 1 行菜单项的下边。

（11）"下一个"按钮：单击该按钮，光标从当前菜单项移到下一项。如果当前菜单项是最后一项，则加入一个新的菜单项。

（12）"插入"按钮：在当前选择的菜单项前插入一个新的菜单项。

（13）"删除"按钮：删除当前选择的菜单项。

在菜单设计过程中，已经设计的菜单项及其上下级关系都会显示在菜单编辑器下端的列表框中，读者可以非常直观地修改、调整有关的菜单项。

9.3.3　下拉式菜单

在下拉式菜单中，一般有一个主菜单，称为菜单栏。每个菜单栏包括一个或多个选择项，称为菜单标题，如 Visual Basic 6.0 集成开发环境中的文件、编辑、视图、工程等。

当单击一个菜单标题时，包含菜单项的列表（即菜单）被打开，在列表项目中，可以包含分隔条和子菜单标题（其右边含有三角的菜单项）等。当选择子菜单标题时又会"下拉"出下一级菜单项列表，称为子菜单。

Visual Basic 的菜单系统最多可达 6 级，但在实际应用中一般不超过 3 层，因为菜单层次过多，会影响操作的方便性。

在下拉式菜单中，一般只需要对下拉菜单的最低级菜单项编写单击事件代码，如果对一个有下级菜单的菜单项编写了单击事件，则在执行下一级菜单时，该菜单程序将先执行。

例 9.6 建立下拉式菜单，通过菜单控制文本框中的文字的字体、颜色等，程序的运行情况如图 9-13 所示。

（1）界面设计。

在窗体上添加一个文本框 Text1，用于显示文字信息，并添加通用对话框控件 CommonDialog1。当程序运行时，选择颜色菜单，打开"颜色"对话框，设置标签的文字颜色和背景颜色。

启动菜单编辑器，按照表 9-3 所示设置菜单项，菜单编辑器中各项设置如图 9-14 所示。

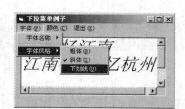

图 9-13　程序运行情况

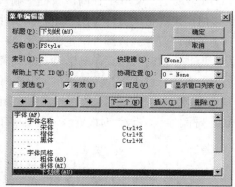

图 9-14　菜单编辑器

表 9-3　　　　　　　　　　　　　　　　　菜单项的设置

菜单标题(Caption)	菜单名称(Name)	索 引 值	说　　明
字体	Font		主菜单项 1
....字体名称	FontName		子菜单项 11
........宋体	FontN	0	子菜单项 111，快捷键 Ctrl+S
........楷体	FontN	1	子菜单项 112，快捷键 Ctrl+K
........黑体	FontN	2	子菜单项 113，快捷键 Ctrl+H
....-	FF		子菜单项 12，用作分隔条
....文本风格	FontStyle		子菜单项 13
........粗体(&B)	Fstyle	0	子菜单项 131，热键 B
........斜体(&I)	Fstyle	1	子菜单项 132，热键 I
........下划线(&U)	Fstyle	2	子菜单项 133，热键 U
颜色	Color		主菜单项 2
....文字颜色	Fcolor		子菜单项 21
....背景颜色	Bcolor		子菜单项 22
结束	Ext		主菜单项 3

说明：

① 宋体、楷体、黑体等菜单项分别设置为菜单数组，它们使用相同的菜单名称（如 FontN），采用不同的索引值来区分（菜单数组必须输入索引值）。

② 分隔条的设置。分隔条是一个特殊的菜单项，其标题以一个 "–" 号表示，同时必须为它设置菜单名称。运行时将在所显示的上、下两个菜单项间出现一条直线（分隔线），如本例中，程序运行时将在字体名称和字体风格两个菜单项中间显示一条直线。

③ 快捷键和热键。快捷键是指与该菜单项相对应的功能键或组合键，程序运行时，按下快捷键，其作用相当于鼠标单击对应的菜单项，执行 Click 事件程序代码。所以，为常用的菜单项设置对应的快捷键，提供了一种快速操作下拉菜单的方法。设置快捷键的方法很简单，只要在菜单编辑器中选中需要设置快捷键的菜单项，然后在快捷键列表框中选择即可，如本例中设置宋体的快捷键为 Ctrl+S。

热键是为某个菜单项指定的字母键。程序运行时，在显示出有关菜单项后，按该字母键，即选中对应的菜单项。设置热键的方法为：在菜单编辑器中，输入菜单标题和 "&"，再输入指定的字母。

（2）过程设计。

在菜单编辑器中建立菜单后，需要为有关菜单项编写 Click 事件过程，除分隔条以外的所有菜单项都可识别 Click 事件。根据本例题目要求，编写事件过程如下：

```vb
Private Sub FontN_Click(Index As Integer)
    Select Case Index
      Case 0                              '选中"宋体"
         Text1.FontName = "宋体"
      Case 1                              '选中"楷体"
         Text1.FontName = "楷体_GB2312"
      Case 2                              '选中"黑体"
         Text1.FontName = "黑体"
    End Select
End Sub
Private Sub FStyle_Click(Index As Integer)
    FStyle(Index).Checked = Not FStyle(Index).Checked
    Select Case Index
     Case 0
         Text1.FontBold = FStyle(Index).Checked
     Case 1
         Text1.FontItalic = FStyle(Index).Checked
     Case 2
         Text1.FontUnderline = FStyle(Index).Checked
     End Select
End Sub
Private Sub Bcolor_Click()
    CommonDialog1.ShowColor
    Text1.BackColor = CommonDialog1.Color        '设置背景颜色
End Sub
Private Sub FColor_Click()
    CommonDialog1.ShowColor                       '打开颜色对话框
    Text1.ForeColor = CommonDialog1.Color          '设置文字颜色
End Sub
Private Sub Ext_Click()
    End
End Sub
```

思考与讨论

（1）在 FStyle_Click 事件中的 FStyle(Index).Checked = Not FStyle(Index).Checked 功能是什么？能否改为 FStyle(Index).Checked=True？

（2）如果将设置前景和背景颜色使用为菜单数组，如何编写程序？

9.3.4 弹出式菜单

弹出式菜单是独立于菜单栏显示在窗体或指定控件上的浮动菜单，菜单的显示位置与鼠标当前位置有关，实现步骤如下。

（1）在菜单编辑器中建立该菜单。

（2）设置其顶层菜单项（主菜单项）的 Visible 属性为 False（不可见）。

（3）在窗体或控件的 MouseUp 或 MouseDown 事件中调用 PopupMenu 方法显示该菜单。PopupMenu 的使用方法为

PopupMenu <菜单名>[, flags[,x[,y[,Boldcommand]]]]

关键字"PopupMenu"：可以前置窗体名称，但不可前置其他控件名称。

<菜单名>：是指通过菜单编辑器设计的，至少有一个子菜单项的菜单名称（Name）。

flags：该参数为常数，用来定义显示位置与行为，其取值如表 9-4 所示。

表 9-4 　　　　　　　　　　　　　flags 参数的取值及含义

系 统 常 量	值	说　　明
vbPopupMenuLeftAlign	0	缺省值，指定的 x 位置作为弹出式菜单的左上角
vbPopupMenuCenterAlign	4	指定的 x 位置作为弹出式菜单的中心点
vbPopupMenuRightAlign	8	指定的 x 位置作为弹出式菜单的右上角
vbPopupMenuLeftButton	0	菜单命令只接受鼠标左键单击
vbPopupMenuRightButton	2	菜单命令可接受鼠标左键、右键单击

表 9.4 中前面 3 个为位置常数，后 2 个为行为常数。这两组常数可以相加或用 or 连接，如

vbPopupMenuCenterAlign or vbPopupMenuRightButton 　或 6（即 2+4）

Boldcommand：该参数指定需要加粗显示的菜单项。注意，只能有一个菜单项加粗显示。

9.4　应用举例

例 9.7　设计一个简单的"记事本"应用程序，有"文件"、"编辑"、"格式"和"退出"4 个一级菜单项。

"文件"菜单项包括"打开"、"另存为"、"退出"子菜单项。

"编辑"菜单项包括"复制"、"剪切"和"粘贴"3 个子菜单项。

"格式"菜单项包括"字体"、"对齐方式"2 个菜单项，"对齐方式"菜单项又包含"左对齐"、"右对齐"、"居中"3 个 3 级子菜单项。

1. 界面设计

在窗体上添加一个文本框 Text1，用于编辑文字信息；添加通用对话框控件 CommonDialog1，

其主要属性设置如表 9-5 所示。

表 9-5　　　　　　　　　　　　　　控件主要属性设置

控　件	属性（属性值）	属性（属性值）	属性（属性值）
窗体	Name(Form1)	Caption("记事本")	
文本框 1	Name(Text1)	Tex("")	MultiLine(True) ScrollBars(2)
通用对话框 1	Name(CmDlog)		

使用"菜单编辑器"，按表 9-6 所示设计简易记事本的菜单，如图 9-15 所示。

表 9-6　　　　　　　　　　　　　　各菜单项的设置

菜单标题（Caption）	菜单名称（Name）	索 引 值	说　　明
文件(&F)	MnuFile		"文件"菜单项
打开(&O)	MnuOpen		"打开"菜单项
另存为(&A)…	MnuSaveAs		"另存为"菜单项
-	M1		分隔符栏
退出(&X)	MnuExit		"退出"菜单项
编辑(&F)	mnuEdit		"编辑"菜单项
复制	mnuCopy		ShortCut 属性为 Ctrl+C
剪切	mnuCut		ShortCut 属性为 Ctrl+X
粘贴	mnuPaste		ShortCut 属性为 Ctrl+V
格式(&F)	Fmat		"格式"菜单项
字体….	Font		ShortCut 属性为 Ctrl+I
对齐方式	Almig		
左对齐	Alm	0	ShortCut 属性为 Ctrl+L
右对齐	Alm	1	ShortCut 属性为 Ctrl+R
居中	Alm	2	ShortCut 属性为 Ctrl+M
退出(&X)	Exxt		"退出"菜单项

程序界面设计如图 9-16、图 9-17 所示。

图 9-15　计简易记事本的菜单编辑器

图 9-16　"文件"菜单设计

图 9-17　"格式"菜单设计

2. 过程设计

在"菜单编辑器"中建立菜单后，需要为有关菜单项编写 Click 事件过程，除分隔条以外的所有菜单项都可识别 Click 事件。根据本例题目要求，编写事件过程如下：

```
'打开菜单项的单击事件过程
Private Sub mnuOpen_Click()
    '激活对话框前初始化设置相关属性，激活对话框后将无法在代码中设置其属性
    Dim InputData As String                 '保存文件中每行内容
    CmDlog.FileName = "*.txt"               '初始化文件名
    CmDlog.InitDir = "C:\"                  '初始化路径
    '设置文件类型列表框内容
    CmDlog.Filter = "文本文件|*.txt|所有文件|*.*"
    CmDlog.FilterIndex = 1                  '设置默认文件类型
    CmDlog.Action = 1                       '激活"打开"对话框
    Text1.Text = ""                         '清除文本框中原有内容
    If CmDlog.FileTitle <> "" Then   '选定文件后执行下列操作
        Open CmDlog.FileName For Input As #1   '打开文件，准备读文件
        Do While Not EOF(1)
            Line Input #1, InputData             '每次读一行
            '将读出内容连接在文本框已有文本之后并回车换行
            Text1.Text = Text1.Text + InputData + vbCrLf
        Loop
        Close #1
    End If
End Sub
'"另存为"菜单项的单击事件过程
Private Sub mnuSaveAs_Click()
On Error GoTo errLab                     '出错跳转至行标签 errLab
    CmDlog.FileName = "文本 1.txt"          '设置默认文件名
    CmDlog.DefaultExt = "txt"               '设置默认扩展名
    CmDlog.InitDir = "C:\"
    CmDlog.Filter = "文本文件|*.txt|所有文件|*.*"
    CmDlog.FilterIndex = 1
    CmDlog.CancelError = True               '选取"取消"按钮时出错
    CmDlog.ShowSave                         '激活"另存为"对话框
    Open CmDlog.FileName For Output As #1   '打开文件
    Print #1, Text1.Text
    Close #1
errLab:                                     '行标签
End Sub
Private Sub mnuExit_Click()                 '退出菜单项的单击事件过程
    End
End Sub
'以下过程用于判断是否已经选中文本
Private Sub Text1_MouseUp(Button As Integer, Shift As Integer, X As Single, Y As Single)
    If Button = 1 And Text1.SelText <> "" Then        '松开左键并选中文本
        mnuCopy.Enabled = True                '使"复制"菜单项有效
        mnuCut.Enabled = True                 '使"剪切"菜单项有效
    Else                                    '未选中文本
        mnuCopy.Enabled = False
        mnuCut.Enabled = False
```

```
        End If
    End Sub
    Private Sub mnuCopy_Click()                    '"复制"菜单项的单击事件过程
        Clipboard.Clear                            '清除剪贴板中的内容
        Clipboard.SetText Text1.SelText            '将选中的文本放到剪贴板中
        mnuCopy.Enabled = False
        mnuCut.Enabled = False
        mnuPaste.Enabled = True
    End Sub
    Private Sub mnuCut_Click()                     '"剪切"菜单项的单击事件过程
        Clipboard.Clear
        Clipboard.SetText Text1.SelText
        Text1.SelText = ""                         '删除选中的文本
        mnuCopy.Enabled = False
        mnuCut.Enabled = False
        mnuPaste.Enabled = True
    End Sub
    Private Sub mnuPaste_Click()  '将剪贴板中的文本插入到文本框焦点处，或替换选中的文本
        Text1.SelText = Clipboard.GetText
    End Sub
    Private Sub Alm_Click(Index As Integer)    '设置对齐方式
        Text1.Alignment = Index
    End Sub
    Private Sub font_Click()       '设置字体
        '可将例 9.3 "字体"的程序写在此
    End Sub
    Private Sub Exxxt_Click()
        End
    End Sub
```

思考与讨论

（1）本例题主要是介绍菜单程序设计方法，程序中涉及通用对话框的使用、文件操作等内容，有条件的读者可上机调试，完善相关功能。

（2）程序中 Text1_MouseUp 过程的功能是什么？如果没有该事件过程，程序运行可能出现什么问题？

（3）程序中使用了系统"剪贴板（Clipboard）"对象，进行复制、剪贴、粘贴等操作，关于 Clipboard 的使用，请参照 Visual Basic 相关帮助。

本章小结

　　程序在运行过程中，一般总是需要输入数据、输出信息，对话框为程序和用户的交互提供了有效的途径。

　　对话框是一种特殊的窗体，它的大小一般不可改变。用户可以利用窗体及一些标准控件自己定义对话框，以满足各种需要。对于打开、保存、字体设置、颜色设置、打印、帮助这样的常规操作，可利用系统提供的 CommonDialog 控件进行操作。通用对话框在程序中使用 Show 方法与 Action 属性来显示相应的对话框，但这些对话框仅用于返回信息，不能真正实现文件打开、保存、字体设置、颜色设置、打印等操作，要实现这些操作，必须通过编程解决。

　　在 Windows 环境中，几乎所有的应用软件都提供菜单，并通过菜单来实现各种操作。Visual

Basic 中，在"菜单编辑器"中能够非常方便、高效、直观地建立菜单。菜单设计好以后，需要为有关菜单项编写事件过程，在 Visual Basic 中，每个菜单项就是一个控件，菜单控件能够识别的唯一事件是 Click。为了简化程序设计，通常将同一层菜单的几个或全部菜单项设计成菜单数组，如果使用菜单数组，则在"菜单编辑器"中输入菜单时必须设置索引值。

习　题

一、判断题

1. 用通用对话框控件显示"字体"对话框前，必须先设置 Flags 属性，否则将发生"不存在字体"的错误。（　　　）

2. 通用对话框的 Filename 属性返回的是一个输入或选取的文件名字符串。（　　　）

3. 在设计 Windows 应用程序时，用户可以使用系统本身提供的某些对话框，这些对话框可以直接从系统调入而不必由用户用"自定义"的方式进行设计。（　　　）

4. 在窗体上绘制 CommonDialog 控件时，控件的大小、位置可由用户自己加以设定。（　　　）

5. 在消息框（MsgBox）中，"Prompt"（消息）是必选项，最大长度为 64 个字符。（　　　）

6. Menu 控件显示应用程序的自定义菜单，每一个创建的菜单最多有 3 级子菜单。（　　　）

7. "菜单编辑器"中的快捷键是指无需打开菜单就可以直接由键盘输入选择菜单项的按键。（　　　）

8. 当一个菜单项不可见时，其后的菜单项就会上移并填充留下来的空位。（　　　）

9. CommonDialog 控件就像 Timer 控件一样，在运行时是看不见的。（　　　）

10. 设计菜单中每一个菜单项分别是一个控件，每个控件都有自己的名字。（　　　）

二、选择题

1. 通常用（　　　）方法来显示自定义对话框。

    A. Load   B. Unload   C. Hide   D. Show

2. 将 CommonDialog 通用对话框以"打开文件对话框"方式打开，选择（　　　）方法。

    A. ShowOpen   B. ShowColor   C. ShowFont   D. ShowSave

3. 将通用对话框类型设置为"另存为"对话框，应修改（　　　）属性。

    A. Filter   B. Font   C. Action   D. FileName

4. 用户可以通过设置菜单项的（　　　）属性的值为 False 来使该菜单项失效。

    A. Hide   B. Visible   C. Enabled   D. Checked

5. 用户可以通过设置菜单项的（　　　）属性的值为 False 来使该菜单项不可见。

    A. Hide   B. Visible   C. Enabled   D. Checked

6. 通用对话框可以通过对（　　　）属性的设定来过滤文件类型。

    A. Action   B. FilterIndex   C. Font   D. Filter

7. 输入对话框（InputBox）的返回值的类型是（　　　）。

    A. 字符串   B. 浮点数   C. 整数   D. 长整数

8. "菜单编辑器"中，同层次的（　　　）设置为相同，才可以设置索引值。

    A、Caption   B. Name   C. Index   D. ShortCut

9. 每创建一个菜单，它的下面最多可以有（　　　）级子菜单。

    A. 1   B. 3   C. 5   D. 6

10. 在设计菜单时，为了创建分隔栏，要在（　　　）中输入单连字符（ - ）。

　　A. 名称栏　　　　　B. 标题栏　　　　　C. 索引栏　　　　　D. 显示区

三、填空题

1. 菜单一般有_____和_____两种基本类型。

2. 将通用对话框的类型设置为字体对话框可以使用_____方法。

3. 通用对话框控件可显示的常用对话框有_____、_____、_____、_____、_____等。

4. 如果工具箱中还没有 CommonDialog 控件，则应从_____菜单中选定_____，并将控件添加到工具箱中。

5. 将控件 CommonDialog1 设置为颜色对话框，可表示为_____或_____。

6. 在使用消息框时，要给 MsgBox 函数提供 3 个参数，它们是_____、_____和_____。

7. 菜单项可以响应的事件过程为_____。

8. 在设计菜单时，可在 Visual Basic 主窗口的菜单栏中选择_____，单击后从它的下拉菜单中选择"菜单编辑器"菜单项。

9. 设计时，在 Visual Basic 主窗口上只要选取一个没有子菜单的菜单项，就会打开_____，并产生一个与这一菜单项相关的_____事件过程。

10. 设置菜单时，同一层的 Name 设置为_____，才可以设置索引值，且索引值应设置为_____的连续整数，但不一定从 0 开始。

上机实验

1. 调试例 9.7 的简单记事本程序。

2. 给例 9.7 的简单记事本程序的"编辑"菜单中增加"查找"和"替换"菜单项，并编写程序代码，使它们具有实际的查找替换功能，界面如图 9-18 所示。其要求如下。

（1）执行"查找"菜单命令和"替换"菜单命令，会弹出如图 9-19 所示的自定义的"查找和替换"对话框。

（2）第一次单击"查找下一处"按钮将从头查找并选中找到的第一个符合条件的文本，再次单击"查找下一处"按钮将继续查找下一个符合条件的文本并选中该文本。

（3）单击"替换"按钮将当前找到的文本替换为指定内容。

（4）单击"全部替换"按钮将所有符合条件的文本替换为指定内容。

图 9-18　记事本窗口新的"编辑"菜单

3. 设计一个画图程序，程序运行情况如图 9-20 所示，各菜单项的属性设置如表 9-7 所示。要求所有图形用一个形状控件（Shape1）实现，填充颜色用"颜色"对话框（CommonDialog1）实现。

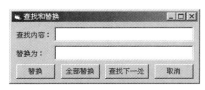

图 9-19　"查找和替换"对话框

图 9-20　画图程序的界面设计

表 9-7   画图程序的各级菜单设置

菜单分类	菜单标题	菜单名称	菜单分类	菜单标题	菜单名称
主菜单 1	基本图形（&P）	Picture	主菜单 2	填充方式（&T）	FillStyle
一级子菜单	正方形	Sqr	一级子菜单	水平线	ShP
一级子菜单	长方形	Rec	一级子菜单	竖直线	ShZh
一级子菜单	椭圆	Oval	一级子菜单	斜线	XieX
一级子菜单	圆	Circle	一级子菜单	水平交叉	ShPJ
一级子菜单	圆角长方形	Rrec	一级子菜单	斜交叉	XJ
一级子菜单	圆角正方形	RSqr	主菜单 3	填充颜色（&C）	FillColor
			主菜单 4	退出(&E)	Exit

4. 设计一个画板程序，程序运行后可以根据选择的线型的粗细、颜色，用鼠标左键模拟笔在绘图区随意绘图，用鼠标的右键可擦除所绘制的线条。提示如下。

（1）绘图区使用图片框，并将其设置为固定边框、白色背景。

（2）单击"颜色"按钮打开"颜色"对话框，实现对绘图笔颜色的设置，单击"清除"按钮则清除图片框中的图形。

（3）粗细线型分别设置为 1 磅和 3 磅（设置图片框的 DrawWidth 属性），程序运行界面如图 9-21 所示。

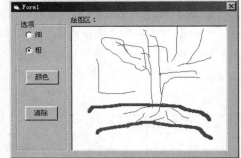

图 9-21　画板程序界面

第 10 章
多文档界面与工具栏设计

用户界面是一个应用程序非常重要的部分。对用户而言，界面就是应用程序，他们感觉不到幕后正在执行的代码。本章将介绍在 Visual Basic 中用户界面设计的工具和方法，包括多文档界面及工具栏、状态栏等的设计，并通过一个简易的文字处理系统的建立说明界面设计的一般方法。

本章主要任务：

（1）理解普通窗体界面与多文档界面（MDI）的区别；

（2）掌握 Windows 应用程序工具栏的制作方法和状态栏的建立；

（3）掌握 Windows 应用程序的多文档界面设计的方法。

10.1   多文档界面设计

用户界面样式主要有两种：单文档界面（Single Document Interface，SDI）和多文档界面（Multiple Document Interface，MDI）。单文档界面的一个示例就是 Microsoft Windows 中的 NotePad（记事本）应用程序。在 NotePad 中，只能打开一个文档，想要打开另一个文档时，必须先关上已打开的文档。本书中的大多数实例都采用 SDI 界面。

但绝大多数基于 Windows 的大型应用程序都是多文档界面，如 Microsoft Excel、Microsoft Word 等。多文档界面允许同时打开多个文档，每一个文档都显示在自己的被称为子窗口的窗口中。多文档界面由父窗口和子窗口组成，一个父窗口可包含多个子窗口，子窗口最小化后将以图标形式出现在父窗口中，而不会出现在 Windows 的任务栏中。当最小化父窗口时，所有的子窗口也被最小化，只有父窗口的图标出现在任务栏中。在 Visual Basic 中，父窗口就是 MDI 窗体，子窗口是指 MDChild 属性为 True 的普通窗体。

10.1.1   创建多文档界面应用程序

多文档界面的一个应用程序至少需要两个窗体：一个（只能一个）MDI 窗体和一个（或若干个）子窗体。

MDI 子窗体的设计与 MDI 窗体无关，但在运行时总是包含在 MDIForm 中。在设计时，子窗体不是限制在 MDI 窗体区域之内，可以添加控件、设置属性、编写代码以及设计子窗体的功能，就像在其他 Visual Basic 窗体中做的那样。

通过查看 MDIChild 属性或者检查工程资源管理器，可以确定窗体是否是一个 MDI 子窗体。

如果该窗体的 MDIChild 属性设置为 True，则它是一个子窗体。从图标也可以一目了然地来区分：MDI 的图标是 ![icon]，而子窗体的图标是 ![icon]，普通窗体的图标是 ![icon]。

1. 创建 MDI 窗体

MDI 窗体是子窗体的容器，该窗体中一般有菜单栏、工具栏、状态栏，菜单设计在第 10 章已作了详细介绍，工具栏、状态栏的设计将在下一节介绍。

用户要建立一个 MDI 窗体，可以选择"工程"菜单中的"添加 MDI 窗体"命令，会弹出"添加 MDI 窗体"对话框，选择"新建 MDI 窗体"或"现存"的 MDI 窗体，再选择"打开"按钮。

一个应用程序只能有一个 MDI 窗体，但可以有多个 MDI 子窗体。如果工程已经有了一个 MDI 窗体，则该"工程"菜单上的"添加 MDI 窗体"命令不可用。

MDI 窗体类似于具有一个限制条件的普通窗体，除非控件具有 Align 属性（如 PictureBox 控件）或者具有不可见界面（如 CommonDialog 控件、Timer 控件），否则不能将控件直接放置在 MDI 窗体上。

2. MDI 窗体的相关属性、方法与事件

（1）ActiveForm 属性。返回活动的 MDI 子窗体对象。多个 MDI 子窗体在同一时刻只能有一个处于活动状态（具有焦点）。

（2）ActiveControl 属性。返回活动的 MDI 子窗体上拥有焦点的控件。

（3）AutoShowChild 属性。返回或设置一个逻辑值，决定在加载 MDI 子窗体时是否自动显示该子窗体，默认为 True（自动显示）。

（4）Arrange 方法。用于重新排列 MDI 窗体中的子窗体或子窗体的图标，语法格式如下：

```
MDI 窗体名.Arrange 排列方式
```

（5）QueryUnload 事件。当关闭一个 MDI 窗体时，QueryUnload 事件首先在 MDI 窗体发生，然后在所有 MDI 子窗体发生。如果没有窗体取消 QueryUnload 事件，则先卸载所有子窗体，最后再卸载 MDI 窗体。QueryUnload 事件过程声明形式如下：

```
Private Sub MDIForm_QueryUnload(Cancel As Integer, UnloadMode As Integer)
```

此事件的典型应用是在关闭一个应用程序之前，确认包含在该应用程序的窗体中是否有未完成的任务。如果还有未完成的任务，可将 QueryUnload 事件过程中的 Cancel 参数设置为 True 来阻止关闭过程。

3. 创建 MDI 子窗体

MDI 子窗体是一个"MDIChild"属性为 True 的普通窗体。因此，要创建一个 MDI 子窗体。应先创建一个新的普通窗体，然后将它的"MDIChild"属性置为 True。若要建立多个子窗体，重复上述操作即可。

也可在代码中创建窗体。在 Visual Basic 中新窗体是一个简单的新工程，要在一个已经存在的窗体的基础上声明一个新窗体，如以 Form1 为原型创建新窗体，先使用 Dim 声明 Form1 类型对象变量：（子过程 CreatForm 用来创建子窗体）

```
Private Sub CreatForm()
    Dim NewForm As New Form1
    NewForm.Show                  '创建 Form1 新窗体
End Sub
```

在程序中调用 CreatForm 子程序就可添加一个与 Form1 一样的新窗体。

MDI 子窗体的设计与 MDI 窗体无关，但在运行时总是包含在 MDIForm 中。图 10-1 所示显

示了"简易文本编辑器"主窗体及它的一个子窗体"文档 1"。

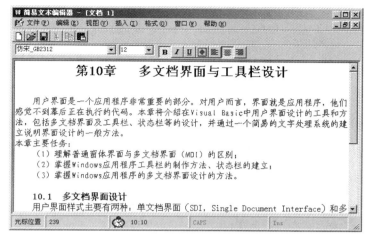

图 10-1　简易文本编辑器

10.1.2　显示 MDI 窗体及其子窗体

显示 MDI 窗体及其子窗体的方法是 Show，以下程序代码过程在用户单击命令按钮 Show_FrmDoc 时用 Show 方法显示子窗体 FrmDoc：

```
Sub Show_FrmDoc_Click()
    FrmDoc.Show
End Sub
```

　　　　加载子窗体时，其父窗体（MDI 窗体）会自动加载并显示；而加载 MDI 父窗体时，其子窗体并不会自动加载。

MDI 窗体有"AutoShowChildren"属性，它决定是否自动显示子窗体。如果它被设置为 True，则当改变子窗体的属性（如"Caption"）后，会自动显示该子窗体，不再需要 Show 方法；如果"AutoShowChildren"属性为 False，则改变子窗体的属性值后，不会自动显示该子窗体，子窗体处于隐藏状态直到用 Show 方法把它们显示出来。MDI 子窗体没有"AutoShowChildren"属性。例如，修改 Show_FrmDoc_Click 事件过程，使其当把子窗体 FrmDoc1 的"Top"属性设置为 100 时，可自动显示子窗体 FrmDoc1，程序如下：

```
Sub Show_FrmDoc_Click
    FrmMDI.AutoShowChildren = True
    FrmDoc1.Top = 100
End Sub
```

10.1.3　维护子窗体的状态信息

在用户决定退出 MDI 应用程序时，总是希望程序提供保存信息的提示，为此，应用程序必须随时都能确定自上次保存以来子窗体中的数据是否有改变。

通过在每个子窗体中声明一个公用变量作为标识来实现此功能。例如，可以在子窗体的声明部分声明一个逻辑变量 Boolsave 作为子窗体信息是否已保存的标记：

```
Public Boolsave As Boolean
```

假定子窗体 FrmDoc1 中有一个文本框 Text1，Text1 中的文本每一次改变时，文本框的 Change 事件就会将 "Boolsave" 设置为 False，可添加一行代码以指示自上次保存以来 Text1 的内容已经改变而未保存：

```
Sub Text1_Change()
    Boolsave =False
End Sub
```

反之，用户每次保存子窗体的内容时，都将 "Boolsave" 设置为 True，以指示 Text1 的内容不再需要保存。在下列代码中，假设有一个叫做 "保存"（mnuSave）的菜单命令和一个用来保存文本框内容的名为 FileSave 的过程：

```
Sub mnuSave_Click()
    FileSave                '调用 FileSave 过程保存 Text1 的内容
    Boolsave =True          '设置状态变量
End Sub
```

当用户关闭应用程序，MDI 窗体被卸载时，MDI 窗体将触发 QueryUnload 事件，然后每个打开的子窗体也都触发该事件。可用编写 MDI 窗体的 QueryUnload 事件驱动子程序来保存信息：

```
Private Sub MDIForm_QueryUnload(Cancel As Integer, UnloadMode As Integer)
    If Boolsave = False Then
        FileSave
    End If
End Sub
```

10.1.4　MDI 应用程序中的菜单

在 MDI 应用程序中，MDI 窗体和子窗体上都可以建立菜单。每一个子窗体的菜单都显示在 MDI 窗体上，而不是在子窗体本身。当子窗体有焦点时，该子窗体的菜单（如果有的话）就代替菜单栏上的 MDI 窗体的菜单。如果没有可见的子窗体，或者如果带有焦点的子窗体没有菜单，则显示 MDI 窗体的菜单。

MDI 应用程序使用几套菜单的情况很普遍。例如，Microsoft Excel 在运行时，当对工作表数据进行编辑时，则显示工作表菜单（MDI 窗体的菜单），而当选取图表时，则显示图表窗体的菜单。

1．创建 MDI 应用程序的菜单

通过给 MDI 窗体和子窗体添加菜单控件，可以为 Visual Basic 应用程序创建菜单。管理 MDI 应用程序中菜单的一个方法是把希望在任何时候都显示的菜单控件放在 MDI 窗体上（即使没有子窗体可见时）。当运行该应用程序时，如果没有可见的子窗体，会自动显示 MDI 窗体菜单，把应用于子窗体的菜单控件放置到子窗体中。在运行时，只要有一个子窗体可见，这些菜单标题就会显示在 MDI 窗体的菜单栏中。关于如何在窗体中创建菜单，在第 9 章已有详细介绍。在本章的第 10.4 节 "一个简易的文本编辑器" 的实例中再讨论关于菜单的建立，不过在这个实例中，只是在 MDI 窗体中建立了菜单。关于子窗体菜单，感兴趣的读者可以自己完善该实例程序的功能。

2. 多文档界面中的"窗口"菜单

大多数 MDI 应用程序（如 Microsoft Word for Windows 与 Microsoft Excel）都结合了"窗口"菜单。这是一个显示所有打开的子窗体标题的特殊菜单，如图 10-2 所示。"窗口"菜单中显示每个打开子窗体的名称。另外，有些应用程序的菜单中还有操作子窗体的命令，如"层叠"、"平铺"与"排列图标"。图 10-2 显示了每个打开子窗体的名称及子窗体以层迭形式显示的效果。

在 Visual Basic 中，如果要在某个菜单上显示所有打开的子窗体标题，只需利用菜单编辑器将该菜单的"WindowsList"属性设置为 True，即选中显示窗口列表检查框，就可以实现。

对子窗体或子窗体图标的层迭、平铺和排列图标命令通常也放在"窗口"菜单上，是用 Arrange 方法来实现的。下面是这 3 个菜单命令事件过程的举例。

假定 MDI 窗体名称为 frmMDI，层迭、平铺和排列图标菜单项的名称分别为 mnuCascade、mnuWindowsTile 和 mnuWindowArrange。VbCascade、vbTileHorizotal 和 vbArrangeIcons 是 Visual Basic 的 3 个内部常数。

图 10-2　"窗口"菜单

```
Sub mnuWindowCascade_Click()
    frmMDI.Arrange VbCascade              '层迭子窗口
End Sub
Sub mmuWindowTile_Click()
    frmMDI.Arrange vbTileHorizotal        '平铺子窗口
End Sub
Sub mmuWindowArrange_Click()
    frmMDI.Arrange vbArrangeIcons          '对任何已经最小化的子窗体排列图标
End Sub
```

10.2　工　具　栏

工具栏提供了对于应用程序中最常用的菜单命令的快速访问，它进一步增强了应用程序的菜单界面，已经成为许多基于 Windows 的应用程序的标准功能。工具栏的制作有两种方法：一种方法是手工制作，即利用图形框和命令按钮，这种方法比较烦琐；另一种方法是使用 ToolBar 控件来创建工具栏，非常容易且很方便。

10.2.1　Toolbar 控件

1. 把 Toolbar 控件添加到工具箱

Toolbar 控件不是常用控件，使用前需先按照下面介绍的步骤将 Toolbar 控件添加到工具箱。

选择"工程" / "部件"菜单命令，打开"部件"对话框，选择"控件"选项卡，单击"Microsoft Windows Common Controls"框，然后单击"确定"按钮关闭"部件"对话框，此时会在工具栏上增加一系列控件，其中之一就是 Toolbar 控件，如图 10-3 所示。然后双击工具箱中的 Toolbar 控件图标为窗体添加一个新的工具栏，工具栏会显示在窗体的标题栏下。

2. 在 Toolbar 控件中添加按钮

右键单击工具栏，在弹出的快捷菜单中选择"属性"命令，打开工具栏的"属性页"对话框，如图 10-4 所示，在其中可以进行工具栏的编辑。单击"属性页"中的"按钮"选项卡，然后单击"插入按钮"按钮，便把一个新按钮添加到工具栏中。

图 10-3　工具箱

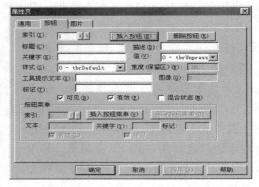

图 10-4　工具栏的"属性页"对话框"按钮"选项卡

给新按钮添加显示文字，可以在"标题"文本框中输入相应的文字。

用户可以通过在"索引"文本框中输入数值来设置某个按钮的"Index"属性值，这是按钮在 Toolbar 控件中的索引值，用于标识该按钮。用户在工具栏中添加按钮时，Visual Basic 会自动为新按钮分配"Index"值。

用户还可以在"关键字"文本框中输入文字，设置按钮的"Key"属性值，该属性帮助用户确认这个按钮。

按钮的样式（Style）属性决定按钮的行为。按钮对象的一个重要的属性就是样式（Style）属性，它决定了按钮的行为特点，并且与按钮相关联的功能可能受到按钮样式的影响。表 10-1 列出了 5 种按钮样式以及它们的用途。

表 10-1　　　　　　　　　　　　按钮样式（Style）属性的取值及用途

内　部　常　数	值	用　　　途
TbrDefault	0	普通按钮，按钮按下后会自动地弹回，如"打开"按钮
TbrCheck	1	开关按钮，按钮按下后将保持按下状态，如"加粗"按钮
TbrButtonGroup	2	编组按钮，一组功能同时只能有一个有效，如"右对齐或"按钮
TbrSeparator	3	分隔按钮，分隔符样式的按钮可以将其他按钮分隔开
TbrPlaceholder	4	占位按钮，该按钮的作用是在 Toolbar 控件中占据一定位置，以便显示其他控件（如 ComboBox 控件或 ListBox 控件）

在 10.4 节中设计的简易文字处理系统的工具栏效果，如图 10-5 所示。

3. 为按钮添加图标

工具栏按钮通常用图标代表该按钮的功能。例如，软盘的图标一般被理解为"保存文件"功能。要使工具栏按钮能够显示这样的图像，必须首先将 ImageList 控件与 Toolbar 控件相关联。要在窗体上添加 ImageList 控件，双击工具箱中的 ImageList 控件图标 ，在窗体上添加

图 10-5　设计的工具栏效果

ImageList 控件；右键单击该控件，在弹出的菜单中选择"属性"项，显示 ImageList 控件的"属性页"对话框，从中选择"图像"选项卡，如图 10-6 所示。

使用"插入图片"命令，从打开的"选定图片"对话框中选择适当的图片文件来建立图片列表，Visual Basic 会自动为每一个图片分配相应的索引号。

建立工具栏按钮和 ImageList 控件之间的关联。打开工具栏的"属性页"对话框，选择"通用"选项卡，如图 10-7 所示。在"图像列表"中选择已建立的 ImageList 控件；再选择"按钮"选项卡，在"图像"文本框中输入选用的图片的索引号。单击"确定"按钮，就完成了对图像的选择。

图 10-6　ImageList 控件属性页的"图像"选项卡

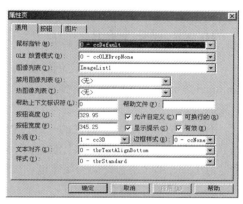

图 10-7　工具栏属性页的"通用"选项卡

4. Toolbar 控件的 ButtonClick()事件程序的编写

要为工具栏中的按钮添加代码，可以为 Toolbar 控件编写 ButtonClick()事件程序，并在程序中通过判断"Button.Index"（或"Button.Key"）属性值来判断单击了哪一个按钮，通过 Select Case 结构来运行相应的程序，如下列程序段落（用索引确定按钮）：

```
Ptivate Sub Toolbar1_ButtonClick(ByVal Button As MsComctlLib.Button)
    Select Case Button.Index
      Case 1
        MsgBox "You clicked the first button."
      Case 2
        MsgBox "You clicked the second button."
      Case 3
        MsgBox "youcllicked the third button."
    End Select
End Sub
```

该程序拥有一个包含 3 个按钮的工具栏，单击其中的一个按钮时，会给出不同的消息框，也可用关键字 key 确定按钮。

```
'响应标准工具栏的按钮
Private Sub Toolbar1_ButtonClick(ByVal Button As MSComctlLib.Button)
Select Case Button.Key
    Case "Tbnew"            '按了新建按钮，执行新建菜单功能
        mnunew_Click        '调用 mnunew_Click 过程
    Case "Tbopen"
        mnuopen_Click
    Case "Tbsave"
```

```
            mnusave_Click
    Case "Tbcut"
            mnucut_Click
    Case "Tbcopy"
            mnucopy_Click
    Case "Tbpaste"
            mnupaste_Click
End Select
End Sub
```

这里的 Tbnew、Tbopen 等为对应按钮的关键字。

10.2.2　手工创建工具栏

在窗体或 MDI 窗体上手工创建工具栏，通常是用 PictureBox 控件作为工具栏按钮的容器，用 CommandButton 或 Image 控件作为工具栏的按钮。要为工具栏上的每一个按钮指定一个图像和提示文字。

下面介绍手工创建工具栏的一般过程。

（1）在窗体或 MDI 窗体上放置一个图片框。如果是普通窗体，则必须将它的 "Align" 属性设置为 1，图片框才会自动伸展宽度，直到填满窗体工作空间。如果是 MDI 窗体，则不需要对这一属性进行设置，它会自动伸展。需要注意的是，在 MDI 窗体上只能用图片框作为工具栏按钮的容器，因为只有那些直接支持 "Align" 属性的控件才能放置在 MDI 窗体上，而图片框是支持这一属性的唯一的标准控件。

（2）在图片框中，可以放置任何想在工具栏中显示的控件。通常用 CommandButton 或 Image 控件来创建工具栏按钮。在图片框中添加控件不能使用双击工具箱上控件按钮的方法，而应该单击工具箱中的控件按钮，然后用出现的 "+" 指针在图片框中画出控件。

（3）如果要删除按钮之间的空隙或调整间距，应首先选中这些控件，然后使用 "格式" 菜单中的 "水平间距" 子菜单中的 "删除" 或 "相同间距" 命令。

（4）设置属性。为工具栏上显示的每一个控件设置 "Picture" 属性，指定一个图片。如果用户需要的话，还可以通过 "ToolTipText" 属性来设置工具提示。

（5）写代码。因为工具栏频繁地用于提供对其他命令的快捷访问，因而在部分时间内都是从每一个按钮的 Click 事件中调用其他过程，如对应的菜单命令。

10.3　状　态　栏

StatusBar 控件能提供一个长方条的框架——状态栏，通常在窗体的底部，也可通过 Align 属性决定状态栏出现的位置。用它可以显示出应用程序的运行状态，如光标位置、系统时间、键盘的大小写状态等。

10.3.1　建立状态栏

设计时，在窗体上添加 StatusBar 控件后，右键单击状态栏，在出现的弹出菜单中选择 "属性" 项，打开状态栏的 "属性页" 对话框，选择 "窗格" 标签，就可以进行状态栏设计了，如图 10-8 所示。

　　单击"插入窗格"按钮，就可在状态栏中添加新的窗格了，最多可分成 16 个窗格。10.4 节"简易文本编辑器"中的实例界面如图 10-9 所示，其状态栏设置了 5 个窗格（Panel），5 个窗格的属性设置见 10.4 节中的表 10-6。

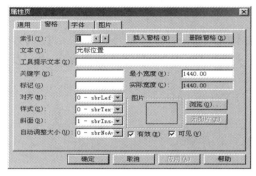

图 10-8　StatusBar 控件"属性页"对话框

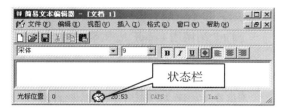

图 10-9　状态栏效果

10.3.2　动态显示状态栏信息

　　运行时，有些状态栏信息系统已具备，能自动显示，如图 10-9 所示状态栏中的第 3~5 窗格，但第 2 个窗格的值要通过编程来实现，以动态地显示光标在文本中的位置：

```
Private Sub DocBox_Click()

    '当单击文本框时，当前光标位置在状态栏的第 2 个窗格中显示
    Findstart = DocBox.SelStart
    MDIForm1.StatusBar1.Panels(2).Text = Findstart
End Sub
```

10.4　一个简易的文本编辑器

　　例 10.1　设计一个类似于 Windows "写字板"的"简易的文本编辑器"程序，程序的运行界面如图 10-1 所示。

　　在介绍"简易文本编辑器"前，先简单介绍一下 RichTextBox 控件。有关该控件的详细内容请参阅 MSDN 的相关帮助。

10.4.1　RichTextBox 控件

　　要使用 RichTextBox 控件，必须选择"工程"菜单中的"部件"命令，在打开的"部件"对话框中，选择"Microsoft Rich TextBox Controls 6.0"将控件添加到工具箱中。

　　RichTextBox 控件可用于输入和编辑文本，它同时提供了比常规的 TextBox 控件更高级的格式特性。

　　标准 TextBox 控件用到的所有属性、事件和方法，RichTextBox 控件几乎都能支持，而且 RichTextBox 控件并没有和标准 TextBox 控件一样具有 64KB 字符容量的限制，还可在任何应用程序中实现功能完备的文本编辑器，包括字体、段落格式的设置及在文本中插入图片的功能。

　　RichTextBox 提供了如 SelFontSize、SelFontName、SelBold、SelItalic、SelStrikethru、

SelUnderline、SelColor、SelHangingIndent、SelIndent、SelRightIndent 等一些用于设置或改变选定文本的字体和段落格式的属性，用这些属性都可以指定格式。为了改变文本的格式，首先要选定它，只有选定的文本才能赋予字符和段落格式。使用这些属性，可改变文本的字体、字号，也可将文本改为粗体或斜体，或改变其颜色。通过设置左右缩进和悬挂式缩进，可调整段落的格式。

RichTextBox 控件能以.rtf 格式和普通 ASCII 文本格式这两种形式打开和保存文件。可以使用控件的方法（LoadFile 和 SaveFile）直接读写文件，或使用 Visual Basic 文件输入/输出语句及控件的 SelRTF 和 TextRTF 属性打开和保存文件。

下面介绍使用 LoadFile 和 SaveFile 方法直接读写文件的方法。

（1）LoadFile 方法。

向 RichTextBox 控件加载一个 .rtf 文件或文本文件，其格式为

对象名.LoadFile 文件名标识符**[，文件类型]**

（2）SaveFile 方法。

将 RichTextBox 控件的内容存入文件，其格式为

对象名.Savefile (<文件名> [，<文件类型>])

这里的对象名为 RichTextBox 控件名。用 LoadFile 和 SaveFile 方法可以方便地为 RichTextBox 控件打开或保存 RTF 文件。要打开文件，可用 CommonDialog 控件提供路径名。例如，可用下面语句在名为 DocBox 的 RichTextBox 控件中调入文件，其中 CDg1 为通用对话框控件名。

```
DocBox.LoadFile(CDg1.FileName)
```

下面的语句可把文档以 RTF 格式保存在 D:盘 MyDir 文件夹的 Test1.rtf 文件中。

```
DocBox.SaveFile("D:\MyDir\Test1.rtf", rtf)
```

10.4.2　界面设计

系统由 1 个 MDI 窗体 MDIform、1 个"查找和替换"窗体 Frmfind、1 个多文档子窗体 DocForm 和 1 个标准模块 module1.bas 组成，工程的组成如图 10-10 所示。

1. 多文档窗体

多文档窗体界面设计如图 10-11 所示，设计有菜单栏、工具栏和状态栏，添加了通用对话框控件（CommonDialog）和图像列表控件（ImageList）。

图 10-10　文本编辑器工程的组成

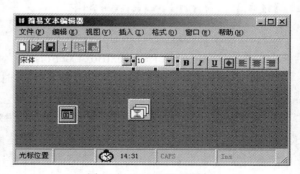

图 10-11　MDI 界面设计

（1）主要控件。

主要控件的设置如表 10-2 所示。

表 10-2　　　　　　　　　　　　　MDI 窗体主要控件设置

默认控件名	设置名称（Name）	设置标题（Caption）
MDIform1	默认	简易文本编辑器
Imagelist1	默认	无定义
Commdialog1	CDg1	无定义

（2）菜单项属性设置。

菜单项属性的设置如表 10-3 所示。

表 10-3　　　　　　　　　　　　　MDI 窗体中菜单项属性设置

菜　单　项	设置名称 Name	Enable	Index	其　他　属　性
文件(&F)	Mnufile			
新建(&N)	Mnunew			
打开(&O)	Mnuopen			
保存(&S)	Mnusave			
另存为	Mnusaveas			
退出(&E)	Mnuend			
编辑(&E)	Mnuedit			
剪切(&T)	Mnucut	False		
复制(&C)	Mmncopy	False		
粘贴(&P)	Mnfupaste	False		
删除(&D)	Mnudelete	False		
查找(&F)	Mnufind			
替换(&R)	Mnureplace			
视图(&V)	Mnuview			
标准工具栏	Mnutool		1	复选 = True
格式工具栏	Mnutool		2	复选 = True
状态栏	Mnutool		3	复选 = True
插入(&I)	Mnuinsert			
时间(&T)	Mnutime			
格式(&O)	Mnuformat			
字体(&F)	Mnufont			
颜色(&C)	Mnucolor			
对齐(&A)	Mnualign			
左对齐(&L)	Mnutalign		1	
右对齐(&R)	Mnutalign		2	
居中(&C)	Mmtalign		3	
窗口(&W)	Mnuviw			显示窗口列表
层选(&C)	Mnucas			

续表

菜 单 项	设置名称 Name	Enable	Index	其他属性
平铺	Mnutil			
排列图标(&A)	Mnuarr			
帮助(&H)	Mnuhelp			

（3）标准工具栏。

工具栏控件（Toolbar）需要与图像列表控件（Imagelist1）联合使用，才能设置相应的图片命令按钮。图像列表控件（Imagelist1）的图片需要通过其属性页面插入（见图 10-6）。

标准工具栏的设置需要通过工具栏控件（Toolbar1）的属性页（见图 10-7），各按钮设置如表 10-4 所示。

表 10-4 　　　　　　　　　标准工具栏按钮设置（图像列表 Imagelist1）

索 引	关 键 字	图 像	工具提示文本	有 效 性
1	Tbnew	1	新建	
2	Tbopen	3	打开	
3	Tbsave	4	保存	
4	Tbcut	5	剪切	False
5	Tbcopy	6	复制	False
6	Tbpaste	7	粘贴	False

（4）常用工具栏。

常用工具栏的设置方法与标准工具栏类似，各按钮设置如表 10-5 所示。

表 10-5 　　　　　　　　　常用工具栏按钮设置（图像列表 Imagelist1）

索 引	关 键 字	样 式	图 像	工具提示文本
1	Tbcombo	4	0	
2	Tbbold	1	8	加粗
3	Tbitalic	1	12	倾斜
4	Tbunderline	1	13	下划线
5	Tbcolor	0	14	颜色
6	Tblight	2	10	左对齐
7	Tbcenter	2	9	居中
8	Tbright	2	11	右对齐

Tbcombo 上添加两个组合框控件 Combo1 和 Combo2，并设计为下拉组合框，分别用来选择或设置选中文本的字体和字号。

（5）状态栏中的窗格设置。

状态栏中的窗格可在 StatusBar 控件的属性页中设置（见图 10-8），各窗格参数设置如表 10-6 所示。

表 10-6　　　　　　　　　　　状态栏中的窗格设置

索　　引	样式 Style	文本/图形文件	说　　　明
1	0-sbrText	光标位置	信息提示
2	0-sbrText		运行时获得当前光标位置的值
3	5-sbrTime	Time.bmp	显示时钟图形及当前时间
4	1-sbrCaps		显示大小写控制键的状态
5	3-sbrIns		显示插入控制键的状态

2. 查找和替换窗体

查找和替换窗体的设计界面如图 10-12 所示，窗体中的各主要控件的设置如表 10-7 所示。

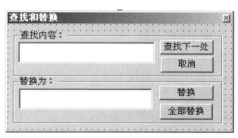

图 10-12　查找和替换窗体的设计界面

表 10-7　　　　　　　　　　查找和替换窗体主要控件设置

默认控件名	设置名称（Name）	标题（Caption）
窗体	Frmfind	查找和替换
Frame1	Frame1	查找内容：
Frame2	Frame2	替换为：
Text1	Texfind	
Text2	Texreplace	
Command1	Comfindnext	查找下一处
Command2	Comcancel	取消
Command3	Comreplace	替换
Cjommand4	Comallreplace	全部替换

3. 文档子窗体

文档子窗体中主要控件的设置如表 10-8 所示。

表 10-8　　　　　　　　　　文档子窗体主要控件设置

默　认　名	设置名称（Name）	其　他　属　性
Form	Frmdoc	WindowsState=2
Richtext1	DocBox	Autovermenu=True,ScrollBar=3

10.4.3　代码清单

由于该程序比较长，仅在纸面上阅读难以理解，需要通过上机调试才能更好地掌握。请读者到作者个人网站（http://www.csluo.com）上下载该例题的源程序进行调试完善。

本章小结

本章介绍了多文档程序设计方法，绝大多数基于 Windows 的大型应用程序都是多文档界面，如 Microsoft Excel、Microsoft Word 等。多文档界面可同时打开多个文档，它简化了文档之间的信息交换。多文档界面通常包含一个 MDI 窗体（父窗体）和至少一个 MDI 子窗体（子窗体）。子窗体是 MDIChild 属性为 True 的普通窗体，父窗体是子窗体的容器，所以父窗体中一般有菜单栏、工具栏和状态栏。

工具栏的制作可组合使用 Toolbar、ImageList 控件，状态栏的制作可使用 StatusBar 控件。工具栏的创建步骤如下。

（1）在 ImageList 控件中添加所需的图像。

（2）在 ToolBar 控件中建立与 ImageList 控件的关联，然后创建按钮对象。

（3）在按钮的 ButtonClick 事件中通常使用 Select Case 语句对各按钮进行相应的编程。

StatusBar 控件由 Panel 对象组成，一个状态栏至多可包含 16 个 Panel 对象。每个 Panel 对象可包含文本和图片。可以把 Panels 对象集合看做数组，每个窗格的 Panels 对象是数组的一个元素，Panel(i)对应第 i 个窗格。

习　题

一、判断题

1. 一个应用程序只能有一个 MDI 窗体，但可以有多个 MDI 子窗体。（　　）

2. 当关闭 MDI 子窗体时，其 MDI 窗体也随之关闭。（　　）

3. MDI 子窗体是"MDIChild"属性为 True 的普通窗体。（　　）

4. 在 MDI 应用程序中，MDI 窗体和子窗体上都可以建立菜单。每一个子窗体的菜单都在子窗体上显示。（　　）

5. 当用户关闭应用程序，MDI 窗体被卸载时，MDI 窗体将触发 QueryUnload 事件，然后每个打开的子窗体也都触发该事件。（　　）

6. ImageList 控件在运行阶段不可见，不能独立使用，只是作为一个图像的储藏室，向其他控件提供图像资料。（　　）

二、选择题

1. 加载子窗体时，其父窗体（MDI 窗体）会自动加载并显示；而若要在加载 MDI 父窗体时，其子窗体也自动加载并显示，需设置 MDI 窗体的属性（　　）。

    A. AutoShowChildren　　　　　　B. MDIChild

    C. ActiveForm　　　　　　　　　D. ActiveControl

2. 多个 MDI 子窗体在同一时刻只能有一个处于活动状态（具有焦点），可以通过（　　）属性得到活动的 MDI 子窗体对象。

    A. AutoShowChildren　　　　　　B. MDIChild

    C. ActiveForm　　　　　　　　　D. ActiveControl

上机实验

　　仿照本章"简易文本编辑器"程序的设计，设计一个如图 10-13 所示的多文档编辑器程序。要求如下。

　　（1）由左至右，单击工具栏上的按钮，将分别实现"新建"、"打开"、"保存"、"剪切"、"复制"和"粘贴"菜单命令。

　　（2）状态栏上分别显示打开文档的字符总数、当前日期、当前时间和键盘上 Insert 键的状态。

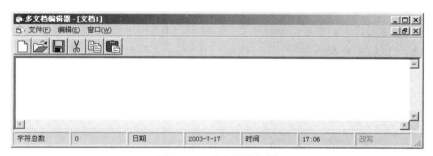

图 10-13　多文档编辑器

第11章
数据库编程基础

数据库技术是信息社会的重要基础技术之一，是计算机科学领域中发展十分迅速的一个分支。数据库管理系统（DataBase Management System，DBMS）是帮助人们处理大量信息，实现管理现代化、科学化的强有力的工具。Visual Basic 是 Microsoft 公司开发的最为成功的编程工具之一，它同时也是一个优秀的数据库开发平台。本章将介绍数据库的基本概念，以及 Visual Basic 提供的数据库管理的基本解决方案。

本章主要任务：

（1）理解数据库的基本概念；

（2）熟悉 Visual Basic 进行数据访问的基本方式；

（3）掌握 Data 控件和 ADO Data 控件的基本用法；

（4）熟悉使用可视化数据管理器 VisData 建立和维护数据库的方法；

（5）了解在 Visual Basic 中使用 SQL 的基本方式。

为了让读者对使用 Visual Basic 进行数据库编程的方法有一个总体认识，本章给出了一个简易的"学生成绩管理系统"的实例程序，供读者学习参照。读者通过上机调试本实例程序，并进一步完善其功能，从而掌握 Visual Basic 数据管理程序设计方法。

11.1　数据库基础

什么是数据库？为什么要使用数据库？在学习具体的数据库编程知识前，读者应该首先了解一些数据库的相关知识，以及 Visual Basic 在数据库应用方面的独到之处。

11.1.1　数据库技术的产生与发展

数据库技术是应数据管理任务的需要而产生的。在日常生活和工作中，人们经常需要对数据进行分类、组织、编码、存储、检索和维护，这就是数据管理。例如，在学生成绩管理中，需要对学生的学号、姓名以及各门课的成绩加以登记、汇总、存档、分类和检索，当有学生插班或退学时，还要对其档案进行更新或删除。

最初的数据管理采用的是人工管理方式，数据的存储结构、存取方法、输入输出方式都需要程序员亲自动手设计，数据管理效率很低。

随着大容量外存储器的出现，专门用于管理数据的软件"文件系统"应运而生，数据可以长期保存，程序员也不必过多考虑物理细节，数据管理的效率有所提高，但还有一个技术问题是文件系统本身无法解决的。这个问题在于：程序与数据相互依赖，数据不能完全独立于程序，一旦数据结构改变，程序也必须随之改变。因此，不能充分共享数据，造成数据冗余、存储空间的浪费，而且冗余的数据很难维护，极易造成数据不一致。

为了解决这一问题，20 世纪 60 年代中期出现了数据库技术。所谓数据库（Database，DB）就是长期存放在计算机内，以一定组织方式动态存储的、相互关联的、可共享的数据集合。一个完整的数据库系统（Database System，DBS）由数据库、数据库管理系统、数据库应用系统、数据库管理员（Database Administrator，DBA）以及用户组成。数据库与计算机系统的关系如图 11-1 所示。

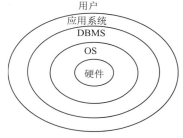

图 11-1　数据库与计算机系统的关系

11.1.2　数据库基本概念

根据数据模型，即实现数据结构化所采用的联系方式，数据库可以分为层次数据库、网状数据库和关系数据库 3 种。关系数据库建立在严格的数学概念基础上，采用单一的数据结构来描述数据间的联系，并且还提供了结构化查询语言（SQL）的标准接口，因此具有强大的功能、良好的数据独立性与安全性。目前，关系数据库已经成为最流行的商业数据库系统，本章所讨论的数据库也是关系数据库。

下面结合图 11-2 介绍一下关系数据库的有关概念。

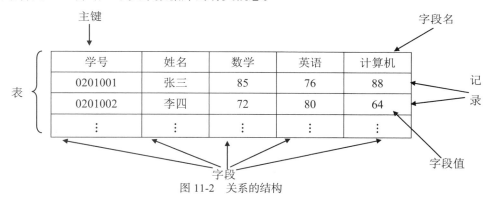

图 11-2　关系的结构

1. 关系（表）

在关系数据库中，数据以关系的形式出现，可以把关系理解成一张二维表（Table）。一个关系数据库可以由一张或多张表组成，每张表都有一个名称，即关系名。

2. 记录（行）

每张二维表均由若干行和列构成，其中每一行称为一条记录（Record），记录是一组数据项（字段值）的集合，表中不允许出现完全相同的记录，但记录出现的先后次序可以任意。

3. 字段（列）

二维表中的每一列称为一个字段（Field），每一列均有一个名字，称为字段名，各字段名互不相同。列出现的顺序也可以是任意的，但同一列中的数据类型必须相同。

4. 主键

在数据库中最常用的操作是检索信息，为了提高检索效率，常将关系数据库中的某个字段或某些字段的组合定义为主键（Primary Key）。每条记录的主键值是唯一的，这就保证了可以通过主键唯一标识一条记录。

5. 索引

为了提高数据库的访问效率，表中的记录应该按照一定顺序排列，如学生成绩表应按学号排序。但数据库经常要进行更新，如果每次更新都要对表重新排序，则太浪费时间。为此，通常建立一个较小的表——索引表，该表中只含有索引字段和记录号。通过索引表可以快速确定要访问记录的位置。

11.1.3 Visual Basic 的数据库应用

从前面的介绍可以看出，一个完整的数据库系统除了包括可以共享的数据库外，还包括用于处理数据的数据库应用系统。习惯上，数据库本身被称为后台，后台数据库通常是一个表的集合。而数据库应用系统则被称为前台，它是一个计算机应用程序，通过该程序可以选择数据库中的数据项，并将所选择的数据项按用户的要求显示出来。

Visual Basic 是一个功能强大的数据库开发平台，之所以选择 Visual Basic 作为开发数据库前台应用程序的工具，主要因为 Visual Basic 具有以下优点。

（1）简单性。Visual Basic 提供的数据控件使得用户只需编写少量代码甚至不编写任何代码就可以访问数据库，对数据库进行浏览。

（2）灵活性。Visual Basic 除了可以直接建立和访问内部的 Access 数据库外，还可以通过 Access 数据库引擎或者 ODBC 驱动程序与其他类型的数据库进行连接。

（3）可扩充性。Visual Basic 是一种可以扩充的语言，可以使用 Microsoft 公司或者第三方开发者提供的 ActiveX 控件进行数据库应用功能方面的扩充。

如图 11-3 所示，一个数据库应用程序的体系结构由用户界面、数据库引擎和数据库 3 部分组成。其中，数据库引擎位于应用程序与物理数据库文件之间，是一种管理数据如何被存储和检索的软件系统。低版本 Visual Basic 创建的数据访问应用程序使用 Microsoft Access 所使用的 Microsoft Jet 数据库引擎来存储和管理数据，这些应用程序用 Microsoft Data Access Objects（DAO）来对数据进行访问和操作。在 Visual Basic 6.0 中，可以通过 ADO、OLE DB 的接口来轻松地操作多种数据库格式中的数据。由于接口比较复杂，不能在 Visual Basic 中直接访问 OLE DB，而是通过 ActiveX 数据对象（ADO）封装并且实际上实现了 OLE DB 的所有功能。

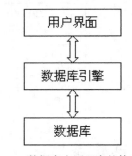

图 11-3　数据库应用程序的体系结构

一个数据库应用程序的基本工作流程为：用户通过用户界面向数据库引擎发出服务请求，再由数据库引擎向数据库发出请求，并将所需的结果返回给应用程序。

11.2　数据库的设计与管理

在进行数据库前台应用程序开发前，首先向读者介绍一些数据库设计与管理方面的知识。

11.2.1　建立数据库

如前所述，Visual Basic 既可使用其他应用程序（如 Orcale、Access、Excel、dBase、FoxPro

等）建立的数据库，也可以直接建立数据库。Visual Basic 提供了两种方法建立数据库，分别是可视化数据管理器与数据访问对象（DAO）。本小节主要介绍如何使用可视化数据管理器建立数据库，数据访问对象的用法将在 11.3 节学习。

使用可视化数据管理器建立的数据库是 Access 数据库（类型名为.mdb），可以被 Access 直接打开和操作。在 Visual Basic 环境下，执行"外接程序"菜单中的"可视化数据管理器"命令，即可打开如图 11-4 所示的"可视化数据管理器"窗口。

图 11-4 "可视化数据管理器"窗口

通过前面的学习知道，一个数据库由一张或多张表组成，所有数据分别存放在不同的表中，建立数据库实际上就是建立构成数据库的表，下面以图 11-2 所示的学生成绩表为例说明如何建立数据表。

1．确定表结构

首先应给数据表取一个名字，即表名。表名是表的唯一标识，建立表后可以通过表名访问表中数据。

确定表结构主要是确定表中各字段的名称、类型和长度。

从前面的介绍可以知道，共享数据是使用数据库进行数据管理的一大特色。事实上，在设计表结构时也是以提高共享、减少冗余为目标。

例如，在学生成绩管理中除了需要了解学生各门功课的成绩外，总分和平均分也是使用者经常关心的两个数据。可以将总分和平均分也作为表中两个字段，但这样做一方面会增加数据存储空间，另一方面也会给数据库的维护工作带来一些麻烦（假设用户改变了某一门功课的成绩，他必须同时改变总分和平均分两个字段的值）。

仔细分析一下就会发现，总分和平均分完全可以通过各门功课的成绩计算出来，因此在设计表结构时无需将总分和平均分也作为表中两个字段， 只需在前台程序中编码自动计算出总分和平均分即可。

同一个数据表中不能有同名字段。

字段类型共有 11 种，分别是逻辑型（Boolean）、字节型（Byte）、整型（Integer）、长整型（Long）、货币型（Currency）、单精度型（Single）、双精度型（Double）、日期时间型（Date/Time）、文本型（Text）、二进制型（Binary）和备注型（Memo）。

字段长度指该字段可以存放数据的长度（除 Text 类型外，其他类型字段的长度都是由系统指定的）。

学生成绩表的结构如表 11-1 所示。

表 11-1   学生成绩表的结构

字 段 名	字 段 类 型	字 段 长 度
学号	Text	7
姓名	Text	10
数学	Single	
英语	Single	
计算机	Single	

注意 　　　表名与字段名可以使用汉字，也可以用英文或汉语拼音，汉字可读性强，但在书写查询命令时不方便，用户可根据具体情况确定。

2. 建立数据表

建立上述数据表的步骤如下。

（1）在"可视化数据管理器"窗口中执行"文件"菜单中的"新建"命令（假设选择 Microsoft Access，版本 7.0 MDB）后，弹出如图 11-5 所示的对话框。

（2）在对话框中选择数据库文件保存的位置，并输入文件名后（保存类型只能是 MDB）单击"保存"按钮，将打开如图 11-6 所示的建立数据表窗口。

图 11-5　输入数据库文件名

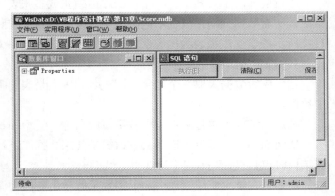

图 11-6　建立数据表窗口

（3）右键单击数据库窗口，在弹出的菜单中选择"新建表"命令，打开如图 11-7 所示的"表结构"对话框。

（4）在"表结构"对话框中输入表名后，单击"添加字段"按钮，在弹出的如图 11-8 所示的"添加字段"对话框中输入字段名，选择字段类型（Text 类型字段还需输入字段大小）。重复此过程直至添加完所有字段后，单击"关闭"按钮。

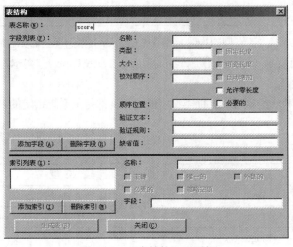

图 11-7　"表结构"对话框

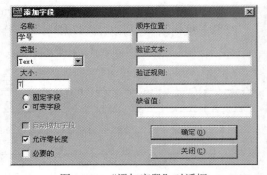

图 11-8　"添加字段"对话框

（5）单击"表结构"对话框的"生成表"按钮，至此数据表建立完毕。

此时的数据表只是一个空表，只有结构，没有数据，数据库的数据需在数据表建立完成后另行输入。

3. 建立索引

单击"表结构"对话框的"添加索引"按钮，在弹出的如图 11-9 所示的对话框中输入索引名称，选择索引字段后，单击"确定"按钮即完成了索引的建立过程。

数据表建立完毕后，"可视化数据管理器"的"数据库窗口"如图 11-10 所示。可单击表名左边的"+"号或"-"号展开或折叠相应的信息，右键单击表名在弹出的菜单中选择"设计"命令可重新打开"表结构"对话框，对数据表的字段进行修改、添加、删除等操作，如增加一个字段"班级"等。

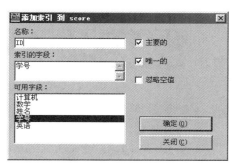

图 11-9　"添加索引"对话框

图 11-10　数据库窗口

11.2.2　数据库的基本操作

要对数据库完成输入、编辑、删除、查找等操作，首先应该保证此数据库已经打开。如果数据库已关闭，可执行"可视化数据管理器"中"文件"菜单中的"打开数据库"命令将其重新打开。右键单击"数据库窗口"中的表名，在弹出的菜单中选择"打开"命令后，即可打开如图 11-11 所示的输入数据窗口。在此窗口中可以完成下列数据库的基本操作。

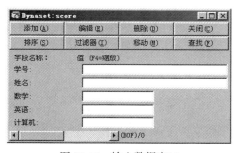

图 11-11　输入数据窗口

1. 输入数据

单击"添加"按钮，在弹出的对话框中输入各字段的值后，单击"更新"按钮。重复此过程输入其他记录。

输入数据窗口中底部的水平滚动条用于定位记录，但新记录总是被添加到库文件的结尾处，如果要在指定位置插入记录，可通过移动记录的方法完成。

2. 编辑数据

如果要修改某条记录中的某个字段值，应当先通过滚动条将该记录定位为当前记录，然后单击"编辑"按钮，在弹出的对话框中输入新的字段值后，单击"更新"按钮。

3. 删除数据

通过滚动条将要删除的记录定位为当前记录，然后单击"删除"按钮，在弹出的对话框中单击"是"按钮即可。

4. 排序数据

单击"排序"按钮后，在弹出的对话框中输入要排序的序号后（如要按学号字段对表中记录进行排序，则输入列号 1），单击"确定"按钮即可。

5. 过滤数据

过滤数据类似于 Excel 中的筛选功能。例如，只想显示计算机成绩大于 85 分的记录，则可以单击"过滤器"，在弹出对话框中输入过滤器表达式"计算机>85"，再单击"确定"按钮。

过滤器表达式一般由字段名、运算符和值 3 部分组成，常用的运算符有>（大于）、<（小于）、>=（大于等于）、<=（小于等于）和<>（不等于）。

6. 移动数据

单击"移动"按钮后，在弹出的对话框中输入要移动的行数（若输入负数表示向后移动），单击"确定"按钮即可。

7. 查找数据

通过"查找"按钮可以查找表中符合指定条件的记录。例如，要查找姓名为张三的学生，单击"查找"按钮后在如图 11-12 所示的"查找记录"对话框中进行操作。

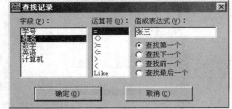

图 11-12　"查找记录"对话框

查找分为"查找第一个"（表中第一条符合条件的记录）、"查找下一个"（从当前记录开始向下搜索到的第一条符合条件的记录）、"查找前一个"（从当前记录开始向上搜索到的第一条符合条件的记录）、"查找最后一个"（表中最后一条符合条件的记录）。

11.3　数据访问控件与数据约束控件

11.3.1　概述

前面提到，Visual Basic 使用数据库引擎来访问数据库中的数据，其本质是将数据库中相关数据构成一个记录集对象（Recordset），再进行相关操作。在实际应用中，Visual Basic 既可以通过代码编程的方式建立连接数据库的记录集，也可以通过可视化数据访问控件的形式建立连接数据库的记录集，考虑到直观性和易接受程度，此处仅介绍使用 Data 和 ADO Data 两种数据访问控件访问数据库的方法。

但是，数据访问控件本身并不能显示和修改当前记录。只有通过将数据约束控件与 Data 控件"绑定"（Bounding）后，才能在数据约束控件中自动显示当前记录的相关字段值。所谓"绑定"就是指将数据控件与数据约束控件建立约束关系的过程，这主要通过设置数据约束控件的 DataSource 属性和 DataField 属性来实现。DataSource 属性指定一个合法的数据源，DataField 属性则指定一个在数据源所创建的 Recordset 对象中合法的字段名称。这些属性说明哪些数据出现在该被绑定的控件中。

可以做数据约束控件的标准控件有 8 种：文本框、标签、图片框、图像框、检查框、列表框、组合框和 OLE 控件。此外，DBList、DBCombo、DataList、DataCombo、DataGrid 以及 MSFlexGrid 和 MSHFlexGrid 等 ActiveX 控件也可以作数据约束控件。

总之，创建一个前台数据库应用程序的基本步骤如下：

（1）在窗体中添加 Data 控件或 ADO Data 控件；

（2）连接一个本地数据库或远程数据库；

（3）打开数据库中一个指定的表，或定义一个基于结构化查询语言（SQL）的查询、存储过程，或该数据库中的表的视图的记录集合；

（4）将数据字段的数值传递给绑定的控件，从而可以在这些控件中显示或更改这些数值。

下面介绍 Data 控件和 ADO Data 控件的具体用法。

11.3.2　Data 控件

1．功能

Data 控件提供了一种方便地访问数据库中数据的方法，使用数据控件无需编写代码就可以对 Visual Basic 所支持的各种类型的数据库执行大部分数据访问操作。Data 控件在工具箱中的图标为 。

Data 控件本身不能显示和直接修改记录，只能在与数据控件相关联的数据约束控件中显示各个记录。Data 控件只相当于一个记录指针，可以通过单击其左右两边的箭头按钮移动这个指针来选择当前记录。如果修改了被绑定的控件中的数据，只要移动记录指针，就会将修改后的数据自动写入数据库。

　　　　Data 控件只能访问数据库，修改表中数据，不能建立新表和索引，也不能改变表结构，要完成此类操作可使用上节介绍的"可视化数据管理器"或其他数据库管理系统软件来维护。

2．属性

（1）Connect 属性。

用于指定数据库的类型，其值为一字符串，默认为 Microsoft Access 的 MDB 文件。

（2）DatabaseName 属性。

用于返回或设置数据控件的数据源的名称及位置。

（3）RecordsetType 属性。

用于返回或设置一个值，指出记录集合的类型。其中 0-vbRSTypeTable 为表（Table）类型，1-vbRSTypeDynaset 为动态集（Dynaset）类型（缺省），2-vbRSTypeSnapshot 为快照（Snapshot）类型。稍后为读者详细介绍 3 种类型的区别。

（4）RecordSource 属性。

指定通过窗体上的被绑定的控件访问的记录的来源，可以是数据库中的一个存在的表，一个存在的查询（QueryDef）的名称或一条返回记录的 SQL。

（5）ReadOnly 属性。

返回或设置一个逻辑值，用于指定基本的记录集中的数据是否可以修改。

（6）BOFAction 属性与 EOFAction 属性。

用于指示在 BOF 或 EOF 属性为 True 时 Data 控件进行什么操作，具体设置如表 11-2 所示。

表 11-2 　　　　　　　　　　　BOFAction 属性与 EOFAction 属性的设置

属　　性	值	系　统　常　量	含　　义
BOFAction	0	vbBOFActionMoveFirst	默认设置，使第一个记录为当前记录
	1	vbBOFActionBOF	在第一个记录上触发 Data 控件的 Validate 事件
EOFAction	0	vbEOFActionMoveLast	默认设置，保持最后一个记录为当前记录
	1	vbEOFActionEOF	在最后一个记录上触发 Data 控件的 Validate 事件
	2	vbEOFActionAddNew	向记录集添加空记录，可以编辑该记录，移动当前记录的指针，则该记录被自动追加到记录集中

3．方法

（1）Refresh 方法。

可以在 Data 控件上使用 Refresh 方法来打开或重新打开数据库（如果 DatabaseName、ReadOnly 或 Connect 属性的设置值发生改变）。

在多用户环境中，由于其他用户可以对数据进行修改，因此常使用 Refresh 方法重新显示数据，以保证用户看到的是最新数据。

（2）UpdateControls 方法。

此方法用于从 Data 控件的 Recordset 对象中读取当前记录，并将数据显示在相关约束控件上。在多用户环境中，其他用户可以更新数据库的当前记录，但相应控件中的值不会自动更新，可以调用此方法将当前记录的值在约束控件中显示出来。另外，当改变约束控件中的数值但又想取消对数据的修改时，可通过 UpdateControls 方法实现。

（3）UpdateRecord 方法。

当约束控件的内容改变时，如果不移动记录指针，则数据库中的值不会改变，可通过调用 UpdateRecord 方法来确认对记录的修改，将约束控件中的数据强制写入数据库中。

4．事件

（1）Reposition 事件。

当 Data 控件中移动记录指针改变当前记录时触发该事件。

（2）Validate 事件。

如果移动 Data 控件中记录指针，并且约束控件中的内容已被修改，此时数据库当前记录的内容将被更新，同时触发该事件。

在 Validate 事件过程中有两个参数：Action 参数和 Save 参数。Action 参数是一个整型数（具体设置见表 11-3），用以判断是何种操作触发了此事件，也可以在 Validate 事件过程中重新给 Action 参数赋值，从而使得在事件结束后执行新的操作。

表 11-3 　　　　　　　　　　　　　Validate 事件的 Action 参数

值	系　统　常　量	作　　用
0	vbDataActionCancel	取消对数据控件的操作
1	vbDataActionMoveFirst	MoveFirst 方法
2	vbDataActionMovePrevious	MovePrevious 方法
3	vbDataActionMoveNext	MoveNext 方法
4	vbDataActionMoveLast	MoveLast 方法
5	vbDataActionAddNew	AddNew 方法

续表

值	系 统 常 量	作　　用
6	vbDataActionUpdate	Update 方法
7	vbDataActionDelete	Delete 方法
8	vbDataActionFind	Find 方法
9	vbDataActionBookMark	设置 BookMark 属性
10	vbDataActionClose	Close 方法
11	vbDataActionUnload	卸载窗体

Save 参数是一个逻辑值，用以判断是否有约束控件的内容被修改过。如果 Validate 事件过程结束时，Save 参数为 True 则保存修改，为 False 则忽略所做的修改。

5．记录集 Recordset 对象

Visual Basic 6.0 可以使用 Microsoft Jet 3.6 数据库引擎提供的 Recordset 对象来检索和显示数据库记录，也可以使用 ODBC 以及 ADO 与 OLE DB 提供的 Recordset 对象连接与访问数据库的记录。一个 Recordset 对象代表一个数据库表里的记录，或运行一次查询所得的记录的结果。在 Data 控件中可用 3 类 Recordset 对象，即 Table（表类型）、Dynaset（动态类型）和 Snapshot（快照类型），默认为 Dynaset 类型。

● 表类型：一个记录集合，代表能用来添加、更新或删除记录的单个数据库表。

● 动态类型：一个记录的动态集合，代表一个数据库表或包含从一个或多个表取出的字段的查询结果。可从 Dynaset 类型的记录集中添加、更新或删除记录，并且任何改变都将会反映在基本表上。

● 快照类型：一个记录集合静态副本，可用于寻找数据或生成报告。一个快照类型的 Recordset 能包含从一个或多个在同一个数据库中的表里取出的字段，但字段不能更改。

动态类型和快照类型其记录集都存储在本地内存中。如果不需要应用程序从多个表中选择字段以及操作一个非 ODBC 源，那么表类型的 Recordset 在速度与内存占用方面及本地 TEMP 磁盘空间方面可能是最有效的。

使用什么记录集关键取决于要完成的任务。表类型的记录集已建立了索引，适合快速定位与排序，但内存开销太大。动态集类型的记录集则适合更新数据，但其搜索速度不及表类型。快照类型的记录集内存开销最小，适合显示只读数据。

使用 Recordset 对象的属性与方法的一般格式为

`Data 控件名. Recordset .属性/方法`

下面列出了 Recordset 对象的一些常用属性和方法。

（1）AbsolutionPosition 属性。

只读属性，返回当前记录指针的值。如果当前记录为第一条记录，则该属性值为 0。

（2）Bof 属性与 Eof 属性。

Bof 属性为 True 时表示记录指针当前位置位于首记录之前，Eof 属性为 True 时表示记录指针当前位置位于末记录之后。

（3）Bookmark 属性。

该属性用于重新定位记录集的指针位置。

（4）Nomatch 属性。

在记录集中进行查找时，如果找到相匹配的记录，则该属性值为 False，否则为 True。

（5）RecordCount 属性。

表示记录集中现存记录的个数。

（6）Move 方法。

通过 MoveFirst、MoveLast、MoveNext 和 MovePrevious 方法可以移动到指定 Recordset 对象中的第一个、最后一个、下一个或上一个记录并使该记录成为当前记录。

还可通过 Move n 的方法移动 Recordset 对象中当前记录的位置。如果参数 n 大于零，则当前记录位置将向前移动（向记录集的末尾）。如果 n 小于零，则当前记录位置向后移动（向记录集的开始）。

（7）Find 方法。

通过 FindFirst、FindLast、FindNext 和 FindPrevious 方法可以搜索 Recordset 中满足指定条件的第一个、最后一个、下一个或上一个记录。如果找到符合条件的记录，则该记录成为当前记录，否则当前位置将设置在记录集的末尾。

Find 方法的语法格式为 "数据控件.记录集.Find 方法 条件"，其中 "条件" 为指定字段值与常量关系的字符串表达式，如

```
Data1.Recordset.FindFirst "姓名='张三'"
```

（8）Seek 方法。

通过 Seek 方法可以在表类型的记录集中从头开始搜索满足指定条件的第一个记录，并使该记录成为当前记录。

Seek 方法的语法格式为 "数据控件.表类型记录集.Seek 比较类型，值 1，值 2…"，其中 "比较类型" 可以为 "="、">="、">"、"<=" 和 "<"，如

```
Data1.Recordset.Seek "=","张三"
```

（9）AddNew 方法。

向数据库中添加记录的步骤如下。

① 首先，调用 AddNew 方法，打开一个空白记录。

② 然后，通过相关约束控件给各字段赋值。

③ 最后，单击数据控件上的箭头按钮，移动记录指针，或调用 UpdateRecord 方法确定所做添加。

（10）Delete 方法。

删除数据库中记录的步骤如下。

① 首先，将要删除的记录定位为当前记录。

② 然后，调用 Delete 方法。

③ 最后，移动记录指针，确定所做删除操作。

（11）Edit 方法。

编辑数据库中记录的步骤如下。

① 首先，将要修改的记录定位为当前记录。

② 然后，调用 Edit 方法。

③ 然后，通过相关约束控件修改各字段值。

④ 最后，移动记录指针，确定所做编辑操作。

（12）Close 方法。

用于关闭指定的数据库、记录集并释放分配的资源。

11.3.3　ADO 控件

1. 概述

ADO（ActiveX Data Objects）控件属于 ActiveX 控件，使用前需在 Visual Basic 环境下执行"工程"菜单的"部件"命令，打开"部件"对话框后选择 Miscrosoft ADO Data Control 6.0（OLEDB）控件，将其添加到工具箱中。ADO 控件在工具箱中的图标为 $\blacksquare$ 。

ADO 控件与 Data 控件的用法相似，同样需要经过连接数据库和"绑定"两步操作。ADO 控件与 Data 控件的属性大多相同，但它通过 ConnectionString 属性建立与数据源的连接信息，具体的设置方法将在下面详细介绍。

任何具有 DataSource 属性的控件都可以与 ADO 控件"绑定"，此外还可以将 DataList、DataCombo、DataGrid 等 ActiveX 控件与 ADO 控件"绑定"。如果要将上述 ActiveX 控件与 ADO 控件"绑定"，应通过在"部件"对话框中选择 Miscrosoft DataList Controls 6.0（OLEDB）和 Miscrosoft DataGrid Control 6.0（OLEDB）控件，将其添加到工具箱中再使用。

ADO 控件提供的"远程数据访问（RDS）"功能，能够通过一个来回的传输将数据从服务器移动到客户端应用程序或 Web 页中，然后在客户端对数据进行操作，最后将更新数据返回服务器，从而支持建立客户机/服务器和基于 Web 的应用程序。本章并未涉及 RDS 方面的内容，有兴趣的读者可以参阅其他资料。

2. 使用 ADO Data 控件访问数据库

（1）设置 ConnectionString 属性，连接到数据源。

ConnectionString 属性包含一系列由分号分隔的"参数=值"语句组成的详细连接字符串，用来建立连接到指定数据源的详细信息。ADO 控件支持 ConnectionString 属性的 4 个参数，具体说明如表 11-4 所示。

表 11-4　　　　　　　　　　ConnectionString 属性的参数说明

参　　　数	说　　　　　　明
Provider	指定用来连接的提供者名称
File Name	指定包含预先设置连接信息的特定提供者的文件名称（如持久数据源对象）
Remote Provider	指定打开客户端连接时使用的提供者名称（仅限于 Remote Data Service）
Remote Server	指定打开客户端连接时使用的服务器的路径名称（仅限于 Remote Data Service）

ConnectionString 属性的具体设置过程如下。

① 将 ADO 控件添加到窗体后，在属性窗口设置其 ConnectionString 属性，打开如图 11-13 所示的对话框，选择"使用连接字符串"的方式连接数据源，单击"生成"按钮。

② 在如图 11-14 所示的"数据链接属性"对话框的"提供者"选项卡中，选择希望连接到的数据，一般为"Microsoft Jet 3.5.1 OLE DB Provider"，单击"下一步"按钮。

③ 在如图 11-15 所示的"数据链接属性"对话框的"连接"选项卡中，选择要连接的数据库文件，"输入登录数据库的信息"采用默认设置。单击"测试连接"按钮，成功后确定返回，类似于"Provider=Microsoft.Jet.OLEDB.3.51;Persist Security Info=False;Data Source=数据库文件名（含路径）"。

（2）设置 RecordSource 属性，指定访问数据源的命令。

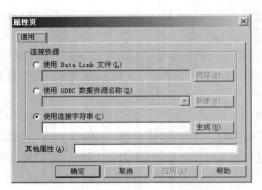

图 11-13 ConnectionString 属性页　　　　　图 11-14 "数据链接属性"对话框

在属性窗口中设置 ADO 控件的 RecordSource 属性，在如图 11-16 所示的对话框中选择访问数据源的命令类型（CommandType 属性），具体说明如表 11-5 所示。

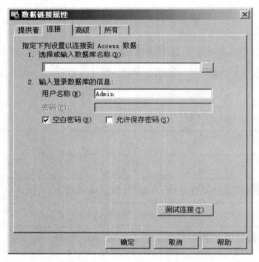

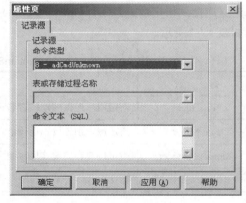

图 11-15 "连接"选项卡　　　　　图 11-16 "记录源"属性页

表 11-5　　　　　　　　　　　　　CommandType 属性设置

值	系 统 常 量	说　　　明
1	adCmdText	通过一条文本命令（如一条 SQL）访问记录源
2	adCmdTable	通过一张表的名称访问记录源
4	adCmdStoredProc	通过一个已经定义的存储过程名称访问记录源
8	adCmdUnknown	通过一条未知类型的命令访问记录源

（3）在窗体上添加一个数据约束控件，将其 DataSource 属性设置为 ADO 控件名，实现与 ADO Data 控件的"绑定"，并将 DataField 属性设置为一个可用字段名。

11.4　结构化查询语言

通过前面几节的学习，读者应该对使用 Visual Basic 进行数据库编程的方法有了一个初步认识：可以使用"可视化数据管理器"来建立数据库并对其进行简单的维护，可以通过数据控件及相关的数据约束控件来浏览数据库中的记录并进行有关操作。除了上述方法外，Visual Basic 还可通过结构化查询语言（Structureed Query Language，SQL）对数据库中的数据进行操作。本节将对 SQL 及其在 Visual Basic 中的应用做一个简单介绍。

11.4.1　SQL 概述

SQL 是关系数据库的标准查询语言，它具有定义、插入、修改、删除、查询等多项功能，使用简单、功能强大，实现数据库系统应用的各种程序设计语言基本上都支持 SQL，它具有以下特点。

1. 综合统一

SQL 集数据定义（Data Define）、数据查询（Data Query）、数据操纵（Data Manipulation）和数据控制（Data Control）功能于一体，可以十分方便地实现对数据库的各种操作，包括数据库的建立、维护、修改、查询、排序等。

2. 非过程化

传统语言大多是面向过程的，即用户需在程序中指明解决问题的详细步骤。SQL 是高度非过程化的语言，使用 SQL 进行数据库操作，用户只需提出"做什么"，而无需说明"怎么做"，这样就大大减轻了用户的负担。

3. 面向集合

SQL 采用面向集合的操作方式，即无论是查询操作，还是插入、删除、更新操作，其操作的对象与结果都是一个记录的集合。

4. 两种执行方式

SQL 既是一种自含式语言，又是一种嵌入式语言。它既可独立地采用联机交互的方式对数据库进行操作（在"可视化数据管理器"的"SQL 语句"窗口中可直接执行 SQL），也可以嵌入到高级语言程序中。SQL 以同一种语法格式提供了两种不同的操作方式，极大地方便了用户的使用。

11.4.2　SQL 的构成

SQL 由命令、子句、运算符、函数等基本元素构成，通过这些元素组成语句对数据库进行操作。下面简单介绍一下这些组成元素。

1. SQL 命令

SQL 对数据库所进行的数据定义、数据查询、数据操纵、数据控制等操作都是通过 SQL 命令实现的，常用的 SQL 命令如表 11-6 所示。

2. 子句

SQL 命令中的子句是用来修改查询条件的，通过这些可以定义要选择和要操作的数据。常用的 SQL 子句如表 11-7 所示。

表 11-6　　　　　　　　　　　常用的 SQL 命令

命　令	功　　能	命　令	功　　能
CREATE	创建新的表、字段和索引	INSERT	向数据库中添加记录
DROP	删除数据库中的表和索引	UPDATE	改变指定记录和字段的值
ALTER	通过添加字段或修改字段来修改表	DELETE	从数据库表中删除记录
SELECT	在数据库中查找满足条件的记录		

表 11-7　　　　　　　　　　　常用的 SQL 子句

子　句	功　　能	子　句	功　　能
FROM	用来指定需要从中选择记录的表名	HAVING	用来指定每个组要满足的条件
WHERE	用来指定选择的记录需要满足的条件	ORDER BY	按指定的次序对记录排序
GROUP BY	用来把所选择的记录分组		

3. 运算符

SQL 中有两类运算符：逻辑运算符和比较运算符。逻辑运算符有 AND（逻辑与）、OR（逻辑或）和 NOT（逻辑非）3 种，主要用来连接两个表达式，通常出现在 WHERE 子句中。

如表 11-8 所示，比较运算符有 9 种，主要用来比较两个表达式的关系值，以决定应当执行什么操作。

表 11-8　　　　　　　　　　　比较运算符

运 算 符	功　　能	运 算 符	功　　能
<	小于	<>	不等于
<=	小于或等于	BETWEEN	用来判断表达式的值是否在指定值的范围 例如，英语 BETWEEN 85 TO 100
>	大于	LIKE	在模式匹配中使用
>=	大于或等于	IN	用来判断表达式的值是否在指定列表中出现 例如，性别 IN（"男"，"女"）
=	等于		

其中，LIKE 运算符的用法如表 11-9 所示。

表 11-9　　　　　　　　　　　LIKE 运算符

匹 配 种 类	模　　式	匹配（结果 True）	不匹配（结果 False）
多个字符	"a*b"	"ab","aXXb"	"abc"
特定字符	"a[*]b"	"a*b"	"aXb"
单个字符	"a?b"	"aXb"	"aXXb"
单个数字	"a#b"	"a0b"	"a00b"
范围	"[a-z]"	"a","b","z"	"0","$"
范围之外	"[!a-z]"	"0","$"	"a","b","z"

4. 函数

SQL 中比较常用的函数是统计函数，利用统计函数可以对记录组进行操作，并返回单一的计算结果，SQL 提供的统计函数如表 11-10 所示。

表 11-10　　　　　　　　　　　　　　　　　统计函数

函　　数	功　　能	函　　数	功　　能
AVG	用于计算指定字段中值的平均数	MAX	用于返回指定字段中的最大值
COUNT	用于计算所选择记录的个数	MIN	用于返回指定字段中的最小值
SUM	用于返回指定字段中值的总和		

11.4.3　SQL 的查询语句

在 Visual Basic 中，SQL 可以实现以下功能：从一个或多个数据库的一个或多个表中获取数据；对记录进行插入、删除或更新操作；对表中数据进行统计，如求和、计数、求平均等；建立、修改或删除数据库中的表；建立或删除数据库中表的索引。

1. SELECT 语句常用格式

SELECT <字段列表> FROM <数据表> [WHERE 选取条件] [ORDER BY 排序字段名]

常用格式给出了 SELECT 语句的主要选项框架。

- 字段列表：是语句中所要查询的数据表字段表达式的列表，多个字段表达式必须用逗号隔开。如果在多个表中提取字段，最好在字段前面冠以该字段所属的表名做前缀，如学生.姓名，成绩.学号。如果选取的是需要加工处理的字段表达式，那么在字段表达式中可以使用的函数包括 AVG（求平均值）、COUNT（计数）、SUM（求和）、MAX（求最大）、MIN（求最小），同时最好选用[AS 列标题]选项。

- 数据表：是语句中查询所涉及的数据表列，多个表必须用逗号隔开。

- 选取条件：是语句的查询条件（逻辑表达式），如果是从单一表文件中提取数据，此查询条件表示筛选记录的条件；如果是从多个表文件中提取数据，那么此查询条件除了筛选记录的条件外，还应该加上多个表文件的连接条件。选取条件除了逻辑运算符和关系运算符之外，还可以使用 BETWEEN（指定运算值范围）、LIKE（格式匹配）、IN（值包含在枚举的列表项目中）等运算符。

- 排序字段名：该语句中有此项则对查询结果进行排序。ASC 表示按字段升序排序，DESC 表示按字段降序排序。缺省该选项，则按各记录在数据表中原先的先后次序排列。

2. SELECT 语句的基本用法

SELECT 语句可以看做记录集的定义语句，它从一个或多个表中获取指定字段，生成一个较小的记录集。下面通过一组对前面建立的学生成绩数据库的查询操作来介绍 SELECT 语句的基本用法。

（1）选取表中部分列。例如，查询学生成绩表中的英语和计算机成绩：

```
SELECT 英语,计算机 FROM score
```

（2）选取表中所有列。例如，查询学生成绩表中的所有信息：

```
SELECT * FROM score
```

（3）WHERE 子句。例如，查询数学成绩不及格的学生信息：

```
SELECT * FROM score WHERE 数学<60
```

（4）复合条件。例如，查询数学和英语成绩均不及格的学生信息：

```
SELECT * FROM score WHERE 数学<60 AND 英语<60
```

（5）ORDER BY 子句。例如，查询学生成绩表中的所有数学成绩及格的学生信息，并将查询结果按数学成绩降序排列（ASC 表示升序，DESC 表示降序）：

```
SELECT * FROM score WHERE 数学>=60 ORDER BY 数学 DESC
```

（6）统计信息。例如，查询数学成绩不及格的人数、数学平均分和最高分：

```
SELECT COUNT（*）AS 人数 FROM score WHERE 数学<60

SELECT AVG（数学）AS 平均分, MAX（数学）AS 最高分 FROM score
```

（7）GROUP BY 子句。例如，查询男生与女生的数学平均分：

```
SELECT 性别, AVG（数学）AS 平均分 FROM score GROUP BY 性别
```

（8）HAVING 子句。例如，查询数学成绩不及格的人数大于 10 人的班级和相应人数：

```
SELECT 班级, COUNT（*）AS 人数 FROM score WHERE 数学<60 GROUP BY 班级 HAVING COUNT（*）
>10
```

（9）多表查询。例如，查询学生的学号、姓名、数学成绩和籍贯（假设有一个 student 表，其中包含了学生的学号、籍贯等信息）：

```
SELECT score . 学号, score . 姓名, score . 数学, student . 籍贯 FROM score, student WHERE
score . 学号= student . 学号
```

如前所述，数据控件的 RecordSource 属性除了可以设置成表名外，还可以设置为一条 SQL 语句，格式如下：

```
数据控件名. RecordSource="SQL 语句"
```

11.5　一个简易的学生成绩管理系统

本节将围绕一个简易的"学生成绩管理系统"为读者介绍一下使用 Visual Basic 开发数据库应用程序的一般思路，同时对前面几节所学内容加以总结。

11.5.1　系统分析

数据库应用系统是一个信息管理系统（Management Information System，MIS），其核心是数据库，系统设计以提高数据共享程度、降低数据冗余度、提高数据查询效率为主要目标。数据库应用系统的开发应该遵循软件工程的开发步骤：分析、设计、编码和测试。

开发的第一步是需求分析，一方面分析整个系统需要哪些数据；另一方面还要分析系统应用具备哪些功能，这一步直接决定将来设计出的数据库以及在此基础上开发的应用程序的适用性。以"学生成绩管理系统"为例，它需要获得学号、姓名、性别和相关课程的成绩等数据，应具备浏览、输入、修改、删除、查询、统计等功能。

总体来说，设计一个数据库应用系统主要包括数据库设计和程序设计两大部分内容。关系数据库有一套规范化的理论来帮助用户优化自己的数据库设计，限于篇幅本书不再展开讨论，有兴趣的读者可参阅相关资料。

本节所用示例数据库为 mydb.mdb（假定其保存位置与工程文件位于同一目录中），该数据库共包含 3 张表，分别为"学生"、"课程"和"成绩"，其结构如表 11-11 所示。其中，"学生"表中的"性别"字段值为 True 时表示"男"、False 时表示"女"。

表 11-11（a）　　　　　　　　　　　学生表结构

字　段　名	字　段　类　型	字　段　长　度
学号	Text	9
姓名	Text	10
性别	Boolean	1

表 11-11（b）　　　　　　　　　　　课程表结构

字　段　名	字　段　类　型	字　段　长　度
课程号	Text	6
课程名	Text	20
学时	Integer	2
学分	Integer	2

表 11-11（c）　　　　　　　　　　　成绩表结构

字　段　名	字　段　类　型	字　段　长　度
学号	Text	9
课程号	Text	6
成绩	Integer	2

学生表的主键为"学号"字段，课程表的主键为"课程号"字段，成绩表的主键为"学号"字段和"课程号"字段的组合，3 张表之间的关联方式如图 11-17 所示。读者可根据前面章节的内容，通过"可视化数据管理器"建立该示例数据库。

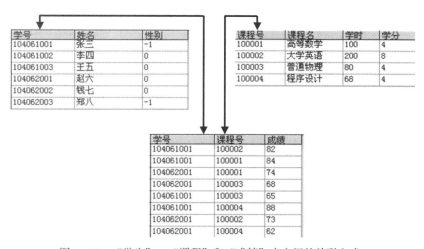

图 11-17　"学生"、"课程"和"成绩"表之间的关联方式

11.5.2　设计实现

程序设计主要用于实现上一步分析出的系统功能，主要窗体设计实现方式如下所述。程序的主界面为一 MDI 窗体，如图 11-18 所示，通过执行相应的菜单命令，打开 MDI 子窗体，实现相关功能。为确

保系统信息安全性，只有授权用户方可使用本系统。因此，程序运行后，首先需要执行"登录"菜单命令，打开如图 11-19 所示的登录窗体。当输入正确的用户名和密码后，方可使用系统的编辑和查询命令。

图 11-18　主窗体 MDIfrmMain

图 11-19　登录窗体 frmLogin

　　本例程序较长，限于篇幅下面将重点讨论编辑模块和查询模块的实现，读者可从作者网站（www.csluo.com）上下载程序源代码，然后上机调试，并将程序进一步修改完善。例如，将用户名和密码也存放在数据库中，登录程序通过数据库中的信息来判断用户的身份。

1. 编辑窗体 frmEdit

　　用户可以在编辑窗体中对数据库中的"学生"、"课程"和"成绩"3 张表中的记录进行浏览、添加、修改和删除操作。编辑窗体 frmEdit 的 MDIChild 属性设置为 True，执行主窗体中的"编辑"命令后，系统界面如图 11-20 所示。

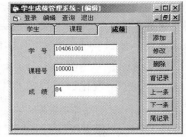
图 11-20　编辑窗体 frmEdit

　　编辑窗体中使用了一个 ActiveX 控件 SSTab（通过执行"工程"菜单中的"部件"命令，在"部件"对话框中选择 Microsoft Tabbed Dialog Control 6.0，可将该控件添加到工具箱中）。该 SSTab 控件名为 SSTab1，包含"学生"、"课程"和"成绩"3 个选项卡，分别可以对"学生"、"课程"和"成绩"3 张表中的记录进行相关操作。编辑窗体中还使用了 3 个被隐藏的 Data 控件，分别名为 datStudent、datCourse 和 datScore。

　　"学生"选项卡中的"学号"文本框名为 txtSID、"姓名"文本框名为 txtSName，它们的 DataSource 属性均设置为 datStudent。此外，"学生"选项卡中还包含"男"和"女"两个单选按钮，分别名为 optMale 和 optFemale。

　　"课程"选项卡中的"课程号"文本框名为 txtCID、"课程名"文本框名为 txtCName、"学时"文本框名为 txtPeriod、"学分"文本框名为 txtCredit，它们的 DataSource 属性均设置为 datCourse。

　　"成绩"选项卡中的"学号"文本框名为 txtSSID、"课程号"文本框名为 txtSCID、"成绩"文本框名为 txtScore，它们的 DataSource 属性均设置为 datScore。

　　"添加"、"修改"、"删除"、"首记录"、"上一条"、"下一条"和"尾记录"7 个按钮的名称分别为 cmdAdd、cmdEdit、cmdDel、cmdFirst、cmdPrev、cmdNext 和 cmdLast。单击这些按钮可以

对当前选项卡所对应的表进行相关操作。

代码如下：

```
'初始化编辑窗体
Private Sub Form_Load()
    datStudent.Visible = False
    '连接数据库
    If Right(App.Path, 1) = "\" Then
        datStudent.DatabaseName = App.Path + "mydb.mdb"
    Else
        datStudent.DatabaseName = App.Path + "\mydb.mdb"
    End If
    '设置记录源
    datStudent.RecordSource = "学生"
    datStudent.Refresh
    '绑定控件
    txtSID.DataField = "学号"
    txtSName.DataField = "姓名"
    optMale.Value = datStudent.Recordset.Fields("性别").Value
    datCourse.Visible = False
    datCourse.DatabaseName = datStudent.DatabaseName
    datCourse.RecordSource = "课程"
    datCourse.Refresh
    txtCID.DataField = "课程号"
    txtCName.DataField = "课程名"
    txtPeriod.DataField = "学时"
    txtCredit.DataField = "学分"
    datScore.Visible = False
    datScore.DatabaseName = datStudent.DatabaseName
    datScore.RecordSource = "成绩"
    datScore.Refresh
    txtSSID.DataField = "学号"
    txtSCID.DataField = "课程号"
    txtScore.DataField = "成绩"
    SSTab1.Tab = 0   '设置当前选项卡为"学生"选项卡
End Sub
'"添加"按钮的单击事件过程
Private Sub cmdAdd_Click()
    '根据当前按钮的标题进行不同的操作
    Select Case cmdAdd.Caption
        Case "添加"
            '向当前选项卡所对应表中添加记录
            Select Case SSTab1.Tab
                Case 0
                    datStudent.Recordset.AddNew
                Case 1
                    datCourse.Recordset.AddNew
                Case 2
                    datScore.Recordset.AddNew
            End Select
```

```
                        '在添加操作完成前禁止进行其他操作
                        SSTab1.TabEnabled(0) = False
                        SSTab1.TabEnabled(1) = False
                        SSTab1.TabEnabled(2) = False
                        cmdAdd.Caption = "确定"
                        cmdEdit.Enabled = False
                        cmdDel.Enabled = False
                        cmdFirst.Enabled = False
                        cmdPrev.Enabled = False
                        cmdNext.Enabled = False
                        cmdLast.Enabled = False
                Case "确定"
                        Select Case SSTab1.Tab
                            Case 0
                                datStudent.UpdateRecord
                            Case 1
                                datCourse.UpdateRecord
                            Case 2
                                datScore.UpdateRecord
                        End Select
                        SSTab1.TabEnabled(0) = True
                        SSTab1.TabEnabled(1) = True
                        SSTab1.TabEnabled(2) = True
                        cmdAdd.Caption = "添加"
                        cmdEdit.Enabled = True
                        cmdDel.Enabled = True
                        cmdFirst.Enabled = True
                        cmdPrev.Enabled = True
                        cmdNext.Enabled = True
                        cmdLast.Enabled = True
            End Select
    End Sub
    '"修改"按钮的单击事件过程
    Private Sub cmdEdit_Click()
        '根据当前按钮的标题进行不同的操作
        Select Case cmdEdit.Caption
            Case "修改"
                    '修改当前选项卡所对应表中的记录
                    Select Case SSTab1.Tab
                        Case 0
                            datStudent.Recordset.Edit
                        Case 1
                            datCourse.Recordset.Edit
                        Case 2
                            datScore.Recordset.Edit
                    End Select
                    '在修改操作完成前禁止进行其他操作
                    SSTab1.TabEnabled(0) = False
                    SSTab1.TabEnabled(1) = False
                    SSTab1.TabEnabled(2) = False
                    cmdEdit.Caption = "确定"
                    cmdAdd.Enabled = False
```

```
                cmdDel.Enabled = False
                cmdFirst.Enabled = False
                cmdPrev.Enabled = False
                cmdNext.Enabled = False
                cmdLast.Enabled = False
        Case "确定"
            Select Case SSTab1.Tab
                Case 0
                    datStudent.UpdateRecord
                Case 1
                    datCourse.UpdateRecord
                Case 2
                    datScore.UpdateRecord
            End Select
            SSTab1.TabEnabled(0) = True
            SSTab1.TabEnabled(1) = True
            SSTab1.TabEnabled(2) = True
            cmdEdit.Caption = "修改"
            cmdAdd.Enabled = True
            cmdDel.Enabled = True
            cmdFirst.Enabled = True
            cmdPrev.Enabled = True
            cmdNext.Enabled = True
            cmdLast.Enabled = True
    End Select
End Sub
'"删除"按钮的单击事件过程
Private Sub cmdDel_Click()
    Dim i As Integer
    i = MsgBox("确定要删除此记录?", vbYesNo + vbExclamation + vbDefaultButton1, "编辑")
    If i = vbYes Then
        '删除当前选项卡所对应表中的记录
        Select Case SSTab1.Tab
            Case 0
                datStudent.Recordset.Delete
                datStudent.Refresh
            Case 1
                datCourse.Recordset.Delete
                datCourse.Refresh
            Case 2
                datScore.Recordset.Delete
                datScore.Refresh
        End Select
    End If
End Sub
'"首记录"按钮的单击事件过程
Private Sub cmdFirst_Click()
    Select Case SSTab1.Tab
        Case 0
            datStudent.Recordset.MoveFirst
        Case 1
            datCourse.Recordset.MoveFirst
        Case 2
```

```
                datScore.Recordset.MoveFirst
        End Select
        cmdFirst.Enabled = False
        cmdPrev.Enabled = False
        cmdNext.Enabled = True
        cmdLast.Enabled = True
End Sub
'"上一条"按钮的单击事件过程
Private Sub cmdPrev_Click()
    Select Case SSTab1.Tab
        Case 0
            datStudent.Recordset.MovePrevious
            If datStudent.Recordset.BOF Then
                datStudent.Recordset.MoveFirst
                cmdFirst.Enabled = False
                cmdPrev.Enabled = False
                cmdNext.Enabled = True
                cmdLast.Enabled = True
            End If
        Case 1
            datCourse.Recordset.MovePrevious
            If datCourse.Recordset.BOF Then
                datCourse.Recordset.MoveFirst
                cmdFirst.Enabled = False
                cmdPrev.Enabled = False
                cmdNext.Enabled = True
                cmdLast.Enabled = True
            End If
        Case 2
            datScore.Recordset.MovePrevious
            If datScore.Recordset.BOF Then
                datScore.Recordset.MoveFirst
                cmdFirst.Enabled = False
                cmdPrev.Enabled = False
                cmdNext.Enabled = True
                cmdLast.Enabled = True
            End If
    End Select
End Sub
'"下一条"按钮的单击事件过程
Private Sub cmdNext_Click()
    Select Case SSTab1.Tab
        Case 0
            datStudent.Recordset.MoveNext
            If datStudent.Recordset.EOF Then
                datStudent.Recordset.MoveLast
                cmdFirst.Enabled = True
                cmdPrev.Enabled = True
                cmdNext.Enabled = False
                cmdLast.Enabled = False
            End If
        Case 1
            datCourse.Recordset.MoveNext
```

```
              If datCourse.Recordset.EOF Then
                 datCourse.Recordset.MoveLast
                 cmdFirst.Enabled = True
                 cmdPrev.Enabled = True
                 cmdNext.Enabled = False
                 cmdLast.Enabled = False
              End If
           Case 2
              datScore.Recordset.MoveNext
              If datScore.Recordset.EOF Then
                 datScore.Recordset.MoveLast
                 cmdFirst.Enabled = True
                 cmdPrev.Enabled = True
                 cmdNext.Enabled = False
                 cmdLast.Enabled = False
              End If
        End Select
End Sub
'"尾记录"按钮的单击事件过程
Private Sub cmdLast_Click()
     Select Case SSTab1.Tab
        Case 0
           datStudent.Recordset.MoveLast
        Case 1
           datCourse.Recordset.MoveLast
        Case 2
           datScore.Recordset.MoveLast
     End Select
     cmdFirst.Enabled = True
     cmdPrev.Enabled = True
     cmdNext.Enabled = False
     cmdLast.Enabled = False
End Sub
```

　　　　如果要将 Data 控件作为数据源使用，只能在设计时设置绑定控件的 DataSource 属性，而不能在运行时将一个数据约束控件的 DataSource 属性设置为一个 Data 控件。

2. 查询窗体 frmQuery

　　用户可以在查询窗体中按学号或者按课程号查询学生成绩，查询窗体 frmQuery 的 MDIChild 属性设置为 True，执行主窗体中的"查询"命令后，系统界面如图 11-21 所示。

　　窗体中两个单选按钮构成一个控件数组 optChoice，两个文本框构成另一个控件数组 txtID。"确定"按钮名为 cmdOK，"取消"按钮名为 cmdCancel。窗体中使用了一个 ActiveX 控件 DataGrid（通过执行"工程"菜单中的"部件"命令，在"部件"对话框中选择 Microsoft DataGrid Control 6.0，可将该控件添加到工具箱中），该控件名为 DataGrid1。此外，窗体中还使用了一个隐藏的 ADO 控件，该控件名为 Adodc1。

　　按照 11.3.3 小节介绍的方法，将 ADO 控件与数据库文件 mydb.mdb 连接，并将记录源的命令类型设置为 1-adCmdText，如图 11-22 所示，在命令文本中输入如下 SQL 命令：

select 学生.学号,学生.姓名,课程.课程名,成绩.成绩 from 学生,课程,成绩 where 学生.学号=成绩.学号 and 课程.课程号=成绩.课程号

图 11-21　查询窗体 frmQuery

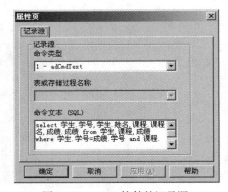

图 11-22　ADO 控件的记录源

代码如下：

```
'初始化查询窗体
Private Sub Form_Load()
    Adodc1.Visible = False
    Set DataGrid1.DataSource = Adodc1    '绑定操作
    DataGrid1.AllowUpdate = False        '禁止更新
End Sub
'处理单选按钮的焦点切换
Private Sub optChoice_Click(Index As Integer)
    txtID(Index).SetFocus
End Sub
'处理文本框的焦点切换
Private Sub txtID_GotFocus(Index As Integer)
    optChoice(Index).Value = True
End Sub
'"确定" 按钮的单击事件过程
Private Sub cmdOK_Click()
    Dim sql As String, fld As String, condition As String
    '显示的字段列表
    fld = "学生.学号,学生.姓名,课程.课程名,成绩.成绩"
    '查询条件
    condition = "学生.学号=成绩.学号 and 课程.课程号=成绩.课程号 "
    If optChoice(0).Value Then
        condition = condition + "and 学生.学号='" +txtID(0).Text + "'"
    Else
        condition = condition+"and 课程.课程号='"+txtID(1).Text+ "'"
    End If
    sql = "select " + fld + " from 学生,课程,成绩 where " + condition
    '改变记录源
    Adodc1.RecordSource = sql
    Adodc1.Refresh
End Sub
'"取消" 按钮的单击事件过程
Private Sub cmdCancel_Click()
    txtID(0).Text = ""
    txtID(1).Text = ""
End Sub
```

本章小结

数据库最大的特点是通过联系减少了不必要的数据冗余。同时，不同用户可以使用同一数据库中自己所需的子集，从而实现了数据共享。一个完整的数据库系统除了包括可以共享的数据库（后台数据库）外，还包括用于处理数据的数据库应用系统（前台应用程序）。Visual Basic 为开发数据库前台应用程序提供了专门的控件，如 Data 控件和 ADO 控件。Data 控件和 ADO 控件只相当于一个记录指针，可以选择当前记录，但本身并不能显示和修改当前记录。只有通过将数据约束控件与 Data 控件或 ADO 控件"绑定"（Bounding）后，才能在数据约束控件中自动显示当前记录的相关字段值。Data 控件和 ADO 控件可以访问的记录构成一个记录集对象 Recordset，Visual Basic 对数据库中记录的访问是通过 Recordset 对象实现的，主要是使用 Recordset 对象的相关属性与方法。

习　　题

一、思考题

1. 什么是数据库？什么是关系型数据库？

2. 记录、字段、表与数据库之间的关系如何？

3. 怎样使用"可视化数据管理器"建立或修改数据库？

4. 使用数据控件返回数据库中记录的集合时，应该怎样设置其属性？

5. 如何使文本框与数据控件实现"绑定"？

6. 对数据库进行增加、删除和修改记录时，应当采用什么方法来确认操作？

7. 使用 Find 方法查找记录时，如何判断查找是否成功？

8. 什么是 SQL？如何在 Visual Basic 中使用 SQL 语句？

9. 数据控件可以访问哪些类型的数据库？

10. Visual Basic 访问数据库有哪几种不同的方法？

二、填空题

1. DB 是_____的简称，DBMS 是_____的简称。

2. 按数据的组织方式不同，数据库可以分为 3 种类型，即_____数据库、_____数据库和_____数据库。

3. 一个数据库可以有_____个表，表中的_____称为记录，表中的_____称为字段。

4. Visual Basic 允许对 3 种类型的记录集进行访问，即_____、_____和_____。以_____方式打开的表或由查询返回的数据是只读的。

5. SQL 语句"Select*From 学生基本信息 Where 性别=男"的功能是_____。

6. 从"工资"表中查询所有"性别"为"女"的职工的"姓名"和"应发工资"，相应的 Select 语句为_____。

7. 某"学生成绩"表包括"学号"、"姓名"和"成绩"字段，要将学号为"0204016"、姓名为"张颖"、成绩为 88 的学生信息插入"学生成绩"表中，相应的 Insert 语句为_____。

8. 删除"学生成绩"表中"成绩"字段值小于 60 分的记录，相应的 Delete 语句为：_____。

_____。

9. 要设置 Data 控连接的数据库的名称，需要置其_____属性。要设置 Data 控连接的数据库类型，需要置其_____属性。

10. 要设置记录集的当前记录的序号位置，需通过_____属性。例如，要定位于在由 Data1 控件所确定的记录集的第 5 条记录，应使用语句：

_____。

11. 记录集的_____属性用于指示 Recordset 对象中记录的总数。

12. 在由数据控件 Data1 所确定的记录集中，将当前记录的"姓名"字段值改成"王军"，应使用语句：_____

13. 在由数据控件 Data1 所确定的记录集中，要将名称为"XM"的索引设置为记录集的当前索引，应使用语句：_____

14. 在由数据控件 Data1 所确定的记录集中，要将当前记录从第 8 条移到第 2 条，应使用语句：_____。

15. 在由数据控件 Data1 所确定的记录集中，查找"姓名"字段值为"王颖"的第一条记录，应使用语句：_____。

16. 要使数据绑定控件能够显示数据库记录集中的数据，必须首先在设计时或在运行时设置这些控件的两个属性，即使用_____属性设置数据源，使用_____属性设置要连接的数据源字段的名称。

三、选择题

1. 以下说法错误的是（   ）。
    A. 一个表可以构成一个数据库
    B. 多个表可以构成一个数据库
    C. 一个表的每一条记录中的各数据项具有相同的类型
    D. 同一个字段的数据具有相同的类型

2. 以下关于索引的说法，错误的是（   ）。
    A. 一个表可以建立一个到多个索引   B. 每个表至少要建立一个索引
    C. 索引字段可以是多个字段的组合   D. 利用索引可以加快查找速度

3. Micrisift Access 数据库文件的扩展名是（   ）。
    A. .dbf   B. .acc   C. .mdb   D. .db

4. "Select 编号，姓名，部门 From 职工 Where 部门 = "信电系""，所查询的表名称是（   ）。
    A. 所有表   B. 职工   C. 信电系   D. 编号，姓名，部门

5. 语句"Select*From 学生基本 Where 性别=男"中的"*"号表示（   ）。
    A. 所有表   B. 所有指定条件的记录
    C. 所有记录   D. 指定表中的所有字段

6. 当 Bof 属性为 True 时，表示（   ）。当 Eof 属性为 True 时，表示（   ）。
    A. 当前记录位置位于 Recordset 对象的第一条记录
    B. 当前记录位置位于 Recordset 对象的第一条记录之前
    C. 当前记录位置位于 Recordset 对象的最后一条记录
    D. 当前记录位置位于 Recordset 对象的最后一条记录之后

7. 当使用 Seek 方法或 Find 方法进行查找时，可以根据记录集的（　　）属性判断是否找到了匹配的记录。

    A．Match   B．NoMath   C．Found   D．Nofound

8. 以下说法正确的是（　　）。

    A．使用 Data 控件可以直接显示数据库中的数据

    B．使用数据绑定控件可以直接访问数据库中的数据

    C．使用 Data 控件可以对数据库中的数据进行操作，却不能显示数据库中的数据

    D．Data 控件只有通过数据绑定控件才可以访问数据库中的数据

上机实验

1. 使用可视化数据库管理器建立一个 Access 数据库 Mydb.mdb，其中含表 Student，其结构如表 11-12 所示。

表 11-12　　　　　　　　　　学生信息表结构

名　称	类　型	大　小
姓名	Text	10
年龄	Integer	
性别	Text	2
数学	Single	
英语	Single	
计算机	Single	

程序设计要求如下。

（1）设计一个窗体，编写程序能够对 Mydb.mdb 数据库中 Student 表进行编辑、添加、删除等操作。

（2）设计一个窗体，编写程序浏览学生基本信息，查询某指定学生考试成绩。

2. 在 Visual Basic 或 Access 环境下建立一个"Zg.mdb"数据库，并在库中建立一个"职工情况.dbf"表，如表 11-13 所示。

表 11-13　　　　　　　　　　职工情况表结构

编　号	姓　名	出 生 年 月	性　别	职　称	婚　否	备　注
76001	张江	1976.11	女	讲师	T	
76002	王锦	1975.02	男	副教授	T	
76005	李华	1976.06	男	讲师	F	
……	……	……	……	……	……	

请编写一个 Visual Basic 应用程序，实现对 Access 环境下建立的"Zg.mdb"中"职工情况.dbf"表中记录的浏览、增加和删除操作。

A.1 Visual Basic 6.0 系统调试工具

为了更正程序中发生的不同错误，Visual Basic 提供了一组交互的、有效的调试工具，它们极大地方便了程序员的程序调试工作，这些工具主要包括设置断点、插入监视表达式、跟踪程序执行等。

1. 自动语法检测

用户在使用 Visual Basic 编辑程序时可能遇到过这样的情况：例如，在如图 A-1 所示界面中，如果在输入 "If x>y" 语句时，没有输入 "Then" 就按了回车键，则系统会显示出错信息，提醒用户改正。这就是 Visual Basic 的自动语法检测功能，即在代码窗口输入一句有语法错误的语句时，Visual Basic 会立即显示出错信息，并以红色字体显示。自动语法检测功能为 Visual Basic 的默认设置，也可通过执行"工具"菜单中的"选项"命令，在如图 A-2 所示的"编辑器"选项卡中进行设置。

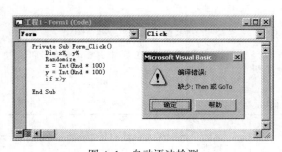

图 A-1　自动语法检测

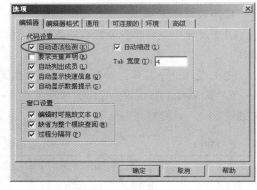

图 A-2　"编辑器"选项卡

2. 调试菜单和调试工具栏

通过 Visual Basic 的"调试"菜单，可以执行设置断点、插入监视表达式、跟踪程序执行等操作。此外，也可以通过"视图"菜单的"工具栏"子菜单中的"调试"命令，打开如图 A-3 所示的"调试"工具栏，进行程序调试。

3. 调试窗口

Visual Basic 提供了 3 种调试窗口：本地窗口、立即窗口和监视窗口。其作用为：在中断模式下（有关中断模式的介绍请参阅 A.3.1 节）观察有关变量的值。可以通过"视图"菜单或"调试"工具栏中的对应命令打开这些窗口。

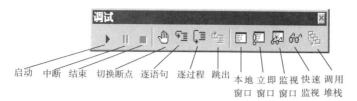

图 A-3　"调试"工具栏

（1）本地窗口

如图 A-4 所示，本地窗口只显示当前过程中所有变量的值，当程序的执行从一个过程切换到另一个过程时，本地窗口的内容也会发生变化。

（2）立即窗口

如图 A-5 所示，可以在代码中利用 Debug.Print 方法在立即窗口中输出相关内容，也可以在立即窗口中使用 Print 语句或"？"显示相关结果。

图 A-4　立即窗口

图 A-5　本地窗口

（3）监视窗口

如图 A-6 所示，如果在设计阶段添加了监视表达式，则在运行时可在监视窗口中根据所设置的监视类型进行相应的显示。

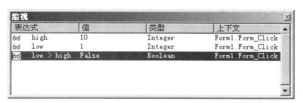

图 A-6　监视窗口

A.2　常见错误类型

在 Visual Basic 程序调试过程中，用户会遇到 3 类错误：编译错误、运行错误和逻辑错误。

1．编译错误

由于违反了 Visual Basic 的有关语法规则而产生的错误称为编译错误。系统会在以下两种情况下进行编译错误检查。

（1）编辑代码时

当用户编辑代码时，Visual Basic 会直接对程序进行语法检查（具体请参阅 A.1 节）。

（2）启动程序后

当用户单击"启动"按钮或执行"运行"菜单中的"启动"命令后，在运行程序前，Visual Basic 会对程序进行编译并检查语法错误。

常见的编译错误有：关键字拼写错误（如将 Dim 写成 Din）、对象名写错（如将 Label1 写成 Labe11）、变量名写错（如将 flag 写成 flog）、必须配对的关键字没有成对出现（如 If 与 End If，For 与 Next，Do 与 Loop）等。

Visual Basic 允许隐式声明变量，即变量可以直接使用而无需使用 Dim 语句声明，但这样就无法区分用户写错变量名的情况，Visual Basic 会将 flag 和 flog 看做两个不同的变量。因此，建议读者通过在代码窗口的"通用声明"部分加入 Option Explicit 语句，强制显式声明变量，一旦用户使用未经显式声明的变量时，系统会提示"变量未定义"错误，如图 A-7 所示。

图 A-7　编译错误

2．运行错误

程序在编译通过后，运行代码时所发生的错误称为运行错误，也称实时错误。这类错误一般是由于代码试图执行一个无法完成的操作时引起的，如类型不匹配、除数为 0、下标越界等。例如，计算一元二次方程根时，如果输入系数 a 的值为 0，则运行时会出现如图 A-8 所示的错误。

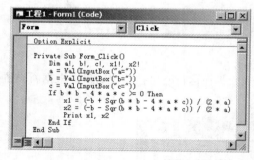
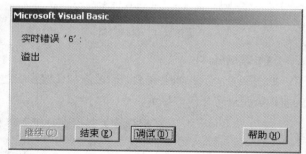

图 A-8　运行错误

3．逻辑错误

程序编译通过，运行时也未提示出错，但却得不到正确的结果，这表明程序中存在逻辑错误。逻辑错误是最难调试的一类错误，这主要由于其产生原因比较复杂，可能是运算使用不当、语句次序不对、循环变量的初值或循环条件设置不合适等原因。

例如，执行如图 A-9 所示的代码，试图在单击窗体时显示 20 号字的"Welcome"，但运行时第 1 次单击窗体时并未得到预期结果，以后单击才能得到预期结果。仔细分析程序，会发现产生错误的原因是，在 Form_Click 事件过程中两条语句的次序颠倒了。

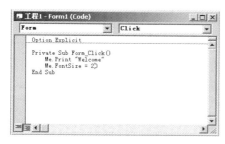

图 A-9　逻辑错误

A.3　调试和排错方法

由于编译错误和运行错误都会出现提示窗口，用户能够十分方便地确定出错位置和原因，因此本节所讨论的调试和排错方法将主要针对逻辑错误。

A.3.1　Visual Basic 的 3 种工作模式

Visual Basic 是一个集编辑、编译和运行于一体的集成环境，其工作状态可以分为 3 种模式：设计模式、运行模式和中断模式，3 种模式间的转换如图 A-10 所示。

1. 设计模式

在该模式下，可以进行程序的界面设计和代码编写。执行"运行"菜单下的"启动"命令或单击"标准"工具栏上的"启动"按钮，将进入运行模式。

2. 运行模式

在该模式下，程序处于运行状态，用户可以查看代码，但不能修改。如果要修改代码，可以执行"运行"菜单下的"结

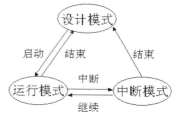

图 A-10　Visual Basic 的工作模式

束"命令或单击"标准"工具栏上的"结束"按钮，进入设计模式进行修改。如果要调试程序，可以执行"运行"菜单下的"中断"命令或单击"标准"工具栏上的"中断"按钮，进入中断模式。此外，如果在运行阶段出现运行错误时，单击错误提示窗口中的"调试"按钮也将进入中断模式。

3. 中断模式

在该模式下，程序处于挂起状态，用户可以查看代码和修改代码，并能够使用各种调试工具进行程序调试。执行"运行"菜单下的"继续"命令或单击"标准"工具栏上的"继续"按钮，将进入运行模式。执行"运行"菜单下的"结束"命令或单击"标准"工具栏上的"结束"按钮，进入设计模式。

A.3.2　断点

程序调试的第一步是进入中断模式，可以使用前面介绍的方法由运行模式转换到中断模式，但这种方法并不适合快速确定出错位置。通常通过设置断点的方法来中断程序运行，然后再逐句跟踪检查相关变量、属性和表达式的值是否在预期范围内。

在任何模式下均可设置断点，具体方法为：在代码窗口中将光标移到怀疑可能存在逻辑错误的语句（或其附近），执行"调试"菜单中的"切换断点"命令或按 F9 键，则在该语句处设置了断点（见图 A-11），当程序运行至此将进入中断模式（注意该断点语句还未被执行）。

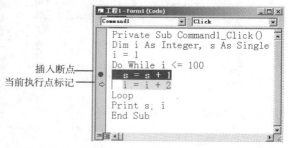

图 A-11　断点与跟踪

程序调试完毕后，应将断点清除。在代码窗口中将光标移到断点语句处，再次执行"调试"菜单中的"切换断点"命令或按 F9 键，即清除该语句处的断点。也可执行"调试"菜单中的"清除所有断点"命令或按 Ctrl + Shift + F9 组合键来清除所有断点。

A.3.3　监视

在中断模式下，可以使用以下几种方法观察某个变量的值。

（1）将鼠标指向代码窗口中某个变量并稍候片刻，则自动显示出该变量当前的值。

（2）在代码窗口中选择某个变量或表达式，执行"调试"菜单中的"快速监视"命令，即在"快速监视"对话框中显示该变量或表达式当前的值（见图 A-12）。

（3）执行"视图"菜单中的"本地窗口"命令，则自动显示当前过程中所有变量的值（见图 A-4）。

（4）执行"调试"菜单中的"添加监视"命令，在如图 A-13 所示的"添加监视"对话框中加入要观察的变量或表达式。执行"视图"菜单中的"监视窗口"命令，则显示当前被监视变量或表达式的值（见图 A-6）。

图 A-12　"快速监视"对话框

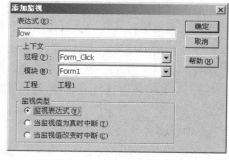

图 A-13　"添加监视"对话框

（5）在立即窗口中，通过 Print 语句或"？"命令显示变量或表达式的值（见图 A-5）。

（6）在程序中通过 Debug.Print 方法在立即窗口中输出变量或表达式的值（见图 A-5）。

A.3.4　跟踪

当程序的运行结果和预期结果不同时，首先要大概估计出错的范围，然后利用前面介绍的设置断点的方法，使程序进入中断模式，再选择不同的执行方式对程序进行跟踪，从而达到快速缩小错误查找范围的目的。Visual Basic 提供了 3 种跟踪方式：逐语句、逐过程和跳跃。

1. 逐语句执行

逐语句执行又称单步执行，即每次只执行一条语句。在设计或中断模式下，执行"调试"菜单中的"逐语句"命令即进入单步执行状态。此后，每执行一次"逐语句"命令或按一次 F8 键，就执行当前执行点处的一条语句（见图 A-11），然后中断于下一条语句。如果当前执行点处的语句是一个过程调用，则下一条语句为被调用过程内的第一条语句。

2. 逐过程执行

逐过程执行是每次执行一个过程或函数，一般在确认某些过程不存在错误时选用此调试方法。在设计或中断模式下，执行"调试"菜单中的"逐过程"命令或按 Shift+F8 组合键即进入逐过程执行状态。它与逐语句执行的区别在于：如果在当前执行点处的语句中调用了一个过程或函数，它不会进入该过程或函数中。

3. 跳跃执行

跳跃执行可以十分方便地将当前过程中的剩余语句执行完毕。在设计或中断模式下，执行"调试"菜单中的"跳出"命令或按 Ctrl+Shift+F8 组合键即进入跳跃执行状态。从当前执行点到 End Sub 或 End Function 之间的语句均被执行，然后中断于该过程调用后的下一条语句。

A.4　出　错　处　理

通过前面的学习，了解到当应用程序在 Visual Basic 环境下运行时，如果发生运行错误，Visual Basic 将中断程序执行。事实上，用户可以使用 Visual Basic 提供的错误捕获及处理的方法和函数，编写错误处理程序，对运行时的错误进行响应。

错误处理的基本步骤为：首先设置错误陷阱来捕获错误，发生错误时进入预先编好的错误处理程序，错误处理完毕后退出处理程序。

1. 设置错误陷阱

使用 Visual Basic 的 On Error 语句可以启动一个错误处理程序并指定该子程序在一个过程中的位置，也可用来禁止一个错误处理程序。On Error 语句的语法格式如下。

（1）On Error GoTo 行标签或行号

该语句用于启动错误处理程序，该错误处理程序的起始位置由行标签或行号指明。当发生运行错误时，程序会跳转到行标签或行号所在行，激活错误处理程序。

行标签可以是以字母开头、以冒号结尾的任何字符的组合，用于指示一行代码。行标签与大小写无关，但必须从第一列开始。也可以使用行号来识别一行代码。行号可以是任何数值的组合，在使用行号的模块内，该组合是唯一的。行号也必须在从第一列开始。

行标签或行号必须与 On Error 语句处于同一过程，否则会发生编译错误。

（2）On Error Resume　Next

该语句可以置运行错误不顾，使程序从紧随产生错误的语句之后的语句继续执行。一般使用该语句处理访问其他对象期间所产生的错误。

（3）On Error GoTo 0

该语句用于禁止当前过程中任何已启动的错误处理程序。即使过程中包含编号为 0 的行，它也不把行 0 指定为错误处理程序的起点。如果没有 On Error GoTo 0 语句，在退出过程时，错误处理程序会自动关闭。

2. 编写错误处理程序

一个错误处理程序不是一个 Sub 过程或 Function 过程，它是一段用行标签或行号标记的代码。在编写错误处理程序时，经常使用系统对象 Err，该对象含有关于运行错误的信息。当发生运行错误时，Err 对象的相关属性被填入用于识别和处理这个错误所使用的信息。Err 对象的常用属性和方法如下。

（1）Number 属性

Number 属性是 Err 对象的缺省属性。当 On Error 语句捕获错误后，Err 对象的 Number 属性即被设置为对应的错误号（有关可捕获错误的代码和信息，请读者参阅 MSDN）。在错误处理程序中一般用条件语句 If 或 Select Case 来判断 Err.Number 的值，从而确定可能发生的错误，并提供相应的错误处理方法。

（2）Source 属性

用于返回或设置一个字符串表达式，指明最初生成错误的对象或应用程序的名称。

（3）Description 属性

用于返回或设置与错误相关的描述性字符串，当无法处理或不想处理错误的时候，可以使用这个属性提醒用户。

（4）Clear 方法

在处理错误之后应该使用 Clear 方法来清除 Err 对象所有的属性设置，每当执行下列语句时，系统会自动调用 Clear 方法：

- 任意类型的 Resume 语句；
- Exit Sub、Exit Function、Exit Property；
- 任何 On Error 语句。

3. 退出错误处理程序

在错误处理程序中，当遇到 Exit Sub、Exit Function、End Sub、End Function 等语句时，将退出错误处理。

在错误未发生的时候，为了防止运行错误处理程序，应当在紧靠着错误处理程序的前面写入 Exit Sub、Exit Function 或 Exit Property 语句。

在错误处理程序结束后，可用 Resume 语句恢复原有的运行，其语法格式如下。

（1）Resume

如果错误和错误处理程序出现在同一个过程中，则从产生错误的语句恢复运行。如果错误出现在被调用的过程中，则从最近一次调用包含错误处理程序的过程的语句处恢复运行。

（2）Resume Next

如果错误和错误处理程序出现在同一个程序中，则从紧随产生错误的语句的下一条语句恢复运行。如果错误发生在被调用的过程中，则找到最后一次调用包含错误处理程序的过程的语句（或 On Error Resume Next 语句），从紧随该语句之后的语句处恢复运行。

（3）Resume 行标签或行号

在行标签或行号所在行处恢复运行。行标签或行号必须与错误处理程序处于同一过程。

在错误处理程序之外的任何地方使用 Resume 语句都会导致错误发生。

A.5　制作安装盘及应用程序发布

在前面的学习过程中，所有应用程序的设计、运行和调试都是在 Visual Basic 集成开发环境下进行的。当一个应用程序已经调试通过后，希望它能够脱离 Visual Basic 集成开发环境独立运行，本节将讨论生成可执行文件、制作安装盘以及发布应用程序的有关问题。

A.5.1　生成可执行文件

可执行文件是扩展名为".exe"的文件，双击此类文件的图标，即可在 Windows 环境下运行。在 Visual Basic 集成开发环境下生成可执行文件的步骤如下。

（1）执行"文件"菜单中的"生成工程名.exe"命令（此处工程名为当前要生成可执行文件的工程文件名），在如图 A-14 所示的"生成工程"对话框中确定要生成可执行文件的保存位置和文件名。

（2）单击"生成工程"对话框中的"选项"按钮，在如图 A-15 所示的"工程属性"对话框的"生成"选项卡中设置所生成可执行文件的版本号、标题、图标等信息。

图 A-14　"生成工程"对话框

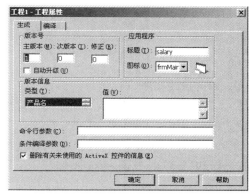

图 A-15　"工程属性"对话框

（3）单击"工程属性"对话框的"确定"按钮，关闭该对话框，再在"生成工程"对话框中单击"确定"按钮，编译和链接生成可执行文件。

按照上述步骤生成的可执行文件只能在安装了 Visual Basic 6.0 的机器上使用。

A.5.2　制作安装盘

为了使应用程序能够在任何机器上使用，需要为应用程序制作安装程序。Visual Basic 提供了打包和展开向导，用于帮助用户将应用程序部件包装为压缩 cabinet（.cab）文件，其中包含用户安装和运行应用程序所需的被压缩的工程文件和任何其他必需的文件。用户可以创建单个或多个.cab 文件以便复制到软盘或光盘上。

下面以第 11 章中的"学生成绩管理系统"为例，介绍打包和展开应用程序的基本过程。

1. 启动打包和展开向导

（1）打开准备打包和展开的工程文件，如果正在使用一个工程组或已经加载了多个工程，则应确认当前工程为准备打包和展开的工程。

（2）在启动打包和展开向导前，请确保已经保存并编译过工程。

（3）执行"外接程序"菜单中的"打包和展开向导"命令，启动如图 A-16 所示的"打包和展开向导"。

如果"外接程序"菜单中无"打包和展开向导"命令，则执行该菜单中的"外接程序管理器"命令，在如图 A-17 所示的"外接程序管理器"对话框中选择加载"打包和展开向导"。

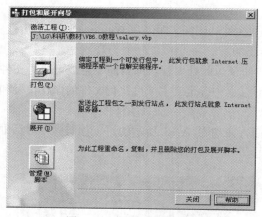

图 A-16　打包和展开向导

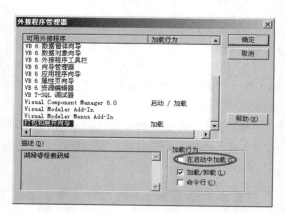

图 A-17　"外接程序管理器"对话框

2. 打开应用程序

（1）单击"打包和展开向导"中的"打包"按钮，在如图 A-18 所示的"包类型"对话框中选择包类型。用户可以创建一个由 setup.exe 程序安装的标准软件包，也可以创建一个专为从 Web 站点下载而设计 Internet 软件包，还可以选择只创建可以和部件一起分发的从属文件。在此选择"标准安装包"，单击"下一步"按钮。

（2）在如图 A-19 所示的"打包文件夹"对话框中，选择包被装配的文件夹，在此选择默认文件夹"包"，单击"下一步"按钮。

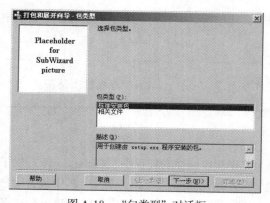

图 A-18　"包类型"对话框

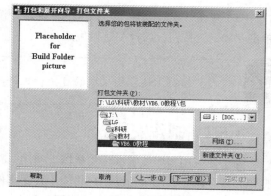

图 A-19　"打包文件夹"对话框

（3）在如图 A-20 所示的"DAO 驱动程序"对话框中（此对话框是否出现由应用程序的具体情况确定），根据需要选择希望包含的驱动程序，此处选择所有驱动程序，单击"下一步"按钮。

（4）在如图 A-21 所示的"包含文件"对话框中，确定需要发布的文件。如果应用程序中包含了图像、声音、readme.txt 等文件，则应单击"添加"按钮将其添加到包中。此处选择所有文件，单击"下一步"按钮。

图 A-20 "DAO 驱动程序"对话框

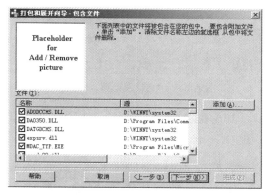
图 A-21 "包含文件"对话框

（5）在如图 A-22 所示的"压缩文件选项"对话框中，如果用光盘发布应用程序，请选择"单个的压缩文件"。如果要用软盘发布应用程序，则选择"多个压缩文件"，大小设为"1.44MB"。此处选择"单个的压缩文件"，单击"下一步"按钮。

（6）在如图 A-23 所示的"安装程序标题"对话框中，设置安装程序标题为"salary_MIS V 1.0"，单击"下一步"按钮。

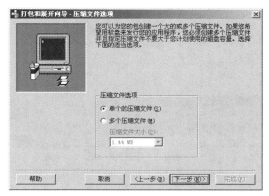
图 A-22 "压缩文件选项"对话框

图 A-23 "安装程序标题"对话框

（7）在如图 A-24 所示的"启动菜单项"对话框中，确定安装进程要创建的启动菜单群组及项目名称。此处采用默认设置，单击"下一步"按钮。

（8）在如图 A-25 所示的"安装位置"对话框中，采用默认的安装位置，单击"下一步"按钮。

（9）在如图 A-26 所示的"共享文件"对话框中，选择希望共享的文件。如果多个应用程序都使用了同一个 ActiveX 控件，则应将该控件的.ocx 文件指明为共享文件并安装在一个其他应用程序可以访问到的位置，该位置一般为 C:\ProgramFiles\Common Files。此处不设置共享文件，直接单击"下一步"按钮。

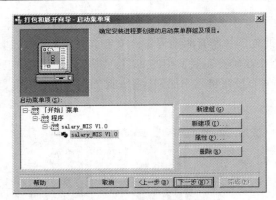

图 A-24　"启动菜单项"对话框

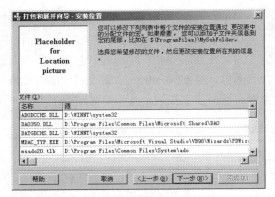

图 A-25　"安装位置"对话框

（10）在如图 A-27 所示的"已完成"对话框中，设置脚本名称，单击"完成"按钮。Visual Basic 将自动生成一份打包报告（见图 A-28），单击"保存报告"按钮将保存该报告。

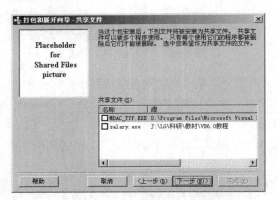

图 A-26　"共享文件"对话框

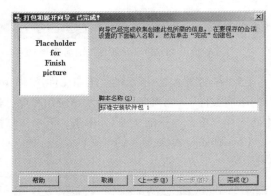

图 A-27　"已完成"对话框

至此，已经为"学生成绩管理系统"创建了安装程序，打包产生的文件如图 A-29 所示。

图 A-28　"打包报告"窗口

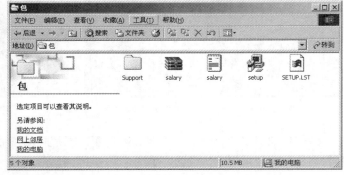

图 A-29　打包产生的文件

3. 展开应用程序

通过软盘或 Web 发布应用程序时，如果直接复制打包文件夹，可能会出现问题，应该通过"展开"将打包结果复制一份到指定的展开文件夹。再次打开如图 A-16 所示的"打包和展开向导"，单击"展开"按钮，在随后的对话框中依次选择打包的脚本名、展开的方法（见图 A-30）和展开脚本名即可完成。

　　如果在打包过程中的选择"单个压缩文件"（见图 A-22）完成打包，则展开方法就只有"文件夹"和"Web 公布"两种。如果选择"多个压缩文件"完成打包，则会自动增加"软盘"展开方法。

　　双击展开文件夹中的 setup.exe 文件即可开始安装应用程序（见图 A-31）。

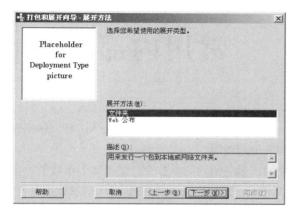

图 A-30　"展开方法"对话框

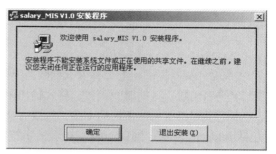

图 A-31　安装程序运行界面

附录 B
常用内部函数

Visual Basic 提供了上百种内部函数（库函数），按其功能和用途，可分为数学函数、转换函数、字符串函数、日期时间函数、格式输出函数和其他函数等。

本附录列出了一些常用的函数，供读者查询使用。表中函数的参数含义是：N 表示数值类型（包括 Integer、Single 和 Double），C 表示字符串，V 表示变量，E 表示表达式，Array 表示数组名，List 表示多个数列表。

B.1 数学函数

数学函数用于各种数学运算，包括三角函数、求平方根、绝对值、对数、指数函数等，它们与数学中的定义相同，如表 B-1 所示。

表 B-1 数学函数

函 数 名	功 能	返回值类型	实 例	结 果
Abs(N)	取绝对值	与参数 N 相同	Abs(-5)	5
Atn(N)	反正切函数	Double	Atn(1)	.78539816
Cos(N)	余弦函数	Double	Cos(0)	1
Exp(N)	E 为底的指数函数	Double	Exp(1)	2.7182818
Log(N)	以 e 为底的自然对数	Double	Log(2)	.69314718
Rnd([N])	产生[0，1)之间随机函数	Double	Rnd	[0,1)之间随机数
Sgn(N)	符号函数	Integer	Sgn(-2.8)	−1
Sin(N)	正弦函数	Double	Sin(0)	0
Sqr(N)	平方根	Double	Sqr(9)	3
Tan(N)	正切函数	Double	Tan(0)	0

说明：在三角函数中的自变量是以弧度为单位。

B.2 转换函数

转换函数用于类型或者形式的转换，包括整型、实型、字符串类型之间以及数值与 ASCII 字符之间的转换，如表 B-2 所示。

表 B-2　　　　　　　　　　　　　　　　　　转换函数

函　数　名	功　　能	返回值类型	实　　例	结　　果
Asc(C)	字符转换成 ASCII 码值	Integer	Asc("0")	48
Val(C)	数字字符串转换成数值	Double	Val("125")	125#
Str$(N)	数值转换为字符串	String	Str$(125)	"125"
Chr$(N)	ASCII 码值转换成字符	String	Chr$(65)	"A"
Fix(N)	截断取整	Integer	Fix(-9.6)	-9
Int(N)	正数取整同 Fix，负数取不大于 N 的最大整数	Integer	Int(-9.6) Int(9.6)	-10 9
Cint(N)	将一数值按四舍五入取整	Integer	Cint (9.6)	10
Lcase$(C)	大写字母转换为小写字母	String	Lcase$("ABC12")	"abc12"
Ucase$(C)	小写字母转换成大写字母	String	Ucase$("abc12")	"ABC12"
Hex[$](N)	十进制转换成十六进制	String	Hex$(76)	"4C "
Oct[$](N)	十进制转换成八进制	String	Oct$(76)	"114 "

B.3　字符串函数

Visual Basic 系统提供了丰富的字符串处理函数，给编程中的字符处理带来极大的方便，如表 B-3 所示。

表 B-3　　　　　　　　　　　　　　　　　　字符串函数

函　数　名	功　　能	举　　例	结　　果
Left$(C,N)	取出字符串左边的 *n* 个字符	Left$(X$,3)	"ABC"
Right$(C,N)	取出字符串右边 *n* 个字符	Right$(X$,3)	"EFG"
Mid$(C,N1[,N2])	自字符串 C 中第 N1 个字符开始向右取 N2 个字符	Mid$(X$,3,3) Mid$(X$,3)	"CDE" "CDEFG"
Len(C)	字符串长度	Len(X$)	7
Ltrim$(C)	去掉字符串左边的空格	Ltrim$(Y$)	"XY　"
Rtrim$(C)	去掉字符串右边的空格	Rtrim$(Y$)	"　XY"
Trim$(C)	去掉字符串左右边空格	Trim$(Y$)	"XY"
Space$(N)	产生 N 个空格字符串	Space$(5)	"　　　　　"
Spc(N)	与 Print #语句或 Print 方法一起使用，对输出进行定位	Print　"XY";Spc(2),"AB "	XY　AB
InStr([N1,]C1,C2,[M])	在 C1 中从第 N 个字符开始找 C2，省略 N 时从头开始找，返回第一次找到 C2 的开始位置，找不到为 0	InStr(X$,"CDE") InStr(4,X$,"CDE")	3 0
StrComp(C1,C2,[M])	以-1、0、1 分别表示字符串 C1<、=、>字符串 C2	StrComp("ab","AB") StrComp("AB","AB")	1 0
String$(N,C|N1)	返回由 C 中首字符或 Ascii 值 N1 对应的字符组成的 N 个相同的字符串	String$(5, "ABC") String$(5,65)	" AAAAA" " AAAAA"
StrReverse(c)	将字符串取反	StrReverse(X$)	" GFEDCBA"

说明：表中举例的字符串变量 X$= "ABCDEFG"，Y$= "　XY　"。

B.4　时间、日期函数

时间、日期函数如表 B-4 所示。

表 B-4　　　　　　　　　　　　　　　时间、日期函数

函 数 名	功 能	类 型	举 例	结 果
Date[$][()]	返回系统日期	Date	Date	2012-6-04
Year(C|N)	返回公元年号	Integer	Year(date)	2012
Month(C|N)	返回月代码（1～12）	Integer	Month(date)	6
Day(C|N)	返回日期代号（1～31）	Integer	Day(date)	4
Now	返回系统日期和时间	Date	Now	2012-6-04 5：31：37
Time[$][0]	返回系统时间	Date	Time	5：32：26
Hour(D)	将指定的时间转换为小时数	Integer	Hour(Time)	5
Minute(D)	返回给定时间小时的分钟数	Integer	Minute(Time)	32
Second(D)	返回给定时间分钟后面的秒数	Integer	Second(Time)	26
Timer[()]	返回从午夜开始到现在经过的秒数	Single	Timer	19947.12
WeekDay(C|N)	返回星期代号（1～7），星期日为1，星期一为2	Integer	WeekDay(date)	2
DateSerial(年,月,日)	返回指定的日期型数据	Date	DateSerial(12,6,4)	2012-6-4
DateValue(C)	同上，但自变量为字符串	Date	DateValue("12,6,4")	2012-6-4

说明：表中举例是以时期为 2012-6-04，时间为 5:32:26 数据为基准。

B.5　格式输出函数

格式输出函数即 Format 函数，是用来将要输出的数据，按指定的格式输出，其返回值是字符串。Format 函数使用格式：**Format (expression,fmt)**。

1. 数值数据格式化

数值格式化是将数值表达式的值按"格式字符串"指定的格式返回，如表 B-5 所示。

表 B-5　　　　　　　　　　　　　　常用数值格式化字符及举例

格 式 字 符	意 义	举 例	结 果
0	显示一数字，若此位置没有数字则补 0	Format (2, "00.00")	02.00
#	显示一数字，若此位置没有数字则不显示	Format (2, "##.##")	2.
%	数字乘以 100 并在右边加上"%"号	Format (0.7, "0%")	70%
.	小数点	Format (2.568, "##.##")	2.57
,	千位的分隔符	Format (3568, "##,##")	3,578
- + $ ( )	这些字出现在 fmt 里将原样打出	Format (2.568, "$(##.##)")	$(2.57)

说明：对于字符"0"与"#"，若要显示的数值表达式的整数部分位数多于格式字符串的位数，按实际数值返回；若小数部分的位数多于格式字符串的位数，按四舍五入返回。

2. 日期和时间数据格式化

Format 函数对日期和时间数据格式化，是将日期和时间数据按指定的字符串格式返回。设日期为 2012 年 4 月 16 日，时间是 22 时 41 分 29 秒，常用日期和时间数据格式字符串及含义如表 B-6 所示。

表 B-6　　　　　　　　　　常用日期和时间数据格式字符串及含义

格 式 字 符	意　　义	结　　果
M/d/yy	按月/日/年格式输出	4/16/12
d-mmmm-yy	按日-月份全名-年格式输出	16-April-12
d-mmmm	按日-月份全名格式输出	16-April
mmmm-yy	按月份全名-年格式输出	April-12
Hh:mm AM/PM	按小时：分 AM 或 PM 格式输出	10：41 PM
h:mm:ss a/p	按小时：分：秒 a 或 p 格式输出	10：41：29 p
h:mm	按小时(0-23)：分格式输出	22：41
h:mm:ss	按小时(0-23)：分：秒格式输出	22：41：29
m/d/yy h:mm	按月/日/年 小时(0-23)：分格式输出	4/16/12　22：41

说明：表 B-6 中结果栏是函数 Format(Date, "格式字符")的结果，其中"格式字符"是对应行中第一列中的格式字符串。

3. 字符串数据格式化

字符串数据格式化是将字符串表达式的值按"格式字符串"指定的格式返回，如表 B-7 所示。

表 B-7　　　　　　　　　　字符串的格式字符及举例

格 式 字 符	意　　义	举　　例	结　　果
<	将字符串数据转换为小写	Format ("THIS", "<")	" this "
>	将字符串数据转换为大写	Format ("this ", ">")	" THIS "
@	实际字符位数小于格式字符串的位数,字符串前加空格	Format ("THIS ", "@@@@@@")	"　THIS"
&	实际字符位数小于格式字符串的位数,字符串前不加空格	Format ("THIS ", "&&&&&&")	" THIS"

B.6　其他函数

1. 测试函数

测试函数如表 B-8 所示。

表 B-8　　　　　　　　　　测试函数

函 数 名	功　　能	返回值类型
Eof(N)	测试文件指针是否到达文件结束标志	Boolean
IsArray(V)	检查变量是否为数组	Boolean
Iff(E，E1，E2)	计算 E1,E2 的值，再计算 E 的值。若 E 为 True，返回 E1 的值；否则，返回 E2 的值	由表达式 E1 或 E2 的类型决定
IsNull(E)	测试表达式是否不包含任何有效数据（Null）	Boolean
IsNumeric(E)	测试表达式的运算结果是否为数值类型	Boolean
VarType(v/e)	返回表示给定变量或表达式的子类型的整型数据	Integer

2. 与文件操作有关的函数

与文件操作有关的函数如表 B-9 所示。

表 B-9　　　　　　　　　　　　　　与文件操作有关的函数

函 数 名	功　　能	返回值类型
FileDateTime(C)	返回指定文件被创建或最后修改后的日期和时间	Date
FileLen(C)	返回指定文件的长度，单位是字节	Long
FreeFile[(N)]	返回下一个可供 Open 语句使用的文件号	Integer
Input(N1,N2)	从已打开的指定文件（文件号为 N2）中返回 N1 个字符	String
LoadPicture([C])	将图形载入到窗体、图片控件、影像控件的 Picture 属性	Long
Loc(N)	返回一个长整数，表示指定已打开的文件中当前读/写位置	Long
LoF(N)	返回一个表示用 Open 语句打开的文件的大小，该大小以字节为单位	Long
Seek(N)	返回下一个要写或读当前的位置	Long
Shell(C)	执行一个应用程序，如执行成功返回这个程序的任务 ID，不成功返回 0	Double

3. 其他函数

其他函数如表 B-10 所示。

表 B-10　　　　　　　　　　　　　　　其他函数

函 数 名	功　　能	返回值类型
Array(List)	返回一个包含 Variant 的数组	
CurDir([C])	返回当前的路径	String
InputBox[$](C1 [,C2..])	打开一输入对话框，等待用户输入正文或按下按钮，并返回包含文本框中内容的字符串	String
Lbound(Array,[n])	返回一个指定数组维可用的最小下标	Long
MsgBox( )	打开一显示消息的对话框，等待用户单击按钮，并返回一个整数值。单击否同的按钮，返回不同的值	Integer
QBColor(N)	返回一个 Long，用来表示所对应颜色值的 RGB 颜色码	Long
RGB(N1,N2,N3)	返回一个 Long 整数，用来表示一个 RGB 颜色值	Long
Ubound(Array,[n])	返回一个指定数组维可用的最大上标	Long

附录 C
Visual Basic 程序设计实验 CAI 系统

本书所配的 Visual Basic 程序设计实验 CAI 系统采用"任务驱动"方式，结合作者多年从事计算机程序设计教学的经验，充分利用计算机的特点对 Visual Basic 程序设计实验进行整合。使用本 CAI 系统上机实验，学生上机实验目的性强，可大大改善实验效果，同时可减轻教师指导学生实验的工作量。

C.1 系统结构设计

本系统主控实验窗口有"实验-X"、"测试"、"帮助"、"工具"、"交作业"等，在"实验-X"中包括"Visual Basic 程序设计"课程中全部教学的实践内容：创建和运行第一个 VB 应用程序，数据类型、常量、变量及表达式，顺序结构程序设计，选择结构程序设计，循环结构程序设计，数组的应用，子过程与函数过程，过程和变量的作用域，常用控件的使用，文件操作，对话框与菜单程序设计，图形操作，键盘和鼠标事件，数据库编程基础，多文档界面与工具栏设计，程序调试。每一类任务又分"操作实例"、"第 X 题"、"帮助"、"交作业"。其主功能模块结构如图 C-1 所示。

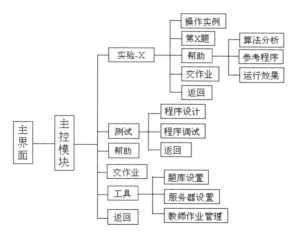

图 C-1　系统的主要功能模块

C.2 主要功能简介

1. 主控模块

系统启动主界面如图 C-2 所示。在主界面上设置了学生注册，要求输入学生的学号便于系统为其创建学习环境，包括在本地计算机中创建其文件夹，生成相关的实验任务。当程序启动后，输入学号（注：学号是教师给予的学生上机的唯一标识，对于单机版可是任意的，对于网络版教师可以设定是否要进行学生身份验证），按回车键或单击"确定"按钮，即进入程序的主控模块，如图 C-3 所示。

图 C-2　程序用户主界面　　　　　　　　　　图 C-3　系统实验选择的主控界面

2. 实验任务操作窗口

当单击主界面上的"实验-X"菜单，就会弹出选择实验内容的下拉菜单，如图 C-4 所示，当选择某一实验内容后便可进入实验模块。例如，选择"实验五　循环结构程序设计"，就会出现有关循环结构程序设计的一系列实验题目和操作实例，界面如图 C-5 所示。

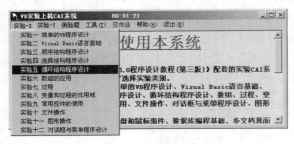 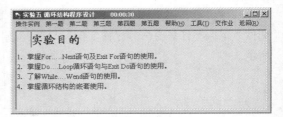

图 C-4　选择实验内容　　　　　　　　　　图 C-5　循环结构程序设计实验界面

操作实例菜单提供的是有关循环结构程序设计的上机操作实例。这些题目，作为学生上机练习借鉴的例子。第一题至第五题，是为学生设计的有关循环结构程序设计的上机练习。

例如，当选择第三题，就出现了如图 C-6 所示的具体题目，在这里不仅给学生明确了学习任务，而且为学生提供了有关此题的在线"帮助"。例如，在第三题下，单击"帮助"菜单（见图 C-5），就会出现为学生完成此题的帮助信息，有"思路分析"、"参考程序"、"运行情况"等。

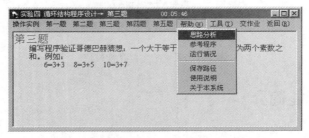

图 C-6　循环结构程序设计第三题及帮助菜单

图 C-7 所示为关于第三题的思路分析，这样学生可以得到本题的编程思路。

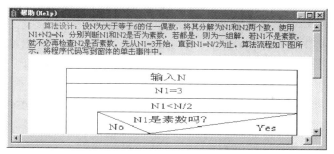

图 C-7 "思路分析"的帮助界面

图 C-8 所示为单击帮助菜单的"参考程序"按钮后出现的界面。这个界面的设置是为了实现在上机教学工作中，先要让学生动脑筋，独立做题，确实做不出来的，在经教师同意后，由教师输入一个动态口令，才会打开如图 C-9 所示的有关该题的参考程序。

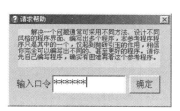

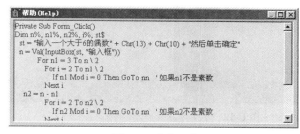

图 C-8 请求帮助对话框 图 C-9 参考程序

在帮助功能里还可以方便、适时地为学生布置一些针对不同学生对象、不同阶段的研究性学习任务。

单击"帮助/运行情况"即可看到本题目要求运行的效果，如图 C-10 所示。

3. 测验模块

单击图 C-5 所示的返回菜单，即可回到实验主控窗口（见图 C-3），单击主界面中的"测验题"菜单，即进入测验模块，如图 C-11 所示。

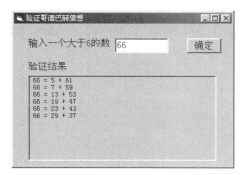

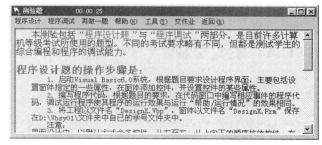

图 C-10 程序的运行效果 图 C-11 测验模块界面

测验模块是为学生进一步提高自己的编程水平而设计的，其题型为一些目前流行的计算机等级考试上机测试中常采用的程序设计和程序调试两种题型。当选择一题后，系统将在本地磁盘指定文件夹中生成与题目有关的文件。

4．学生交作业

当学生完成作业后，单击"交作业"菜单，即可打开如图 C-12 所示的学生作业维护窗口，在该窗口学生可以将操作结果提交给任课老师，学生同时可以维护以前提交的作业。这样学生可以将没操作完成的实验任务保存在服务器上，利用课余时间去将上次没能做的作业下载下来，待修改完成后重新上传。由于必须使用密码，因此学生只能操作他自己的作业。

5．教师作业管理

通过"工具/教师作业管理"菜单，可打开教师作业管理窗口，如图 C-13 所示。教师通过该窗口检查、管理学生作业，同时也可将批改后的学生作业上传到学生的作业文件夹，以便学生阅读，实现教师对学生实验操作的网上指导。

图 C-12　学生作业维护窗口

图 C-13　教师作业管理窗口

C.3　工作环境

1．硬件条件

网络版要求最基本的计算机局域网，服务器可是网络中任一台计算机，最好是一台运行速度快的计算机，因为各工作站要从服务器读取上机题；客户端计算机若干；网络通信设备，主要包括交换机、网卡、集线器等。

2．系统平台

采用 Client/Server 体系结构，服务器端采用 Microsoft Windows NT4.0 或 Microsoft Windows 2007 Server 作为网络操作系统；客户端软件，包括单机操作系统选用广泛使用的 Windows XP 系统。

C.4　系统安装

1．服务器的安装

在服务器上建立一个存放上机实验题目的文件夹，并设为共享。

将上机实验题 VBSltm.zip 文件解压到该文件夹中。

安装教师题库维护模块，根据提示进行安装。

2．工作站上安装

运行 Setup.exe 安装工作程序，根据提示进行安装。

将本系统的当前目录中的实验题目 VBSltm.zip 文件解压到该文件夹中，这样做的目的是，若遇网络故障，系统可以直接在本地盘中读取题目。

附录 D

ASCII 字符集

ASCII 码	字　符	ASCII 码	字　符	ASCII 码	字　符	ASCII 码	字　符
0	（Null）	32	空格	64	@	96	`
1	??	33	!	65	A	97	a
2	??	34	"	66	B	98	b
3	??	35	#	67	C	99	c
4	??	36	$	68	D	100	d
5	??	37	%	69	E	101	e
6	??	38	&	70	F	102	f
7	(beep)	39	'	71	G	103	g
8	(退格)	40	(	72	H	104	h
9	(TAB)	41	)	73	I	105	i
10	(换行)	42	*	74	J	106	j
11	??	43	+	75	K	107	k
12	??	44	,	76	L	108	l
13	(回车)	45	-	77	M	109	m
14	??	46	.	78	N	110	n
15	??	47	/	79	O	111	o
16	??	48	0	80	P	112	p
17	??	49	1	81	Q	113	q
18	??	50	2	82	R	114	r
19	??	51	3	83	S	115	s
20	??	52	4	84	T	116	t
21	??	53	5	85	U	117	u
22	??	54	6	86	V	118	v
23	??	55	7	87	W	119	w
24	??	56	8	88	X	120	x
25	??	57	9	89	Y	121	y
26	??	58	:	90	Z	122	z
27	??	59	;	91	[	123	{
28	??	60	<	92	\	124	|
29	??	61	=	93	]	125	}
30	??	62	>	94	^	126	~
31	??	63	?	95	_	127	DEL

表中 0～31 为控制字符，它们并没有特定的图形显示，因此在表中用"??"表示。